Becoming a Critical Thinker

批判性思维训练手册

[澳] 萨拉·比勒尔·艾沃里（Sarah Birrell Ivory） 著
周彧 译

中国传媒大学出版社
·北京·

图书在版编目（CIP）数据

批判性思维训练手册 /（澳）萨拉·比勒尔·艾沃里（Sarah Birrell Ivory）著；周彧译．--北京：中国传媒大学出版社，2023.5
　　ISBN 978-7-5657-3416-8

Ⅰ．①批⋯　Ⅱ．①萨⋯ ②周⋯　Ⅲ．①大学生－思维方法－手册　Ⅳ．① B804-62

中国国家版本馆 CIP 数据核字（2023）第 057493 号

Becoming a Critical Thinker was originally published in English in 2021.This translation is published by arrangement with Oxford University Press. Beijing Times Bright China Books Co., LTD. is solely responsible for this translation from the original work and Oxford University Press shall have no liability for any errors, omissions or inaccuracies or ambiguities in such translation or for any losses caused by reliance thereon.

《批判性思维训练手册》最初以英文出版于 2021 年。本译本由牛津大学出版社出版。北京时代光华图书有限公司为该译本独家责任方，牛津大学出版社不对该译本中的任何错误、遗漏、不准确或产生歧义之处承担责任，且对因该译本造成的任何损失概不负责。

著作权合同登记号　图字：01-2023-1952 号

批判性思维训练手册
PIPANXING SIWEI XUNLIAN SHOUCE

著　　者	［澳］萨拉·比勒尔·艾沃里（Sarah Birrell Ivory）
译　　者	周　彧
策划编辑	曾婧娴
责任编辑	曾婧娴
特约编辑	李淼淼
封面设计	郝薇薇
责任印制	李志鹏
出版发行	中国传媒大学出版社
社　　址	北京市朝阳区定福庄东街 1 号　　邮　编　100024
电　　话	86-10-65450532　65450528　　传　真　65779405
网　　址	http://cucp.cuc.edu.cn
经　　销	全国新华书店
印　　刷	文畅阁印刷有限公司
开　　本	787mm×1092mm　　1/16
印　　张	22.5
字　　数	413 千字
版　　次	2023 年 5 月第 1 版
印　　次	2023 年 5 月第 1 次印刷
书　　号	ISBN 978-7-5657-3416-8/B·3416　　定　价　128.00 元

本社法律顾问：北京嘉润律师事务所　郭建平

谨以此书献给我的外祖父母和祖父母——莫莉·邓纳姆[①]（Molly Dunham）、雷·邓纳姆（Ray Dunham）、艾琳·比勒尔（Eileen Birrell）和理查德·比勒尔（Richard Birrell）。他们未曾接受过中等教育，更别说上大学了，但即便如此，他们一生仍不辞劳苦地工作，为子孙后代提供更好的受教育条件。

此书也献给我的父母——苏·比勒尔（Sue Birrell）和布赖恩·比勒尔（Brian Birrell）。他们不仅为自己争取到了受教育的机会，还使我有机会接受教育。是他们让我感受到，用教育点亮他人生活也是一种快乐。

[①] 本书中出现的人名翻译均为音译。——译者注

一份良好的教育是你可以给自己或他人最好的礼物。

——玛塔·娜辛涵（Mahtab Narsimhan）

致谢

在写作本书时,我得到了很多人的帮助。由于篇幅有限,不胜枚举,仅借此向以下老师、同事、学生及亲朋好友表示感谢。

爱丁堡大学(The University of Edinburgh)的同事们可谓我成长道路上的良师益友,我很幸运能够在这样互帮互助的环境中与他们共事。特别要感谢与我一起教授大一课程的所有老师,他们将批判性思维融入课程,帮助学生更好地适应大学生活,使我受益良多。

我之所以成为现在的我,也要归功于我所有的学生,其中有一些在本书中有所提及,对他们我表示真挚的感谢。我非常乐于看到我的学生去执着追求、去学习、去思考、去成长,是他们给予了我坚持教学的动力,是他们让我更加了解学习的意义。

感谢曾经给予我支持的学术同人。不论是长久的交流,还是短暂的相逢,都深深影响着我。他们包括安东尼·亚历山大(Anthony Alexander)、艾伦·默里(Alan Murray)、布拉德·麦凯(Brad MacKay)、克雷格·麦肯齐(Craig Mackenzie)、戴夫·雷伊(Dave Reay)、乔治·弗恩斯(George Ferns)、珍妮弗·霍华德-格伦维尔(Jennifer Howard-Grenville)、利·沃特斯(Lea Waters)、玛丽·布伦南(Mary Brennan)、奥雅·伊多科(Onya Idoko)、彼得·斯托克斯(Peter Stokes)、西蒙·布鲁克斯(Simon Brooks)、蒂玛·班萨尔(Tima Bansal)、温迪·洛雷托(Wendy Loretto)。写此书时,有两位一直给予我巨大支持的杰出教授永远地离开了,一位是将我引进学术圈的尼克·奥利弗(Nick Oliver),另一位是比尔·里斯(Bill Rees),我很想念他们。

感谢最终促成本书出版的三位伙伴。一位是爱丁堡布莱克威尔书店(Blackwell's Bookshop)的杰姬·霍克(Jaki Hawker),当我将写作此书的想法告诉她时,她马上表现出了热情和信任,给了我付诸行动的信心。一位是斯蒂芬·邓恩(Stephen Dunne),他读了我早期的一个章节初稿,并在最上方批注"写得很棒,就这样写下去",我便写了下去。最后一位是牛津大学出版社（Oxford University Press）的编辑尼古拉·哈特利（Nicola Hartley），从我们第一次见面起，她就对我和我的这本书抱有信心，给予我巨大的支持。

感谢在评审过程中所有提出宝贵意见和建议的学生、老师和审稿专家。感谢你们！

还要感谢我的父亲、母亲，我的兄弟萨姆（Sam）、我的姐妹埃米莉（Emily）和汉娜（Hannah），是他们成就了今天的我，具备批判性思维的我——我在成长过程中与他们进行的各种讨论提高了我的思维能力，他们在背后给我的支持让我站得实、站得稳。

最后，要感谢我自己的小家庭。我的儿子拉奇（Lachie）和女儿埃米（Amy）是我快乐的源泉，每一天都让我感到骄傲和满足。还有我的丈夫马克（Mark），语言已无法形容我对他的感谢。若没有他和我一起照顾孩子、分担家务，也就没有今天的我。更重要的是，他一直以来给予我的信任、支持和爱，支撑着我的个人生活和职业生涯。我会把我的下一本书献给他。

编者团队

帕特里克·比伊斯曼斯（Patrick Bijsmans）博士，马斯特里赫特大学（Maastricht University）

海伦·鲍曼（Helen Bowman），利兹大学（University of Leeds）

海伦·伯恩斯（Helen Burns）博士，纽卡斯尔大学（Newcastle University）

戴维·巴斯比（David Busby），巴斯大学（University of Bath）

戴维·丘吉尔（David Churchill）博士，利兹大学

伊莱恩·克拉克（Elaine Clark）博士，曼彻斯特大学（The University of Manchester）

凯西·丹尼尔斯（Kathy Daniels），阿斯顿大学（Aston University）

亚力山德拉·迪·皮萨（Alessandra Di Pisa），林雪平大学（Linköping University）

乔纳森·菲切特（Jonathan Fitchett），肯特大学（University of Kent）

保罗·哈尔托赫（Paul Hartog），NHL 斯坦德大学（NHL Stenden University of Applied Sciences）

萨拉·海斯（Sarah Hayes）教授，胡弗汉顿大学（University of Wolverhampton）

蕾切尔·霍罗克斯-伯斯（Rachel Horrocks-Birss）博士，邓迪大学（University of Dundee）

海蒂·海伊蒂仁（Heidi Hyytinen）博士，赫尔辛基大学（University of Helsinki）

安妮·卡瓦纳（Anne Kavanagh），埃塞克斯大学（University of Essex）

拉里特萨·坎特切娃（Ralitsa Kantcheva）博士，班戈大学（Bangor University）

利拉·迈尔·格里菲思（Leila Mair Griffiths）博士，班戈大学

瓦妮莎·马–莫利内罗（Vanessa Mar-Molinero），南安普顿大学（University of Southampton）

米歇尔·梅森（Michel Mason），埃塞克斯大学

凯瑟琳·麦康奈尔（Catherine McConnell），布莱顿大学（University of Brighton）

瓦妮莎·麦克多纳（Vanessa McDonagh），格拉斯哥大学（University of Glasgow）

唐娜·默里（Donna Murray）博士，爱丁堡大学（The University of Edinburgh）

珍妮弗·诺里斯（Jennifer Norris），布里斯托大学（University of Bristol）

埃米莉·赖亚尔（Emily Ryall）博士，格鲁斯特大学（University of Gloucestershire）

埃纳·史奈克尼斯（Einar Snekkenes）教授，挪威科技大学（Norwegian University of Science and Technology）

格雷厄姆·史蒂文斯（Graham Stevens）博士，曼彻斯特大学

阿丽恰·希斯卡（Alicja Syska）博士，普利茅斯大学（University of Plymouth）

本杰明·约翰·凡·普拉格（Benjamin John Van Praag），巴斯大学

乔纳森·沃尔夫·利德（Jonathan Wolfe Leader）博士，南安普顿大学

序

想象一下，一名对大学生活充满向往的 18 岁大学生，正急切地等着上她在大学的第一堂课。老师进来时，她已经做好了一切准备，准备好记笔记、学新知识、把学到的东西用在考试中，就像之前在学校里学习那样。这时，老师说：

"如果我问你，20 世纪 70 年代工会运动中造成入会比例下降的主要原因是什么，你会怎么回答？"

这名学生不是很确定应该如何回答，因此就像其他学生一样保持沉默，等着老师说出答案。

"也许有人会说，这与当时的国内政治以及政党和工会之间较为松散的联系有关。还有人可能会说，这主要是由于贸易导致了开放性的全球竞争，与国内政治无关。"

她觉得这两种答案都很有道理，于是等着老师宣布正确答案。

"这两个答案也许都能得到高分。我无法告诉你们一个正确答案，因为根本就不存在正确答案。"

这让她感到很困惑。这样一位饱受赞誉的学者，在这样一所世界顶尖大学的课堂上，怎么会不知道答案呢？

"在大学乃至生活中，很少有正确答案，只有不同的观点、解读和主张。大学教育的宗旨并不是教授既有事实，因为这些在书本中都有。大学教育是为了告诉你如何将这些既有事实、证据和主张用以形成和支撑自己的论点，寻找自己的声音；如何选择一个角度，通过逻辑清晰的论点和合理有力的证据来发出自己的声音。"

这名学生其实就是 20 年前的我，而这一堂课也深深影响着我的一生。但在那时，我只有一种被骗的感觉。

我那么努力地学习，考上了一所拥有世界顶尖师资力量的大学，而他们却告诉我无法教我正确答案！

但随着我的成长，在换了几份不同的工作、攻读了几个学位并最终进入学术圈后，我才渐渐意识到当时老师的那些话是多么正确、多么重要。

既有事实和信息可以从各类渠道获取，它们虽然有用，甚至很重要，但只是单方面获取事实和信息是毫无意义的。只有当我们学会如何利用这些事实和信息来形成并阐述我们自己的观点时，它们才变得有意义。若你在大学中只是对书本中的事实和信息死记硬背，那么你只会有一种感觉：被骗。

最后，恭喜你成为一名大学生。本书将助你获得比大学生更重要的身份——批判型思考者。

目录

Introduction 引言

为何要阅读本书 / 003
谁应该读本书 / 004
如何充分利用本书 / 004
版块导读 / 006

Part 1
为何要培养批判性思维

Chapter 1　为什么要上大学

引言 / 011
大学的作用 / 012
了解"知识" / 014
掌握基础知识 / 016
避免追求"全部的"知识或"正确的"知识 / 017
批判性思维可用于方方面面 / 019
为什么要上大学 / 023

Chapter 2　什么是批判性思维

引言　/ 031
批判性思维的含义　/ 032
批判型思考者具备哪些特征　/ 033

Chapter 3　如何在大学中培养批判性思维

引言　/ 051
大学学什么　/ 052
向谁学　/ 055
大学学习环境具备哪些特点　/ 059
培养批判性思维所必需的特质　/ 065

Part 2
批判性思维的三大目标

Chapter 4　优质的论点

引言　/ 079
论点的组成要素　/ 080
逻辑推理　/ 082
掌握基础：主张、关联、依据　/ 085
增加难度：用好论证导图　/ 091
如何确立论点　/ 102
用批判型思考者的眼光来看待以上步骤　/ 109

Chapter 5 有力的证据

引言 / 117
什么是证据 / 118
证据的类型 / 120
对证据的评判 / 124
查找学术来源 / 141
使用文献引用 / 143

Chapter 6 清晰的表达

引言 / 155
书面表达 / 157
口头表达 / 174

Part 3
批判性思维的五大工具

Chapter 7 写

批判性思维的五大工具 / 191
初识写作 / 194
什么是写作 / 195
大学期间为什么要写作 / 197
如何写作 / 202
克服障碍,实现写作即思考 / 208
写作与其他工具的结合 / 211
像专业人士一样实现写作即思考 / 211
写作即反思 / 211

Chapter 8 读

初识阅读 / 219

大学期间为什么要阅读 / 221

什么是阅读 / 223

制定主动式阅读策略 / 234

克服主动式阅读的障碍 / 247

阅读与其他工具的结合 / 252

像专业人士一样阅读 / 253

Chapter 9 听

初识倾听 / 259

什么是倾听 / 261

大学期间为什么要倾听 / 263

如何主动倾听 / 264

克服主动式倾听的障碍 / 269

倾听与其他工具的结合 / 276

其他情况下的倾听 / 277

Chapter 10 说

初识说话 / 283

什么是说话 / 285

大学期间为什么要说话 / 286

如何说话 / 288

如何处理和应对反馈与批评 / 294

克服说话的障碍 / 296

说话与其他工具的结合 / 301

像专业人士一样说话 / 301

Chapter 11　思

初识思考　/ 307
什么是思考　/ 309
大学期间为什么要思考　/ 314
如何思考　/ 316
克服专注思考的障碍　/ 325
思考于大学之外　/ 327
思考与其他工具的结合　/ 329

词汇表　/ 333

参考文献　/ 339

Introduction
引　言

为何要阅读本书

让我们直入主题：为何要阅读本书？

阅读本书的原因主要有以下四个方面：

首先，大学教育的主要目标之一是培养批判性思维，评判他人论点的论证逻辑和证据，并在此基础上形成自己的论点。了解培养批判性思维的原因（本书 Part 1）、目标（Part 2）以及工具（Part 3）将为你迈向成功奠定最坚实的基础。

其次，数字时代充斥着大量的信息、论点和证据。我们无时无刻不在消化和吸收这些唾手可得的信息。正因如此，我们就需要能够从大量的信息和论点中分辨出有价值的论点和有力的证据，更快速地剔除有瑕疵的论点以及可疑的或假的证据。

再次，我的写作初衷是希望本书能够成为一本易读且实用的指导手册。当然，市面上还有很多其他相同题材的书，但它们通常从批判性思维的哲学理念、逻辑层次或技法角度出发。然而，就像我们开车不需要了解汽车发动机原理一样，掌握批判性思维也无须了解其多年来的逻辑规律演变，我们只需一本简明易读、能讲清楚重点且可信度高的指导手册。

最后，从我的亲身经历来看，我曾在三个国家（英国、澳大利亚、美国）攻读了四个学位，一直在努力培养自己的批判性思维。后来，我成为英国一所顶尖大学的讲师，十多年来，我一直在用我的经验教授、观察和引导大学生，培养他们的批判性思维，给他们的课业打分，指出其问题所在。就在最近，我开设了针对大一新生的批判性思维教学课程，每年教授 350 名学生，并因此获得一项全球性教育奖项。在课堂上，我会讲授本书中的所有内容，希望能够帮助更多的学生培养批判性思维。

对于开篇提出的问题（为何要阅读本书），不知你们对于我的回答是否满意。其实，前面几段就是一个很好的逻辑论证的例子，给论点辅以必要的证据支撑，使读者清晰明了。仔细看，你会发现后面的四个段落详细阐述了我的主张（你应该阅读本书），从不同角度给出了不同的理由（在本书中，我将其称为"依据"）。因此，阅读本书的理由如下：

依据 1：批判性思维是大学教育的重要目标。

依据 2：数字时代增加了对信息与论点的评判难度。

依据 3：目前市面上还没有类似的指导手册。

依据 4：我的资历足以撰写本书所需。

上述理由中暗含被反驳的反证，以及相关的链式依据、支撑性依据和隐含依据，这些概念均在本书中有所阐述。批判性思维的终极目标就是形成有证据支持且逻辑清晰的有力论点，而这也会成为你人生的主要组成部分。

谁应该读本书

本书主要面向在校大学生，他们在接受学校教育的同时，也希望能够发挥其独立自主性。本书对于那些需要具备批判性思维学习方式的学生尤其有用，如大一新生或从没接触过批判性思维的研究生。此类学生应积极地使用和学习本书。

批判性思维适用于所有学术性学科，不论是政治学、心理学、经济学、史学、法学或商学等社会人文学科，还是科学（包括医学和兽医学）、技术、工程和数学等STEM学科。

此外，本书也适用于希望通过大学教育来转变其学习和理解方式的学生，帮助他们从"学习与重复"的枷锁中脱离——不再为应试而死记硬背，逐渐掌握更加深入、复杂的思考方式，培养辩论与讨论的能力。

如何充分利用本书

虽然本书的三大部分可以独立成篇，但我还是建议你能从头至尾按顺序阅读，并一步一步完成所有的练习，通过目标设立、思考练习、实践应用这三大步骤提高批判性思维能力。如此，你将收获颇丰。

通过阅读 Part 1 设立目标

如果我教你开拖拉机，你就能成为农夫吗？拖拉机等工具对我们来说是有用的，但学会开拖拉机并不是最终目的，而是用来实现更大的目标（如种庄稼）的手段。最重要的是你想要在整体上实现什么样的大目标。本书的 Part 1 提供了对大目标的阐释，通过探寻大学教育的目的（以及对此可能会让你吃惊的不同看法），并将批判性思维巧妙融入，最终实现你的目标。

领导力专家大卫·马凯特（David Marquet）曾说：

> 如果你想让人们去思考，那就给他们一个目标，而不是指令。
>
> ——大卫·马凯特，2015

本书 Part 1 阐述了掌握批判性思维的大目标，从而构建整个情景——学会开拖拉机后，你会去做什么？但正因为没有针对批判性思维的简易指导手册，所以你所做的通常也无对错之分，甚至有时你不知道能做什么、不能做什么。批判性思维需要借助大量的自我判断，臻于至善，也就是说你需要了解你所处的整个情景。

马凯特还指出，除目标之外，有效的批判性思维还需要能力的加持。本书 Part 2 和 Part 3 则对批判性思维所需的能力——包括目的和工具——进行了阐述。但如果没有事先设立目标，不了解批判性思维的作用，也不积极地想让自己成为一个批判型思考者，那么仅靠掌握相关的能力也无济于事。

通过书中的思考练习，加深认知深度

本书设置了思考练习，帮助读者审视自己的所思所想、所作所为、做事的方式、做出的选择，以及收获的经验。这些精心构思和巧妙设置的思考练习对于培养批判性思维非常重要。遗憾的是，有些学生认为这些练习"可有可无"，或自己"没有时间"去做它们。此外，这些练习往往是对你的理解程度以及接受批判性思维培养的第一项测试。

建议你准备一个笔记本，将你在本书中做过的思考练习记下来，一方面加强对其重要性的认识，另一方面作为整理汇总，方便日后查阅。

充分利用书中的实操练习和学校的面授课时加强实践应用

仅靠听别人对复杂任务的描述并不意味着你能够独自完成这些任务。想象一下，有一位外科医生，他读过所有与手术有关的书，听过每一场相关的讲座，但从未拿过手术刀，你敢让他做一台难度较大的手术吗？

将本书的知识点付诸实践对于培养批判性思维非常重要。你可以从 Part 2 和 Part 3 的实操练习入手。请注意，练习的目的不是让你答"对"，而是让你明晰得出答案的思考过程。在阅读本书的过程中，你会慢慢发现，通常情况下练习是没有标准答案的。等读完本书后，或许你会发现自己能给出答案并自圆其说，这表明你已经拥有了批判性思维。

就像一名成功的外科医生离不开手术台一样，你也必须脱离书本，将批判性思维

方式带到讲座、课堂、讨论、辩论和学习小组中。想完全掌握批判性思考的能力，光读完本书远远不够，你还需要将书中的知识点运用到日常的学习、生活中。

版块导读

学者说

在每一章的起始部分，作者会分享一个自己亲身经历的小故事，更好地将你带入话题，并向你展示批判性思维工具和技能是如何在各类情景下被开发和使用的。

从业者说 / 学生说

在这些独家采访中，从业者和学生们根据各自在职场或大学中的亲身经历，分享自己的想法和建议，以帮助你从职业、学术和个人等不同角度理解批判性思维的重要性。

思考练习

思考练习有助于你打开思路，用不同的（甚至是更好的）方式思考。为了达到更好的练习效果，你应该让自己置身于一个安静的练习环境，排除任何干扰，关闭电脑和手机，确保为每一个练习预留至少 20 分钟的时间。同时建议你准备一张纸和一支称手的笔，如果能有一个专门的记事本就更好了——手写的效果远胜于打字。

实操练习

在学习完每一章后，你可以完成其中的实操练习，将所学付诸所用。这些实操练习均是精心设计的，旨在帮助你养成思维习惯，并运用于实际。

查阅清单

Part 3 中列出了不少查阅清单，清单包含书中提到的线索和小贴士，方便你快速查阅。

延伸阅读

每一章的最后提供了一系列延伸阅读建议，方便你深入学习。

Part 1
为何要培养批判性思维

当我在20岁踏入社会时,我充分认识到在大学学习批判性思维的重要性。批判性思维不仅对于研究工作作用颇大,还能够帮助我们更好地驾驭未来将面临的信息浪潮。

——莎恩·布鲁克斯(Sian Brooks),
约克大学(University of York)心理学学生

Chapter 1
为什么要上大学

课前思考

1. 人们为什么要上大学?
2. 我为什么要上大学?
3. 大学能够给社会带来什么益处?

学习目标

阅读完本章,你应能做到以下几点:
○ 探索大学的作用。
○ 研究"知识"这一概念。
○ 理解批判性思维在各类情境下的重要性。
○ 思考自己上大学的原因。

学者说　从教育中获得的自豪感

你可能对《真爱至上》(Love Actually, 2003) 这部电影很熟悉。休·格兰特 (Hugh Grant) 饰演的角色在电影中说：

"每当我为世局倍感忧心时，就会想到希思罗机场 (Heathrow Airport) 的入境大厅。世人认为世界充满仇恨与贪婪，但我不敢苟同。在我看来，爱无处不在。"

想要了解大学教育对于社会有什么样的作用或重要性，就想象一下毕业那天的大学校园吧。从毕业生脸上洋溢的各种情绪中就能判断出教育对于他们的重要性。

我曾经观察到——学生时代的我也体会过——学生在毕业时对自己的看法会出现一种几乎无法觉察的细微转变。毫无疑问，这里有解脱，但也有自豪和自信。他们即将进入一个全新的领域，进一步拓展和深化对这个世界的了解和展望，对自己所取得的成绩感到无比自豪。

在这里，我想特别提及这样一个学生群体，俗称"第一代毕业生"，即他们是家里第一个大学毕业生。毕业那天，也许他们的父母会比他们更激动、更开心，而无法掩饰其自豪之情，这也给了我很深的触动。

因此，每当我为大学教育倍感忧心时，就会想到毕业典礼上的这些学生，尤其是"第一代毕业生"。世人认为学生通常是懒散的、漠然的、认为自己享有特权的，但我不这样认为。在我看来，他们从教育中获得的自豪感无处不在。

引言

为什么要上大学？这个问题可能看上去很好回答，但其实答案很复杂，也充满争议。简单来说，观点主要可分为两大派别，基本上都与大学教育的目的相关。有些人认为上大学是为了接受传统教育、获取学术思想、促进知识繁荣，在他们眼中，大学学习仅以单纯的知识获取为目的，学习是一项非常高尚、重要的活动，而学到的知识是否"有用"则不予考虑。还有些人认为上大学是为了接受职业培训，在他们看来，大学能提高学生的"就业力",为社会输送服务于企业和政府的专业人才,同时这些学生也获得了就业机会,衣食得以保证。

我觉得这两种说法都有道理。一方面,作为一名教师,我很希望能有更多真正对思想本身和思想争论感兴趣的学生,他们学习,只是为了从中获得快乐和刺激。另一方面,学生面临着日益上涨的学费(虽然通常情况下可以延期支付)、不断增加的生活成本,以及不确定的经济环境和不稳定的就业市场,甚至有些工作岗位和职业类别正在消失,在这样的环境下,学生为了提高自身"就业力"而上大学,是无可厚非的。

大学究竟是学术思想中心还是就业培训中心?这两者之间似乎存在着一道鸿沟。

实际上,大学教育的目的不是要在这两者之间做出取舍,而是要将其并列——两者其实是大学的两大支柱,同样重要。而这两大支柱之间有一道桥梁,即批判性思维(见图1.1)。

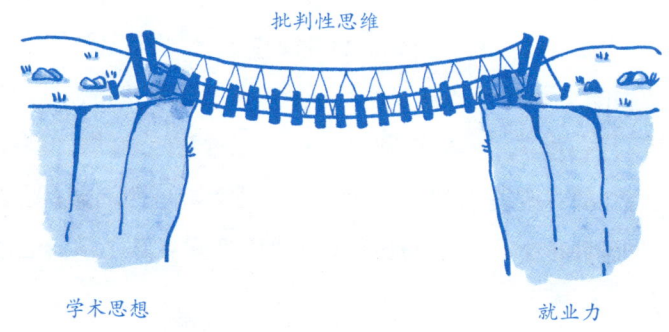

图 1.1 批判性思维是连接大学两大支柱的桥梁

批判性思维构成了学术思想及其繁荣发展的基础,也是大多数职业能力的基础,本书中的"从业者说"中对后者进行了阐述。将这两者看作相去甚远且互不相关的两端,可以说是一种误解。将其视为大学的两大支柱,则是从一个更理性的角度看待大学教育,这样的看法特别强调将精力放在搭建批判性思维这一桥梁上。

不过,我们先不谈这座桥梁,而是从更加宏观的角度来认识大学在社会中的作用。

大学的作用

大学对于社会有什么样的作用?当我将此问题抛给我的大一学生时,他们通常会说大学为社会提供教育。有少部分学生会认为大学对于社会来说有着更宏大的意义。

大学研究员通常都处于医学或技术突破的前沿，为政府和其他机构提供政策建议，在"公正""平等"或"道德"等具有争论性的概念上引领思想，做出对社会或经济产生影响的企业活动。虽然有一些学生，尤其是研究生可能会参与到上述某些活动中，但毫无疑问，大学对所有学生而言，均是教育提供者。那么，大学究竟提供的是何种教育？为谁提供？谁会受益？

假设世界上只有100人，那么其中有86人具备读写能力［联合国教科文组织（United Nations Educational, Scientific and Cultural Organization，UNESCO），2020］，仅有16人受过高等教育，获得大学学位的人更是少之又少［国际应用系统分析研究所（International Institute for Applied Systems Analysis，IIASA），2016］。对于某些贫困的国家而言，每100人中接受过高等教育的人还不到1人［世界银行（World Bank），2020］。

虽然有的人认为大学是年轻人成长道路上越来越重要的或必经的一个阶段，但从全球范围内来看，大学毕业生仍然是少数。这就让大学教育变成一种少数人的特权，当然，也并不总是如此。

此外，以上统计数据还应促使我们思考，究竟大学教育的作用是什么？大学教育是如何影响大学生的？我们的社会是否应该提供全民大学教育，让想上大学的人都能够有机会上大学？大学生是否真的需要大学教育，或是否能够真正从中获益？考虑到大学学费比较昂贵，那么因此产生的成本应该由谁负担？是由个人负担，还是由社会负担？且它是否值得负担？少部分人获得大学学位会让世界变得更好吗？还是更糟糕？

这些问题并不容易回答，其中一些甚至引发了人们从不同的角度进行激烈的辩论。我们在思考这些问题时，就会发现"提供教育"这样一个简单的目的其实也暗含着很多复杂性和争议性。

那么你是否考虑过为什么决定要上大学呢？深入思考这个问题非常有益，主要有两方面原因：一是可以帮助你评判一下你对大学的期待是否与事实相符；二是你可能会惊讶地发现别人与你的想法完全不同，比如你的老师、为你提供贷款（或资助）的政府部门，或是你供职的企业。特别是当你觉得你已经对上大学的目的和学习方式有所了解时，这些不同的观点可能会让你感到非常意外。为了更好地理解，首先你要认真地问问自己对于大学的感受和期待。可以从"思考练习"入手，更加深入地思考自己上大学的原因究竟是什么。

> **思考练习** 我为什么要上大学

任务 1： 在空白纸张或你准备好的练习本页面的最上方将你上大学的所有理由列举出来。一定要诚实面对自己，你不需要讨好任何人，这些答案只有你自己能够看到。

任务 2： 将页面的其余部分平均分成三栏。从任务 1 的理由中选出三个最重要的，逐一填写在每一栏的最上方。

任务 3： 在这三个理由的下方各写下一个"为什么"并写下答案。注意，可能中间会遇到无法问"为什么"的情况，这时你可以将问题改为"我是怎么知道这一点的"，然后尝试去回答。

任务 4： 最后，当你问"我是怎么知道这一点的"时，回过头来思考一下你的答案。你是否真的知道？你是基于什么得出这样的结论的？

后面，我们还会回到这个思考练习，因此请你先保存好自己的问题和答案。

了解"知识"

让我们把目光从具体的大学转向一个更加宽泛的概念：知识。知识来自哪里？我们的第一反应可能是书籍、互联网或文献，但很快就会发现，这些答案都是错误的——它们只是知识的载体。那么这些载体中的知识又来自哪里呢？通常的看法是，来自人。以自然科学为例。事实不以我们了解与否而改变：在被人类了解之前，氢气与氧气就已经是两种截然不同的气体。但这一事实直到 1766 年才被亨利·卡文迪许（Henry Cavendish）和安托万 – 洛朗·德·拉瓦锡（Antoine-Laurent de Lavoisier）发现[①]，也正是因为他们，我们才获得了这一知识。在社会科学方面，这一观点就更加显而易见了，因为我们对社会科学领域的大多数知识均源于人的解读和诠释。因此，知识来自人，像我们这样的人。

在小学阶段，我们学习的是最基础的知识：如何读写、造句、理解段落和故事，也会学一些基础的数学和科学知识。上中学后，我们学习的知识更加广泛和深入了，我们将在小学学到的技能（阅读、写作、计算）加以运用，以更好地理解其他人在地

---

① 原文如此。1766 年，卡文迪许发现氢气，确定了氢气的密度等关键性质，并通过实验指出，氢气和氧气在一定的反应下可合成水。1787 年，拉瓦锡明确提出水不是一个元素，而是氢和氧的化合物，并确认氢是一种元素，将其命名为"hydrogen（氢）"。——编者注

理或科学方面的发现,探求他们如何解读和诠释历史与文学,或如何利用数学应用来解决问题。最后,通过考试来检验我们是否掌握了这些知识及其应用方法。在这两种场景下,我们基本上是知识的消费者,对别人创造或发现的知识加以理解和消化。

大学是第三阶段,它的最高境界是对新知识的创造——不再是理解别人发现的知识,而是利用学到的知识,将各类观点相结合,开展新研究,最终发展出自己的解读和阐释,即自己的知识,并公之于众(见图1.2)。

小学教育
学习基础知识:
阅读、写作、计算

中学教育
理解和解读别人的
发现,消化和吸收
现有知识

大学教育
运用学过的知识,
通过新论点或研究
来创造新知识

图1.2 小学教育、中学教育和大学教育

虽然在大一时很难创造出新知识,但等读到博士时往往就不成问题了(事实上,无法创造出新知识的博士生是拿不到博士学位的)。此外,很多硕士论文甚至本科论文也被要求能够创造新知识。也许一开始会是个艰巨的任务,但就像莫莉·克拉克(Molly Clark)在"学生说"中描述她的英语文学研究之路那样,你到时就能做到了。更重要的是,培养与此相关的思维和技能恰恰是大学教育的主要目的。大学生需要通过有力的证据来形成自己的观点,并将其清晰地表达出来,通常为书面形式,但口头形式亦可。这一点在 Part 2 有相应的阐释,以上这些即为培养批判性思维的基础。

这与学习阅读、写作和计算完全不同,比重复别人的知识向前迈进了一大步。大学引领我们变身为知识创造者，而不仅是知识消费者。不过，新知识并不是凭空而来的，而是需要对现有知识进行灵活评估，在本书中，我们称之为领域内的基础知识。评估时，需对这些基础知识有所了解，这也就引出了下面的内容。

学生说　原创的压力

莫莉·克拉克，牛津大学（University of Oxford）英语文学与语言研究专业学生

大学与中学相比，最大的不同在于有原创的压力，即需要对文学作品进行全新的解读。这种压力来自学习评价报告和评分方案中一些隐晦的参考标准，但更多是因为这是第一次进入一个前沿的研究环境，其中的任何想法与观点都应被认真对待。我一开始被这种压力吓到了，觉得自己写不出一篇完全原创的论文。但随着学习的深入，我掌握了一些技巧，让这一目标变得更加容易实现。第一种方法是找一个你觉得有趣的点，可以是体裁，也可以是某一场景或人物、某种重复出现的意象，或某个矛盾点——在第一次阅读时最吸引你的地方，以此为出发点来构思论文。而这个点很可能之前没有人注意过。第二种方法是在精读（对某一文本的文学体裁进行深入分析）中形成自己的观点。如此一来，即使你的观点之前已有很多人提过，你也可以运用新的证据来支撑。第三种方法，可能也是最有用的方法，即细化：在描述一个话题时，要尽可能地就某一个点深入下去。从某种意义上来说，这就是原创。

掌握基础知识

基础知识是指我们在相关领域所掌握的最基本的知识。比如我们对都铎王朝有多少了解呢？不少人希望能够在攻读学位的过程中大量地增加自己关于都铎王朝的基础知识储备。但这是大学教育的目的吗？通过读专家撰写的书或观看广受好评的纪录片来增加我们的基础知识储备，这是需要在大学里去做的事情吗？

若我们认为大学教育的目的是创造知识，那么学习已有的基础知识只是其中很小的一部分。了解现有的知识体系是进一步发展、批判、质疑甚至反驳的第一步，是创造新知识的必要步骤，也是培养批判性思维的第一步。

此外，大学教育也可以帮助我们修正现有的基本知识储备，因为我们当前掌握的一切知识可能并不准确，这可能是因为在一开始学习的时候就学错了，也有可能是后来知识得到了演进或发生了变化。掌握广泛的基础知识还有助于我们发现不同领域之间的联系，找出可能存在的瑕疵，形成更加复杂的论点。大学教育不是为了让我们知道得更多，而是让我们学会不同的甚至更好的思考方式，利用我们已经掌握的信息和未来将继续学习的知识来做更多事情，取得更多的成绩。正如圣雄甘地（Mahatma Ghandi[①]）所说："知道如何思考的人不需要老师。"

因此，在大学学习基础知识不是为了掌握基础知识（如"我可以背诵亨利八世所有妻子死亡时的情况"），而是为了运用基础知识（如"基于我对亨利八世所有妻子死亡时相关情况的了解，我可以形成一个关于女性在都铎王朝时重要性的论点"）。任何人都可以学会并背诵基础知识，但只有具备了批判性思维才能形成自己的论点。

避免追求"全部的"知识或"正确的"知识

上述方法还需要我们避免落入两个常见的知识陷阱，即"全部的"知识和"正确的"知识。

"全部的"知识

很多学生，特别是那些学习好的学生基本都想要掌握其所在领域的所有知识。他们即使没有这样想过，也会认为这才是好学生学习的目的，也是老师已经达到的水平。在这种思维下，他们的最终目标就是能够像他们的老师一样"了解一切"。

然而，想要掌握"全部的"知识会带来很多问题。首先，不论在哪个领域，基础知识都不是永远一成不变的。知识创造者在研究和理论开发过程中不断发现新的观点，或社会的任何发展和变革，都会导致基础知识发生改变。现在知晓一切并不意味着明天甚至是毕业10年后还能够知晓一切。当我们现有的基础知识储备不足且被新知识取代时，我们该怎么办？这时通过批判性思维来了解、解读和评估新知识就变得尤为重要。

将你当前所"了解"的知识与你认为应该"掌握"的所有知识进行比较，图1.3直

---

① 原文如此。也有作 Gandhi。——编者注

观地展示了这一比例。大学教育应尽可能地增加左边所占的比例——读完大学后你应该懂得更多（你的基础知识储备应该得到了提高）；但右边的比例也应有所增加，这是因为你会对未知的知识量有更加明确的了解，且新知识本身就在日益增加。

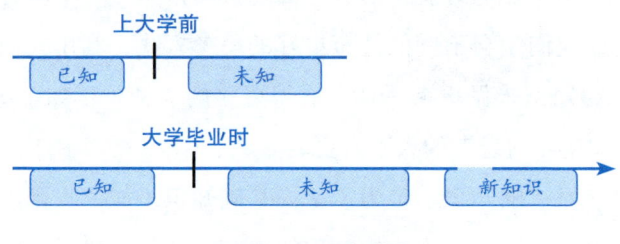

图 1.3　已知与未知

此外，想要掌握全部知识点也会让学生感到难以承受：因为量实在是太大了。即便是在一个狭窄的领域，想要掌握其中的所有知识也几乎是不可能的。而仅专注于这一目标也会阻碍我们学习新知识的脚步，即阻碍我们余生中图 1.3 里那条黑色竖线的前移。

"正确的"知识

一些学生总是希望能够得到正确答案，即"正确的"知识。这一点在刚刚中学毕业的学生身上尤为常见，因为中学教育强调的就是要答"对"。这种思维下的目标就是努力学习，根据"正确的"知识来记住"正确的"答案，然后在考试中写下正确答案。

然而，几乎所有的复杂场景都是不存在正确答案的。只能说有的答案比其他答案有更充分的理由，支撑的证据更有力或相关性更强，或是在表达上更有说服力。但这并不意味着它们就是"对的"。因此，并没有所谓的正确答案，只有基于不同的设想或解读而得到的较为可信的答案。

这一点可能很难接受，因为我们都喜欢确定性。比如，1+1=2，2+2≠5。我们在决定换一份新工作或买一套新房子时，都会希望做的是正确的选择。但其实我们能做的只是对正、反两方面的分析，因为生活并不是明确的，充满了各种复杂的观点和不确定的情况。

以职业判断为例。我们希望医生都能够做出确切的诊断和正确的治疗。有时医生可能会基于有力的依据（如检测结果）而做出非常确定且趋于正确的诊断。但通常情况下，医生不得不根据一些不确定的或不一致的结果，以及自己的经验来给出一个可能的诊疗方案。此外，我们还希望医生能够基于其不断学习的新知识，而不是 30 年前在医学院学习的基础知识来做出判断，因为随着更多新研究、理论和证据的出现，之前在医学院学习的基础知识都已经过时了。即使已经获得医学学历且拥有多年的经验积累，医生仍然需要具备学习新知识的能力，并能通过一定的方式将这些新知识适时融入其现有的职业决策中。

综上所述，大学教育帮助我们从知识消费者转变为知识创造者，而基础知识在其中发挥了重要作用，但我们要注意避免"全部的"知识和"正确的"知识这两大陷阱。从这一角度而言，大学教育也给了我们一种思维上的转变——与刚踏入大学校园时相比，我们拥有了不同的甚至更好的思维方式。这种转变可以让我们成为更加智慧、成熟且深刻的思想者，即让我们具备批判性思维。这不仅有利于我们的大学学习，也会让我们终身受益。

批判性思维可用于方方面面

大学教育的一个重要目的是培养批判性思维。这一点将在 Chapter 2 中详细阐述，且本书的 Part 2 和 Part 3 也会专门介绍如何在大学学习过程中实现这样的转变。不过我们还应该从更广泛的角度去思考这种思维转变的重要性，即批判性思维对于拥有不同身份的人有何不同的意义。这些身份包括人类、世界公民、专业人士、公司所有者或企业家等，下面讲一下前面三种。

作为人类

能够进行复杂的、智慧性的思考是人类独有的特质之一。很多人天生就喜欢思考。人之所以为人，就是因为我们会思考、有同理心、具备情商，并据此去选择是相信和依赖他人，还是对他人及其动机提出质疑。

人类的脑容量与我们复杂的推理能力有关，这也是我们区别于黑猩猩的特征之一。古希腊哲学家亚里士多德（Aristotle）曾说，我们对知识的追求仅仅是为了知识本身，这是因为我们有这样的能力。

> 所有人【此处亚里士多德的原话有语法错误，这里进行了修正】[1] 天生都具备对知识的渴望……与我们对食物和饮水的渴望并无二致。
>
> ——亚里士多德

---

[1] 原文如此。作者用这种括号表示文中的词句有误，详见本书词汇表。——编者注

此外，我们不仅积累知识，还会写下来，也会与其他人口耳相传（这是由我们的社会性所决定的），并不断完善之。正是这种对知识加以思考的能力和愿望，以及持续完善思考方式和知识体系的行为，造就了我们人类。

但并非所有的都是好消息。现在，也有越来越多的人不赞同将人类强大的推理能力用于对权力和统治地位的追求或财富和资本的增加，因为不管是有心还是无意，这样运用推理能力最终将引起像大面积环境破坏一样的全球危机。也就是说，并不是地球上所有的种族都愿意看到人类拥有更加发达的推理能力，而很多种族甚至早已不复存在，更不用说对此做出评判了。这就为我们拥有思考能力并不断对其加以完善提出了道德层面的审视角度——当我们的思考能力得到提升之后，我们又能做些什么呢？去剥削谁、破坏什么？可以这样做吗？谁能阻止我们？这就回到了本章一开始提出的问题：少部分人获得大学学位会让世界变得更好吗？

作为世界公民

我们都是公民，自己所在国家的公民，但随着全球化的深入，我们越来越意识到自己也是世界公民。世界公民包含很多不同的社会角色，如选民、家长、模范、社群领袖等。批判性思维使我们成为积极、负责且合格的社群成员和世界公民。读大学并不只是为了个人受益，也让大学毕业生站在更高的教育、理解和思考水平为整个社会做贡献。这关乎大学毕业生能否以及如何以更高的认知水平来应对生活、世界和全球挑战。虽然不是先决条件，但大多数政坛、商界以及社群中的当权者均上过大学，他们同时也是社会、经济、医疗或环境政策的设计者和实施者。

让我们花些时间思考一下自己成长的道路。上大学意味着你已经迈向了权力之路，不论这种权力正式与否。作为一个具备批判性思维的世界公民，随着权力的增加，你的责任都有哪些？思考技能的提升会让谁受益？是你自己、你的家人，还是其他你关心的人？你是否可以（或应该）为整个社会做出贡献？你是否有机会培养自己的批判性思维，为你所在的社群、国家甚至整个世界谋福利？

作为专业人士

未来我们会做什么工作？当前，快速发展的机器人和人工智能技术正在渗透劳动力市场。过去，机器技术主要代替的是一些从事体力工作（如工厂的生产线）的蓝领，现在，人工智能的兴起则会造成很多工种或现有工种中的某些流程完全消失，而这些都是之前大学毕业生所从事的工作。能够被机器技术替代的技能在就业市场中变得越来越没有价值，相反，那些机器技术无法实现的能力则越来越被重视，如分析、评估、创新、协作、联想、赢得信任、沟通、辩论、讨论、做决策并有效执行等。上述活动都需要不同的非技术技能才能完成，包括人际交往能力，特别是高阶思维能力。

世界经济论坛（World Economic Forum）《2018未来就业》（The Future of Jobs 2018）报告中列出了十大关键稀缺技能，其中排在前三位的技能包括分析性思考与革新能力、解决复杂问题的能力、批判性思考与分析能力，详见表1.1。所有这些技能均离不开高阶思维能力的加持。此外，由于对新知识的学习、理解和融会贯通非常重要，所以主动学习与策略性学习能力排在第四位。

表1.1 十大关键稀缺技能

序号	技能
1	分析性思考与革新能力
2	解决复杂问题的能力
3	批判性思考与分析能力
4	主动学习与策略性学习能力
5	创新、原创与首创能力
6	细节把控能力
7	情商
8	推理、构思能力
9	领导力与社会影响力
10	协作与时间管理能力

来源：世界经济论坛，《2018未来就业》报告

就职场而言，埃德·赫斯（Ed Hess）曾指出，人工智能时代将赋予"智慧"一词全新的含义，同时给那些对此表示无法理解或无法接受的人敲响警钟。

> 新时代的"智慧"不再由你了解的内容和方式决定，而与你的思考、聆听、沟通、协作和学习能力相关。
>
> ——埃德·赫斯，2017

可以结合一位英国雇主的观点来考虑。

> 很多学生都把他们的生命、精力和抱负用于寻找"正确"答案，只是为了完成任务。这么做的代价就是不具备生存技能，无法应对现实世界中的各种不确定性，因为现实世界中是没有正确答案的。因此，在招聘毕业生时，我们主要看重的是其如何通过自己的聪明才智和情商来应对这样的不确定性。

最后，他还告诉学生在大学期间应主要关注哪方面的能力，从而提高其在就业市场的竞争力，以便更有可能获得职业上的成功。

> 在大学中需要培养以下能力：思考与有效思考；协作与沟通；成长型思维，即想要得到反馈、学习、提升和进步。

在"从业者说"中，克里斯·盖斯特（Chris Guest）讲述了他是如何运用批判性思维来帮助企业解决环境问题的。

从业者说　大学教会了我如何思考

克里斯·盖斯特，英国艾维克（Avieco）公司首席顾问

我的工作职责是帮助企业解决环境问题。多数大学生在就业后也都是在不断地解决问题，不论是为个人、企业、政府，还是为社会。对于我而言，批判性思维是我在职场中解决问题的关键要素。

世界是复杂的，这意味着正确答案是不存在的。这听上去好像有点令人沮丧，因为我们接受小学和中学教育就是为了能够在考试中答对问题，但其实不然。相反，这会让我们不断地去寻找问题的最优解。要想做出最优的判断，就需要批判性思维。

不论是向客户建议降低碳排放、运用可再生能源，还是为客户设定宏大的环境目标，我都需要对他们面临的问题和备选的解决方案进行观察、解读、分析和评估，才能找到最优方案，并就此与客户及其利益攸关方沟通。关键是建议要客观并有证据支撑，能够对最新的知识加以解释。虽然我在大学期间学到的基础知识能够让我做得比别人更快，但这些基础知识早已过时十多年了。知识在不断地演进，拓展知识体系、运用适合的知识并良好地与人沟通，这些都是会使你一生受益的技能。

磨炼技能最理想的环境就是大学。大学为我们提供了一个能够自由观察、解读、分析和评估问题的安全环境，既鼓励我们独立去做，也鼓励我们与他人合作，而这在工作后几乎是一种奢望。在这样的环境下，应该学习"如何思考"，而不是"思考什么"。

本节我们探讨了批判性思维的重要性，其不仅是对大学生而言，对人类、世界公民、专业人士等同样如此。下面，让我们回过头来仔细思考一下，我们究竟是因为什么而决定上大学的。

为什么要上大学

回到本章开头的思考练习，想想你当时决定上大学的原因。之后再读一遍，主要看一下选出的那三条原因以及每一栏中"为什么"下面的答案。

在我当老师时，当我问我的学生这个问题时，我听到过很多种答案。其中包括：

- 为了毕业后找工作。
- 为了做研究。
- 我父母希望我上大学。
- 我父母不想让我上大学。
- 其他人都选择了上大学。
- 中学毕业后总要做些什么。
- 我不知道我还能做些别的什么。
- 为了交朋友和扩大社交圈子。
- 还不想这么早面对"现实"。
- 为了结识不同的人，学习不同的文化、信仰和观点。
- 为了远离家乡。
- 为了找寻自我，成为我想要成为的人。

你可能会觉得其中的某些答案听上去很耳熟。毫无疑问，问问自己"为什么"可以帮助你更加深入地思考大学对你而言究竟意味着什么。

虽然不应该把问题想得过于简单，但我们可以把上大学的原因分为三类：被动型、拖延型、主动型。被动原因是指上大学是为了满足别人的期望或是对别人的行为做出的反应。拖延原因是指推迟做出进一步的决定。主动原因是指我们想通过上大学达到自己的目标。这些原因没有对错优劣之分，也无是否可接受一说，它们只是不同的原因而已。

被动原因

有一些学生决定上大学是对其他事情——通常是其他人——做出的反应，这在本科生中非常常见（研究生中较少）。很多学生会说"因为我父母希望我上大学"，这就是一种被动原因。然而，你是否想过或问过父母，为什么他们想让你上大学呢？他们对大学有什么样的设想？他们觉得上大学是为了什么？现在你已经是一名大学生了，那么你觉得他们说的对吗？为什么对？为什么不对？还有一些学生可能会受其学校或社交圈子的影响——"学校里的其他同学都选择了上大学"，那么你是否问过他们为什么要上大学？他们上大学的原因也适用于你的情况吗？你自己又是因为什么选择上大学的呢？

拖延原因

通过攻读学位来推迟对未来做出进一步的决定，这在本科生中非常常见，因为本科阶段是向成人转变的重要阶段；在研究生中也存在——主要是那些对未来职业或生活还不太确定的研究生。可归为这一原因的回答主要包括"中学毕业后总要做些什么"以及"我不知道我还能做些别的什么"。

主动原因

主动原因是指你想要通过上大学来主动获取什么，可能很多人列出的原因中至少有一条属于主动原因。我们可以进一步将主动原因细分为两类：实用类——认为上大学主要是为了实现另外一个目标（如找工作），转变类——认为上大学主要是为了改变自己。接下来，我们逐一进行阐述。

1. 实用类

很多人将上大学视为实现其他目标的跳板或必要阶段，可能是为了找工作、攻读更高的学位，也可能是为了扩大自己的社交圈子。

2. 转变类

转变类原因更多与个人的转变有关。你并不是想通过学位来得到什么——如工作，而是想利用上大学的机会以及在大学期间付出的学习时间来改变自己——如成为批判型思考者（当然，你也可以选择成为其他类型的人或兼具多种类型）。很少有学生能够预见这一点，他们往往是在回顾大学生活时才后知后觉地意识到原来这才是自己上大学的真正原因。如果能在一开始就意识到这一点，那么可能你就会选择不同的学习方法，做出不同的决定。

思考你列出的原因

回到前面的思考练习，试着对你选出的那三个原因进行分类，是被动型、拖延型还是主动型？若是主动型的话，那么是属于实用类还是转变类？如果你不确定应该如何分类，看看下面对于"为什么"的回答。

如果大部分原因是被动原因，那么你是否该为自己的学位做一回主，看看自己究竟想要得到什么？如果大部分原因是拖延原因，那么你是否可以考虑一下如何才能够最有效地利用这些年学习到的知识来让自己满意？

如果大部分原因是实用类主动原因，那么你是否可以进一步思考一下，除了"获得学位"，你还需要做些什么来实现此目标？让我们详细地分析一下其中最常见的一个原因：为了毕业后找工作。事实上，大学学位并不是找到工作的必要条件，有很多工作根本不需要你有大学学位。因此，可能你想要的是"毕业后找一份理想的工作"。这样很好。那么你是否想过，除了学位之外，要想找到这类工作还需要些什么？你是否与雇主或你所在大学的就业指导服务部门的老师聊过？如果有的话，那么这就是一个很好的开端。如果没有，建议你去做，这将有助于你了解自己在大学里究竟应该做什么。找这类工作所需的简历不仅要写上你的学位，还要列举一些其他的成绩。除此之外，"一份理想的工作"还需要你在简历上写什么？如果你觉得这一点很重要——这是你上大学的主要原因，那么你是否认真地思考过，你需要做什么才能找到这样的工作？你在做时间规划时是否围绕着这一目标？另外，看过前面那位英国雇主的观点后，你觉得应该如何将自己的目标融入大学学习呢？也就是说，你的关注点是否不应该放在你的简历上，而应该放在你个人在学习、协作、沟通以及最终在思维方面的转变上？

最后，如果你上大学的原因属于转变类主动原因，那么你如何才能更好地实现转变呢？本书应该能帮到你。

再强调一遍，原因没有优劣之分，它们只是不同的原因而已。此外，这些都是你自己的原因——没有人会说你"错了"。对于拖延型的学生来说，他们虽然并不知道自己为什么要上大学，但可能最终也会因获得学位而得到让自己满意的结果。而有着明确主动原因的学生可能最后会发现大学根本没有满足他们的期望，或是原因发生了变化。

了解自己为什么要上大学并不是为了找到明确的原因，更不是为了找到正确的原因，而且你的答案可能会在你攻读学位期间发生变化。但也不能不问这个问题，忽略这个问题会让你错失很多学习的机会或方法，等你意识到的时候就已经太晚了。现在思考这些问题，你可以用更加开放的心态去更好地理解大学的本质以及大学能为你带来什么。为了更好地面对你将要经历的学习之旅，特别是对于那些没有列出任何主动原因或列出的主动原因后来不再适用的学生而言，你可以开始思考为什么要上大学，你想从中获得什么，同时也思考一下大学可以带给你什么，如何才能最终获得想要的结果。

本章小结

- 知识源于人。大学教育使我们从知识消费者向知识创造者转变。
- 增加某一领域的基础知识固然重要,但不应局限于此,而是要对其加以利用。
- 掌握"全部的"知识是不可能做到的,即使能够做到,知识也在不停地变化和拓展。我们要能在大学之外理解、解读和评估生活中出现的新知识。
- "正确的"知识几乎不存在,复杂的问题没有正确答案。我们的思考能力决定了我们是否有能力对知识和可能的答案进行评估。
- 思考的重要性不仅体现在大学学习中,对于我们拥有其他身份时——人类、世界公民、专业人士——也意义重大。
- 上大学的原因可以大致分为被动原因、拖延原因和主动原因三大类。

延伸阅读

- 尤瓦尔·赫拉利(Yuval Harari)的畅销书《人类简史:从动物到上帝》(*Sapiens: A Brief History of Humankind*,2012)就人类起源提出了一种有趣的解读,并让我们思考作为人类究竟意味着什么。这本书在任何时候都很值得阅读,尤其适合在自我发现和自我提升期间,比如攻读大学学位时。阅读过程中可以考虑一下书中涵盖的知识,有多少来自大学学习、研究和思考。
- 这位作者还写过《21世纪的21堂课》(*21 Lessons for the 21st Century*,2018)一书,其中"教育"一章(第19章)非常有意思,这一章的副标题是"变化是唯一的变量"。此外,"工作"一章(第2章)的副标题是"长大后,你可能会没有工作",以及"后真相"一章(第17章)的副标题是"某些假新闻会永远持续下去",这两章也值得一读。

Chapter 2
什么是批判性思维

课前思考

1. 是否有些人天生比其他人更会思考?
2. 如何提高思考能力?
3. 批判型思考者与别人有何不同?

学习目标

阅读完本章,你应能做到以下几点:
- 对批判性思维进行定义。
- 了解看待知识的三个阶段,知道认知过程的六个环节。
- 能分清追随者、怀疑者和理性怀疑者都是如何看待论点的。
- 理解说服的不同方式,能够运用不同的说服技巧,包括人品诉求、情感诉求、理性诉求。
- 审视自己是否存在认知偏见。

学者说 攻读大学学位只是一时之事

在怀第一个孩子时，我们参加了产前培训课程。"帮助你平安度过整个孕期，为生育和早期为人父母做准备。"——这类课程主要的关注点在于生育，这也没什么问题，因为生育在我们看来是一件大事。我们应如何看待生育？有什么计划？生育过程中需要什么样的帮助？是否有必要尝试呼吸练习、冥想或服用药物？这些方式有什么好处和坏处，以及会带来什么影响？我记得有一节关于换尿布和睡眠指南的课程确实让人感觉非常抽象。我们需要将全部关注点放在生育这件事上，根本没有时间考虑为人父母的问题。

然而，生育只是一时之事，为人父母却是一世之事。即使是难产的情况，生育过程中的艰辛也会随着时间的推移被我们逐渐淡忘。事实上，成为父母后，我们看待世界的方式与之前相比也有了变化。因此，虽然关于冥想和呼吸练习的问题很重要，但我们还应该问问自己究竟想成为什么样的父母。

攻读大学学位是一件重要的事情，特别是对于第一个学位而言。你可以关注得细一些，比如会进行什么样的测试？需要什么时候做完？应该选择哪些选修课？需要什么样的教材以及如何用好教材？

考虑以上问题是可以的，也是很重要的。然而，攻读学位只是一时之事——也就几年的时间，毕业后却是一辈子的事情。当然，与上大学之前相比，读完大学会改变你看待世界的方式。

因此，虽然关于测试和教材的问题很重要，但你还应问问自己关于知识、论点和认知过程等方面的问题，即你想成为什么样的思考者？

引言

很多学生会花大量的时间思考上哪个大学、选什么课。然而，他们究竟花了多少时间在自己的思考能力上呢？不是指他们思考什么，而是如何思考。

对此你怎么看？你擅长思考吗？思考就只是思考，对吗？就像吃饭只是吃饭、呼吸只是呼吸一样。思考是天生的，我们一出生就会思考，或至少我们不需要别人来教我们，在某些时刻我们自然而然就会思考了。

这是有道理的。每个人都会思考，但思考的方式以及对待思考的态度不尽相同。米歇尔·奥巴马（Michelle Obama）曾这样鼓励萨维小学（Savoy Elementary School）的女学生们：

> 没有人一生下来就是聪明的。没有人一生下来就会阅读，对吗？没有人一生下来就会做数学题或知道怎么吹长笛——所有这些都需要后天付出很多努力。
> ——米歇尔·奥巴马，2013

没有人一生下来就知道该如何思考。不论你是否为了学会思考而选择读大学，大学教育的主要目的之一就是要改变你的思维方式，提升你思考的复杂、精细程度。这其中就包括培养批判性思维，也是本书的重点，以及很多其他的思维方式，比如创造性思维等。这些思维方式之间有一定的交叉，值得我们去深入探索。在这之前，让我们首先看看什么是批判性思维。

批判性思维的含义

"批判"一词通常是指找出错误，比如"她对乐队的表演很挑剔"[①]。不过，对于批判性思维来说，其含义则更加全面和注重平衡——既要考虑负面的，也要考虑正面的；既要考虑劣势，也要考虑优势；既要考虑可疑的，也要考虑可信的。我们将批判性思维定义为一种认知过程，即对知识和论点背后的推理和论证进行主动且仔细的评判，进而形成自己的有力的知识和论点。参见费希尔（Fisher）（2019）对批判性思维的发展历史和分析方面所做的详细介绍。本书 Chapter 4 会介绍什么是论点，这里我们可以认为论点就是通过一系列依据来支撑的主张或观点。

我们可能已经在生活中的某些方面习惯于使用批判性思维，但在其他方面则不然。如果我们收到一封来自朋友的电子邮件，但发件人的邮箱似乎有些问题，我们可能立刻就会猜想她的邮箱是否被黑客攻击了。读完后我们会想"这封邮件真的是奥利维娅

---

① "批判"英文为 critical，该句子原文为 "She was critical of the band's performance."。——编者注

（Olivia）本人发的吗?"我们会提出支撑的论点——这是她本人的邮箱，也会提出反驳的论点——邮件中使用的语言和她平时的邮件用语不太一样，她在邮件中说她出国了需要用钱，但根据我们上一次的聊天，她近期并没有任何出行计划。之后，我们会试图通过其他的证据来进行核实，比如给她打电话询问一下她的情况。拥有批判性思维意味着我们会在生活中的其他方面运用类似的评判方式，比如在大学学习中。当老师在课堂上讲课或我们在书中读到一些观点时，批判型思考者会主动对其推理和论证进行评判。这是因为，就像 Chapter 1 中提到且本章还会进一步阐述的那样，知识是可以用不同的方式进行解读、讨论和挑战的，这一过程通过批判性思维来实现：我接受这种观点吗？如果接受的话，有何论证？要是反对呢？是否有其他的证据可以帮我进行评判？

由于背景、文化和成长经历的不同，每个人对于挑战权威或接受知识的态度都不同。有的人会认为这完全不合适，甚至是对老师的一种无礼行为。这就再次陷入了大学教育即学习基础知识或存在正确答案的陷阱。回顾 Chapter 1 中所讲，大学教育的目的是培养我们的批判性思维并将其用于我们的生活中，因为知识在不断演变。

不过，这并不意味着批判性思维就是要对一切提出质疑，批判性思维也包括知道应在何时提出质疑。

我们会在本书的最后即 Chapter 11 "思"中对批判性思维的运用过程进行更加详细的阐述。现在，让我们先从五个不同的方面分析一下思考者的三种类型。

批判型思考者具备哪些特征

本节将探讨三类思考者。但请记住，这里的分类并不是对现实的完美复刻，因为在现实生活中，一个人可能会同时具备这三个类型中的某些元素。这样做的好处是可以加深理解，这一点是无法通过只看抽象的理论实现的。

为了描述批判型思考者的特征，我们需要考虑以下五个方面：如何看待知识、如何看待论点、如何看待说服力、对认知过程中环节的使用，以及是否意识到认知偏见。

如何看待知识

在 Chapter 1 中我们就知识的本质进行了探讨，同时介绍了可能存在的陷阱，其中一个陷阱也与本章有关，即注重寻找"正确的"知识。有一些学生已经完全接受"不存在'正确的'知识"这一观点，很多知识都是可以被批判或推翻的。然而，也有一些学生可能会对此无所适从。这是因为在看待知识方面，我们都处在不同的阶段。这些不同的阶段又叫作"认知阶段"，这一概念源于认知论，即"知道"究竟意味着什么［更多详细信息参见博克（Bok）2008年所做的阐述］。处于不同认知阶段的人会对知识和真相做出不同的判断，特别是涉及复杂的问题或疑问时。了解认知阶段能够帮助我们确定自己当前所处的阶段以及批判型思考者所处的阶段。

1. 认知的初级阶段

在认知的初级阶段，我们会认为所有的问题都有确定的答案。因此，向最厉害的专家咨询、阅读最新的书籍，或搜寻"真实的"数据，就能找到正确答案。若现阶段找不到正确答案，也是因为我们没有找到其知识源头。这样的过程非常辛苦，因为我们一直在找一个不存在的东西（即正确答案）。在大学中，这种方式就会使学生陷入一种复杂的猜谜游戏：试图去猜测老师的想法，因为老师知道正确答案。

2. 认知的中级阶段

在认知的中级阶段，我们会逐渐意识到很多疑问和问题是没有正确答案或解决方案的，甚至专家也都是根据经验做出推测、形成论点，然后提出可能的答案或解决方案的。然而，如果我们处于中级阶段，我们就会认为正是由于不存在正确答案，所以所有的答案都只是对别人价值观、经验和信仰的一种简单反映，而且所有的答案都是合理的，我们无法对不同答案或解决方案的优劣进行评判。因此在大学中，我们可能会因为没有正确答案而感到沮丧——每一个人都基于其各自的选择得出不同的答案，我们无法对其进行辨别，这还有什么意义呢？我们在初级阶段是为了寻找或猜测正确答案，但到了中级阶段，我们会认为根本就没有确定的答案。

3. 认知的高级阶段

在认知的高级阶段，我们会认识到，虽然通常情况下没有确定的答案且有很多可能的答案，但我们可以对这些答案的优劣进行评判：有一些答案会比其他答案更有力。在这个阶段，我们可以通过对论点的质量及其支撑证据的有力程度对可能的答案进行评判。这也是本书 Part 2 的主要内容。我们会发现，有一些论点要比其他论点更合乎逻辑。不过也不要因此就退回到初级阶段而认为它们是正确的。在高级阶段，我们认为"即使是那些合乎逻辑的结论也都只是暂时的，当出现确凿的反面事实和相反的论

图 2.1　如何看待知识

点时，这些结论也会在必要时被舍弃"（博克，2006，113）。参见图 2.1 了解看待知识的不同阶段。

批判性思维出现于认知的高级阶段，这时我们会认为虽然不存在正确答案（特别是对于复杂的问题而言），但可以对可能的答案加以分析、批判和评判。我们在上大学时或许还达不到这个阶段，但应该知道这是我们的终极目标，要对老师的课程设计方式保持开放的心态，这是在帮助我们达到这一阶段，即引导我们掌握批判性思维。

如何看待论点

这一分类方式也与看待知识的方式相关，但主要是从看待论点的角度出发的，即如何看待用于支撑某种主张或观点的逻辑推理和证据。同样的，我们可以将人分为三类：追随者、怀疑者、理性怀疑者。

1. 追随者

追随者盲目、不假思索地认为所有的论点都是对的，对于他们读到的或听到的内容毫不怀疑。当听到一个新观点时他们很容易动摇,但一旦有一些批判性思想出现,他们也很容易变回去。追随者不会主动思考论点背后的逻辑推理,会自动认为他们看到的证据都是可信的。

2. 怀疑者

大体上来说,怀疑者处于追随者的对立面,认为所有的论点都是有瑕疵的,所有的证据都是错的。他们一直持怀疑态度,但其实对于问题答案并不关心,因为他们不会被任何逻辑推理或证据说服。

3. 理性怀疑者

理性怀疑者会对可能的答案或解决方案理性地提出怀疑。他们很关心论点的逻辑推理和证据,会主动判断其可信度,做出放慢思考、系统思考、加强分析和判断等行动。理性怀疑者也会怀疑,只是一旦某个论点、证据或来源达到一定的可信度,他们就不会再怀疑了。图 2.2 对这三类人进行了展示。

追随者
盲目接受所有的论点,忽略逻辑推理,认为背后的证据是可信的

怀疑者
反对所有论点,认为所有逻辑推理都是有瑕疵的,所有证据都是存在偏差或是错误的

理性怀疑者
在逻辑推理的基础上对论点进行主动评判,以可信度为标准对证据进行主动评判

图 2.2　如何看待论点

批判型思考者属于理性怀疑者——对所有的事情既不相信也不否定,知道何时对逻

辑推理和证据进行进一步怀疑和分析，并在此基础上做出判断。"从业者说"中介绍了谢利－安·盖亚德哈尔（Shelly-Ann Gajadhar）是如何将批判性思维融入其日常工作的。

从业者说 批判性思维在顾问工作中的重要性

谢利－安·盖亚德哈尔，阿尔法斯图特（Alphastute）公司职业与教育顾问

作为阿尔法斯图特公司的一名职业与教育顾问，我的工作主要是帮助别人成功实现其职业目标。成功对于不同的人有不同的含义，我会让我的客户从自己的角度去定义成功，鼓励其进行批判性思考。

让人意外的是，我们在对自身和生活做决定时，并不清楚这些决定背后的个人原因。通常我们是基于期望来做决定的，并没有在思考过程中加入理性怀疑。因此，我在做顾问工作时，不会一开始就接受客户所说的一切，而是温和地质疑其决定，深入挖掘其背后的推理逻辑，寻找证据证明这一决定是在平衡理性诉求与情感诉求的基础之上做出的。成为一个理性怀疑者并赋予其做决定的能力，符合其个人和世界公民的身份。

在运用这种方法时，需要面对客户的个人原因并收集证据以证明其合理与否，从而帮助客户避免做出在未来带来不悦的决定，放弃那些违背其人品诉求却可以带来快钱的商业机会，使其能够在生活中过得更加有意义、有目标。

我认为大多数决定并无对错，却存在更加英明并有充分证据加以支撑的决定。批判性思维能够帮助我们自信地面对世界。在运用批判性思维方面越自信，我们在生活中做出恰当的决定和解决问题就越容易。

如何看待说服力

这一分类方式与说服技巧有关。为此，我们须将有说服力的论点和优质的论点区分开。有说服力的论点是指能够说服别人的论点。但说服的对象是谁？他们为什么能被说服？若我的论点说服了100名追随者，而你的论点只说服了1名理性怀疑者，那么谁的论点更好？

论点的质量不能由其说服的人数（或说服的人）来决定，应根据其自身的优点进行评判，即与受众无关（Chapter 4 会详细阐述）。一个好的论点可能不会说服任何人，一个有巨大瑕疵的论点也可以说服很多人。同一个论点可以说服某一群体，但对另一个群体可能没有任何效果。说服力与论点质量无关或关系不大。

对于论点的说服力而言，有两大要素发挥作用，这两大要素之间也有联系。第一个是受众，第二个是说服技巧。

1. 受众

受众可以是追随者、怀疑者，也可以是理性怀疑者。在更多情况下可能以上三类人都有。此外，受众可能与我们有着不同的基础知识或信仰。比如，素食者和养牛人对于素食主义的论点会做出不同的回应。

2. 说服技巧

关于说服技巧，我们将借用亚里士多德的相关理论进行详细阐述。Chapter 1 中提到了亚里士多德，他是世界古代史上伟大的哲学家。亚里士多德对于哲学的贡献之一是在修辞领域，与有说服力的说话或写作艺术有关。亚里士多德关于说服力的理论将说服技巧分为三类：人品诉求、情感诉求、理性诉求。

（1）人品诉求

人品诉求（ethos）在希腊语中意为"人格"，与其来源的可信度或声誉有关，包括一个人的背景、教育、经验或立场。如果一个人可信度较高或比较可靠，那么他的论点就更可能说服受众（这也取决于受众属于哪种类型）。虽然不能代替优质的论点或有力的证据，但人品诉求可以说是做评判时的一条捷径：可靠的来源更有可能提供有力的论点。当然，会有一些例外。批判型思考者在评判论点时可能会用到人品诉求，但对于这样的捷径带来的陷阱还是会保持警觉。Chapter 5 会对与来源可靠性有关的人品诉求进行详细阐述。

（2）情感诉求

情感诉求（pathos）在希腊语中意为"痛苦"，也是"同情""感染力"等词的起源。情感诉求依靠的是与受众建立一种情感或心理联结，包括引起恐惧、愤怒、同情或嘲笑等。情感诉求常用在一些政治活动（如选举）中或用于试图说服某个群体做出某种行为（如慈善捐助）。情感诉求通常是一种非常有说服力的手法。批判型思考者在意识到对方试图用情感诉求来说服他们的时候会立刻有所警惕。

(3) 理性诉求

理性诉求（logos）在希腊语中意为"词汇""意义"或"推理"，也是"逻辑"等词的起源。理性诉求依靠有逻辑且合理的论点和证据来说服他人。批判型思考者会基于理性诉求得出其论点，并在他人的论点中寻找理性诉求以便更好地评判其质量。图 2.3 对此进行了总结。

图 2.3　如何看待说服力

用亚里士多德在其著作《修辞学》(*The Rhetoric*) 中的话说就是（从古希腊语翻译而来）：

> 口语中的说服方式主要有三种……第一种源于发言人在发言时的个人性格，他让我们认为他【亚里士多德的原话有语法错误，这里进行了修正】是可靠的……第二种说服力源于听众，当发言内容激发了听众的情绪时，就可以说服他们……第三种说服力源于发言内容本身，通过有针对性且有说服力的论点证明其真实性。
>
> ——亚里士多德，公元前 360 年

批判型思考者通过理性诉求（逻辑推理和证据）形成其论点和评判他人的论点，也可能会运用人品诉求作为一种验证手段或捷径。他们不太会用情感诉求来说服他人。心理学专业学生莎恩·布鲁克斯在本章的"学生说"中向我们讲述了她使用说服技巧的经历。

学生说 批判性思维影响了我生活的方方面面

莎恩·布鲁克斯，约克大学心理学专业学生

批判性思维在大学中非常重要。我也一直在努力提高自己的批判性思维水平，并将我学到的知识运用到了无数场景中，学习只是其中的一种场景。对我而言，这是培养批判性思维最重要的原因。举个例子，我曾通过亲身经历发现，媒体会歪曲报道当前发生的事件，如难民危机。2019 年夏天，我前往希腊参与一个非政府组织的工作——赴欧洲前线处理难民入境事务。我亲眼看到数个家庭放弃一切来寻求更加安全的生活，这不禁让我对将移民作为阻吓手段的做法产生疑问，这种阻吓手段在如今的西方媒体报道中非常常见。我读到的文章中用了大量的修辞手法从负面角度描写难民，以影响读者的思考方式。当然，情感诉求也是他们使用的技巧之一。同时，他们还利用了语言的重要性，因为很多媒体在报道中用的都是"移民"一词，而不是"难民"，很容易让读者联想起对移民的固有印象，但其实难民指的是逃离迫害、背井离乡的人。

在此类情况下运用批判性思维会影响我们生活的方方面面，不论是在酒吧中约会，还是参加一场活动。当我在 20 岁踏入社会时，我充分认识到在大学学习批判性思维的重要性。批判性思维不仅对于研究工作作用颇大，还能够帮助我们更好地驾驭未来将面临的信息浪潮。

对认知过程中环节的使用

我们还可以利用教学法理论来区分批判型思考者。教学法理论于 20 世纪首次提出，并在 21 世纪初进行了修订。本杰明·布鲁姆（Benjamin Bloom）是一位教育心理学家，他于 1956 年首次发表的教育目标分类学（Cognitive Taxonomy）非常有名，将认知过程分为不同的阶段。简单来说，就是对大脑思考过程的描述。我们在这里探讨的是修订版的布鲁姆认知目标分类学，由洛林·安德森（Lorin Anderson）和戴维·克拉斯沃尔（David Krathwohl）于 2001 年发表，他们两位在原版发表时曾与布鲁姆共事。

修订版布鲁姆认知目标分类学将学生在学习时的认知过程分为六个环节。从复杂性来说，这六个环节为递进式的，而且通常（虽然不是全部）认为这六个环节是渐进式的，即要想达到高级的认知阶段，首先需要完成初级的认知阶段：为了能够理解，我们需要先记住；为了能够更好地运用，我们需要先理解，以此类推。图 2.4 从简（记住）到难（创造）展示了修订版布鲁姆认知目标分类学中提出的认知过程。

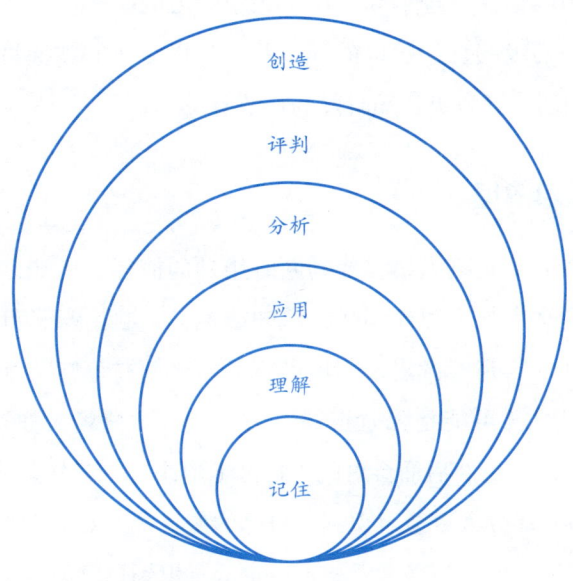

图 2.4　认知过程的六个环节

来源：戴维·克拉斯沃尔（2002），"修订版布鲁姆认知目标分类学：概述"，《理论付诸实践》（*Theory Into Practice*），41：4，212—218。

大多数课程的学习大纲大量使用这类词汇来描述学习目标。比如下面是我在爱丁堡大学（The University of Edinburgh）的大一课程的学习目标，课程名叫"企业面临的全球性挑战"。

> 学习完本课程，学生应能做到以下几点：
>
> 1. 联系企业与全球性挑战之间的相互影响，对企业在复杂且多变的社会中的作用进行批判性评价。
>
> 2. 分别找出正面的和负面的全球性挑战与趋势并对其加以分析，将适合的技能和必要的技巧运用到这类场景中来管理企业、引领发展。
>
> 3. 认识并评价会对企业产生影响的社会、环境和数字破坏问题，加以分析并应用有效的解决方案。
>
> 4. 学习并运用思考技能，找出个人在完成前三项任务的过程中以及在学习和未来就业中获得更大成功所面临的挑战和想要达成的目标。

传统的小学和中学教育通常关注的是"记住"和"理解",中学教育后期会加入一些"应用"(虽然现在有很多学校正在尝试将认知的所有环节都纳入其教育体系中)。重要的是要知道,虽然记住、理解和应用是大学学习的一部分,尤其是在拓展基础知识阶段,但这些较为初级的认知阶段的环节并不足以使我们掌握批判性思维。批判性思考与分析、评判和创造等高级认知阶段的环节有关。

是否意识到认知偏见

认知偏见是指在需要立刻做出重要判断时用到的捷径。比如,一头狮子正向我跑来,因此我要逃走。这是基于理性判断的认知捷径:判断出狮子可能会咬死你。认知捷径也可以基于非理性的判断做出,与偏见有关。比如在评判某个人的能力时,我们可能会运用基于非理性(可能是无意识的)偏见的认知捷径,如针对其种族、性别、语言或外貌的偏见。Chapter 2 后面会对此进行详细阐述。一部分人并没有意识到他们在思考时存在偏见,另一部分人可能意识到了自己的偏见,但对这种偏见是否会影响其思考并不关心。通常来说,批判型思考者是可以主动意识到自己的偏见的,或通过采取一些方式来意识到这一点,并努力避免被这样的认知偏见影响其判断、论点和推理逻辑。

对思考者的特征进行总结

结合以上分析,我们可以简单地将思考者分为三大类(见表 2.1)。再次提醒,这样分类并不是对现实的完美复刻,只是为了更好地说明和理解。

表 2.1 思考者的类型

	肤浅型思考者	怀疑型思考者	批判型思考者
如何看待知识	初级阶段:寻找"正确的"知识	中级阶段:拒绝所有知识	高级阶段:有能力对知识进行评判
如何看待论点	追随者:盲目接受论点	怀疑者:自动拒绝论点	理性怀疑者:基于逻辑推理和证据对论点进行主动评判
如何看待说服力	被情感诉求说服	不会被说服	被理性诉求说服,谨慎使用人品诉求
对认知过程中环节的使用	记住、理解,可能有应用	涉及认知的所有环节,但很难做出客观的评判	涉及认知的所有环节,特别是高级阶段的分析、评判、创造
是否意识到认知偏见	意识不到	能够意识到,但并不关心	能够意识到并努力避免

表 2.1 基于对知识 / 论点 / 说服力的看待方式、对认知过程中环节的使用以及是否意识到认知偏见将人分为三大类：肤浅型思考者、怀疑型思考者、批判型思考者。

1. 肤浅型思考者

肤浅型思考者在看待知识时处于初级阶段，认为"正确的"知识是存在的，盲目地、毫不怀疑地追随各类论点，而且很容易被包含情感诉求的说服技巧影响，即其情绪容易受到影响。他们主要会用到认知过程中的记住和理解，也可能有一些简单的应用。他们很大程度上不会意识到自己存在认知偏见。

2. 怀疑型思考者

怀疑型思考者拒绝对知识进行评判，不相信任何对论点的辨别或评判方式。他们不会受任何说服手段影响。他们虽然会运用认知过程的所有环节，但很难从客观方面做出评判。此外，他们可以意识到自己存在认知偏见，但对此并不关心。

3. 批判型思考者

批判型思考者处于看待知识的高级阶段，具备评估和判断能力，通过其逻辑推理和证据对论点进行主动评判。他们不会每时每刻怀疑一切，但会基于知识、经验、技能和直觉进行评判，并且知道应该何时提出质疑和做出评判。他们不会自动相信自己读到的、听到的或学到的内容，但也不会自动拒绝，而是不断提高自己的评判技能和自信心，在已有的参数中找出最优的答案或知识。他们不会被情感诉求说服（甚至会对此方式产生质疑），而会关注于论点的理性诉求，也会谨慎地使用人品诉求。他们会用到认知过程中的所有环节，特别是分析、评判和创造等处于高级阶段的环节。同时，会意识到（且努力让自己更容易意识到）自己的认知偏见，并主动避免其影响思考。

为了更好地理解以上分类，让我们想象一下下面这个场景。

> 有几个大学生下课后在咖啡厅里聊天。
>
> 露西（Lucy）说："我一直在思考年轻人如何才能够为其以后的生活做最好的准备。你们难道没有全身心地热爱大学生活，并且相信这里是年轻人获得必要教育的最佳场所吗？"
>
> 卡皮尔（Kapil）几乎是立刻回答："绝对的。我也热爱大学生活。所有的年轻人都应该上大学。"

很显然，卡皮尔并没有对露西的观点做评价或判断，而是盲目地同意露西在问题中隐含的答案。卡皮尔属于肤浅型思考者，是追随者，认为"正确的"知识是存在的，且似乎受到露西情感诉求（全身心地热爱）的影响。

> 李明也几乎是立刻就回答："谁知道呢？你怎么知道年轻人真正需要的是什么？又怎么知道大学是否能提供他们想要的东西？"

李明对答案是否存在提出了质疑。李明属于怀疑型思考者：对论点提出质疑，很难找到答案。

> 吉娜（Ghina）听了大家的回答，一边搅拌咖啡，一边思考自己的观点。过了一会儿，她回答：
> "这要根据不同的情况而定。你所说的'最佳'以及'教育'在这里指什么？我们是否会因为自己正在读大学而存在偏见呢？相关的证据是如何描述那些大学毕业生的？他们有获得良好的教育吗？他们对自己的生活满意吗？我们如何进行评判？能与其他年轻人做比较吗？对于想要学习学术思想或自己心仪的工作所需专业知识的人来说，大学可能是一个不错的选择，但对于其他人来说还有另外一些方式，比如职业学校，我们会将其他方式定义为教育吗？"

可以看出，吉娜展现出了批判型思考者的特点：既考虑了论点的情况，也考虑到了其他情况（职业学校），同时又提出需要证据支撑才能得出结论。她还提到了偏见的问题，这样能让自己关注于逻辑推理，而避免被露西的情感诉求影响。吉娜使用的这种质疑技巧在批判性思维中非常流行，即苏格拉底提问法。

> 在吉娜说完之后，卡皮尔很快掏出了他的手机，说"我在谷歌上查查，看能不能找到答案"。

卡皮尔一直在寻找最权威的专家，因为他觉得他们应该知道正确答案。

总之，我们可以看出吉娜是在构建优质的论点，辅以有力的证据支撑，并努力将自己的论点讲清楚。这构成了批判性思维的三大目标，也是本书 Part 2 将要阐述的内容。在此之前，Part 1 的最后一章对大学经历进行了更加详细的探讨，告诉大家如何才能在大学里成为批判型思考者。

在进入下一章之前，让我们先完成下面这个思考练习。

思考练习　如何思考

任务1：让我们回到表2.1中列出的影响思考方式的五大要素：如何看待知识、如何看待论点、如何看待说服力、对认知过程中环节的使用、是否意识到认知偏见。将练习本的页面平均分为五栏，将这五大要素逐一填写在每一栏的最上方作为标题，就像表2.2这样。

表2.2　影响思考方式的五大要素

如何看待知识	如何看待论点	如何看待说服力	对认知过程中环节的使用	是否意识到认知偏见

首先，思考一下自己当前是如何看待这五大要素的，并举一个日常生活中的例子。一定要诚实面对自己——没有人会看你的答案。之后，找出你想要改变的要素，思考一下你为什么想要改变，你的大学学习在实现此目标中会起到什么样的作用。

任务2：将卡皮尔、李明和吉娜与前面的思考者类型结合起来思考。你觉得你和谁最相似？为什么？对你看待大学的方式有何影响？写下你的答案，可以用"我和……最相似"开头。

任务3：现在想象一下露西说了这样一句话："我认为每一个大学生都必须学习哲学。"将她三位朋友的名字写下来，并根据他们每个人的思考特点（肤浅型、怀疑型、批判型）写下你想象中他们的回答。每个人至少要写出两句。写完之后，思考一下这个任务的难度，你是花了多久写完每个人的答案的？对于成为一个批判型思考者，你从中学到了什么？

本章小结

- 批判性思维会对知识和论点背后的逻辑推理与证据进行主动且仔细的评判。
- 在看待知识的初级阶段，我们寻求的是"正确的"知识；在中级阶段，我们会拒绝对知识进行评判；而在高级阶段，我们会在已有的参数中寻找最好的。
- 在看待论点方面，人被分为以下三类：对一切深信不疑的追随者、拒绝接受所有论点和证据的怀疑者、基于逻辑推理和证据对论点进行评判的理性怀疑者。
- 我们会受情感诉求（激发情绪）、人品诉求（来源或发言人的可信度）或理性诉求（背后论点的逻辑）的影响而被说服。
- 修订版布鲁姆认知目标分类学认为，认知过程中的各环节是从低（记住、理解和应用）到高（分析、评判和创造）渐进的。
- 认知偏见是指能够影响我们观点和思考的有意识或无意识的偏见。
- 与肤浅型思考者和怀疑型思考者不同。批判型思考者处于看待知识的高级阶段，是论点的理性怀疑者，关注的是论点背后的逻辑推理和证据，大多数情况下会被理性诉求说服，会用到认知过程中的所有环节（尤其是高级阶段的环节），并且会努力避免其偏见影响其思考。

延伸阅读

- 亚历克·费希尔（Alec Fisher）在《批判性思维研究》（*Studies in Critical Thinking*，2019）一书中有一章叫"什么是批判性思维"。这一章对批判性思维这一概念的历史及其在不同时期的不同定义方式进行了直观的阐述，并探讨了具体什么是批判性思维。
- 马尔科姆·格拉德威尔（Malcolm Gladwell）的《眨眼之间：不假思索的决断力》（*Blink: The Power of Thinking Without Thinking*，2006）一书从一个非常有趣的角度对偏见进行了阐述。书的标题意为我们在某些场景下会立刻（眨眼之间）做出评判，也暗含偏见是如何影响我们评判的。格拉德韦尔把它叫作"薄切片（thin-slicing）"，与思考有关，因为通常情况下我们会利用有限的信息立刻得出结论。

- 罗尔夫·多贝里（Rolf Dobelli）的《清醒思考的艺术》(*The Art of Thinking Clearly*，2014）一书阐述了多种会影响我们日常思考的认知偏见，并给出建议，帮助我们更好地发现和克服偏见。

Chapter 3
如何在大学中培养批判性思维

课前思考

1. 在大学中,学习是一种什么样的体验?
2. 应如何学习?向谁学习?
3. 在大学中学习,我们需要具备什么样的特质?

学习目标

阅读完本章,你应能做到以下几点:
○ 知道在大学中应该向谁学习且能够向他们学到不同的知识。
○ 了解独立学习和有效努力的重要性。
○ 探讨对自身成长有益的品质和特性,如好奇心和成长型思维。

学者说　突破障碍，挑战自我

我曾经和我的丈夫一起参加过一次马拉松比赛。经过 4 小时 27 分钟精疲力竭地奔跑，我们终于冲过了终点线。我们算成功了吗？当然不算，因为我们没能赢得比赛。

更应该问的是：我们是如何准备这次比赛并通过什么样的训练来确保完成赛前制定的目标的？

就像其他无数的业余跑步运动员那样，我们接受了专家的指导，制订合适的训练计划，逐步提高跑步里程，赛前也进行了减量训练；我们读了相关的博客，遵循运动营养方案和其他生活方式方面的建议，作为训练的有益补充，还在有需要时寻求理疗师的帮助。

我们做这些，并不是为了赢得比赛，而是确保能够完成赛前制定的目标：跑完一场全程马拉松。虽然跑完马拉松是一项很厉害的成就，但其实完成起来并不复杂，只要按照比赛路线从一点跑到另一点即可。唯一需要做的重大决定就是迈开腿。

下面，让我们将此与完成大学教育的复杂过程做一下比较。大学学习的全过程包括开学、通过所有的考试、最后拿到学位，但其实你自己的大学旅程比这复杂得多。此外，每个人选择的道路也不太一样。

因此，大学并不是一场马拉松比赛，更像是一场障碍赛，充满了很多意料之外的问题和挑战，需要你一一思考、面对和突破。

想一下我和我的丈夫在跑步过程中得到的专业知识、建议和支持，再回想一下你在攻读一个学位时所需的专业知识、建议和支持。

如果能在一开始就对此有所了解，那么你就能更好地完成你的旅程，克服所面临的障碍，得到必要的支持。这是你自己的事情，无须与别人进行比较。取得学位并不意味着最后的成功，你通过上大学克服前进道路上的重重挑战，完成之前制定的目标，这才算成功。

引言

并不是每一位批判型思考者都上过大学。有很多有名的批判型思考者从未上过大学或是选择了从大学辍学。这要么是因为他们没有获得上大学的机会，要么是因为他们觉得没有必要上大学。他们中有科学家［列昂纳多·达·芬奇（Leonardo Da Vinci）、玛丽·安宁（Mary Anning）、本杰明·富兰克林（Benjamin Franklin）］，有商业精英［史蒂夫·乔布斯（Steve Jobs）、亨利·福特（Henry Ford）、弗罗伦索·阿拉基贾（Folorunsho Alakija）］，也有作家［玛雅·安吉罗（Maya Angelou）、马克·吐温（Mark Twain）、查尔斯·狄更斯（Charles Dickens）］。此外，并不是每一名大学生都能成为批判型思考者。因此，如果你想成为一名批判型思考者，上大学是最好的途径吗？大学学习有助于培养批判性思维吗？在探讨向谁学习和如何学习之前，让我们先回到Chapter 1和Chapter 2中提出的一个问题，即：我们在大学主要学习什么？

大学学什么

你希望能从大学中学到什么？

经济学专业的学生可能会回答：希望老师能教授经济学知识。政治学专业的学生则会回答：希望老师能教授政治学知识。

如果用"教授"这一概念来描述大学教育（特别是像"经济学"或"政治学"这类涵盖内容较广的学科）的话，会显得过于片面且出发的角度也完全错误。"教授"是指别人在其影响力范围内对我们"做什么"——比如老师在教室里讲课。而"学习"这一概念则基于一个更强大的架构，让我们从自身角度出发，更加广泛、全面地理解大学学习的内容、对象和方式。

教授与学习之间有什么差别？简单来说，教授指知识的传授过程，学习指知识的获取过程。大学学习是自我的学习，若能接受这一点，则会让我们将关注点放在自我教育之上。此外，大学教员也是这样看待大学教育的：大学教育并不是老师在教室里讲课，而是为学生提供学习机会。为此，很多大学教员并不把自己看作"老师"（至少不是中小学意义上的老师），而是更广泛意义上的提供整体、综合的教育服务的"教育工作者"。这样一来，就需要学生自己决定如何利用这样的学习机会。"老师"这个词则暗含排他性，即只有老师可以讲课。但实际上，我们发现大学中有多个学习渠道。最后，教授意味着一种被动的方式，即你只需要坐下来听讲，然后在考试中把学到的知识重复一遍，但学习是一项主动性更强的任务。

那么，我们在大学究竟学什么呢？

多数人可能还是会从其所学的专业角度出发来回答，比如"我读大学是为了学习历史"或"我是来攻读商学学位的"。当然，这样的回答也没有错——如果我们毕业时对专业知识都不了解，那么我们也就不能算是合格的毕业生。Chapter 1 中指出，掌握基础知识是大学学习的一个重要组成部分。但就只是这样吗？我们从教材上不也可以学到这些知识吗？为什么还要特意花时间（和金钱）来大学学习？我们还能在大学中学到什么别的知识？

大学教育固然要求我们学习与自己所选专业（如心理学、法学、工程学、商学、政治学、哲学、环境科学等）有关的知识，但也要求我们学习通用技能、塑造个人特质。后两者与前者相比，即使谈不上更重要，也是同样重要的。请注意，这里我们在形容通用技能时用的是"学习"一词，但在形容个人特质时则用的是"塑造"一词。这是因为个人特质不一定是学习到的，而是我们的内在特点，但肯定能够加以塑造。看完下面的阐述你就明白了。

通用技能也称为"可迁移技能"，存在并适用于所有学科以及大学生活之外的其他方面。通用技能通常隐含于课程之中（即没有书面记录或不被口耳相传），当然也有一些在课程的学习目标中被明确提到。通用技能一般包括以下技能：写作、分析、解决问题、展示介绍、团队协作、使用数字技术、社交联络、做决策等。不同的学科有不同的技能侧重点，但通用技能都是非学科技能。比如我们在大一经济学课程中学到的团队协作技能将陪伴你的整个大学学习（和职业）生涯，不论你的学位（和职业）是否与经济学有关。

个人特质则更加内在，与通用技能相比很难学到，它是对个人身份的一种反映。不过，个人特质肯定是可以被培养和塑造的，主要包括同理心、领导力、文化理解力和自信心。

通用技能和个人特质通常被归在软技能中。然而，软技能的概念其实是存在很大问题的，会减弱其重要性。"软"技能通常与"硬"技能相对，隐含的意思是说硬技能更重要，而软技能没那么重要。但其实恰恰相反。通用技能和个人特质即使在我们完成大学学业后仍然十分重要。与很多硬技能不同，软技能比较灵活、可塑性强，且能够适应不同的情况和场景。专业知识的应用范围通常较窄，比如如何发现变质岩——如果我们没有从事地质学工作，那么基本用不上，但我们与不同成员之间的协作能力、我们的自信心或我们展示介绍的能力从不会过时。

总之，基础知识让我们了解知识，通用技能使我们知道如何运用学到的知识，个人特质则让我们有能力运用学到的知识。图 3.1 对此进行了直观展示。

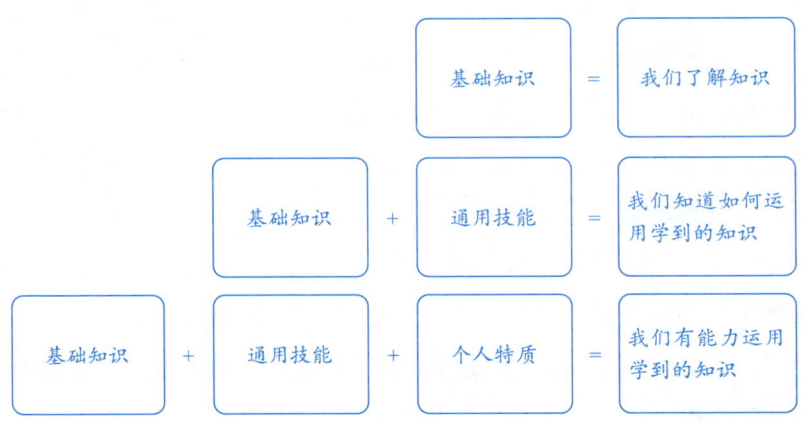

图 3.1　大学教育的三大要素

毕业时，我们希望不仅能了解专业知识，还能知道如何运用知识，且具备运用的能力。大学中会有一些针对某些技能的测试，但并不是所有技能都有这样的测试，因为有一些技能很难或不可能通过测试的方式来检验其是否已被掌握。这也就是为什么很多雇主在筛选简历时不只看学生最终的学历，为什么毕业生评价中心和求职面试会越来越关注通用技能和个人特质而非学科成绩，为什么大学教育对于一个人的成长和职业发展同样重要。

也许有的学生会对此提出质疑，可能会说"为了成为一名律师，我确实需要了解法律系统方面的知识"，或"为了成为一名会计，我确实需要了解怎么做资产负债表"。他们说的没错：我们确实需要了解基础知识，而且某些行业还会对此进行额外的测试和认证。但我们还得更加详细地剖析一下这些"需要"。如果我们能够非常准确地描述司法系统的运作方式，却不知道为什么要这样运作或能够如何改进（即我们无法在场景中思考），那么一旦政府改变了司法系统，我们怎么办呢？也许我们毕业后找到的第一份工作在法律领域，但很多训练有素的律师会继而进入别的领域工作，比如商界或政界。因此，毕业找工作时所需的技能并不是职业生涯所需的唯一技能，通用技能和个人特质非常重要。最后，随着科技的变革，就业市场也在快速变化，因此当下的一代可能会在未来进入目前尚未出现的职业和行业中，仅靠学科基础知识，如何能让我们做好迎接未来的准备？

了解了大学学什么，还应该考虑一下应该向谁学。在此之前，先通过下面的思考练习来看看你认为应该具备哪些个人特质才能更好地完成大学学业。

> 📝 **思考练习**　完成大学学业的必要特质

任务 1：列出你认为有助于完成大学学业的所有个人特质。认真思考一下你写下的答案，从中选出你认为最重要的三个。将纸张平均分成三栏，将这三个特质逐一填写在每一栏的最上方。

任务 2：在每一个特质的下方各写下一个"为什么"，深入分析其背后的原因。记住，可能中间会需要将问题改为"我是怎么知道这一点的"。

任务 3：最后，结合你自己的情况分析，你具备这三个特质吗？如果具备，达到何种程度？如果不具备，你可以做出改变吗？如何改变？将你的思考过程都写下来，可以另起一段，也可以写在同一栏中。

向谁学

下面让我们看看应该向谁学，以及能够从不同的人和群体那里学习到什么。

学校教员

讲师、导师、助教、实验助手都属于学校教员。在大学中，大部分课程会以讲座的方式进行授课，但还有一些可能会涉及导师辅导或在实验室做实验。我们将主要探讨一下讲师的作用，其中很多也适用于所有的教员。

了解讲师如何看待自己所扮演的角色以及各类教学方法之间的差异很重要。与中小学老师不同，讲师在授课方面通常具有一定的灵活性，不需要严格按照统一指定的方式去讲课。讲师可以自行决定讲什么内容、设定什么学习目标，以及设置最适合的考试来测试这些目标的完成情况。一旦得到学校院系委员会的批准，讲师就可以自行决定上课的方式。也就是说，不同的讲师可能有不同的教学和学习方法，对自己在课程中的角色也有不同的看法。

有的讲师可能倾向于更加传统的单向教学，有的讲师则可能倾向于更加活跃的互动式教学。因此，在攻读学位的过程中，我们可能会体验到很多不同的授课方式和风格。此外，一些大学也会为其教师团队提供正规的教学培训。遗憾的是，有的讲师可能不太注重授课质量，特别是当发表论文的压力比较大或其优先级更高时。虽然这样的情况仍然存在，但大多数大学还是越来越注重提升学生的学习体验，不过大学与中小学不同，学习的责任在于学生自己。总之，不同的讲师所营造的学习环境各有不同。重要的是我们要调整自己的方法和预期，不论讲师授课的方法如何，要将自己的学习效果最大化。

不过，讲师只是大学学习对象的冰山一角。

世界知名的思想家

我们的课程涵盖了很多阅读任务（Chapter 8 会详细阐述），使我们有机会通过书籍或期刊文章向本领域的世界知名领军人物学习，包括在其他大学甚至其他国家任教的当世思想家。此外，在数字时代，我们不仅可以读到他们的作品，还可以在线听他们的谈话或讲座。这是如今学习方式的重大进步。

然而，很多领域的大思想家早已不在世，但我们可以通过他人的解读及其原著向他们学习。我们不需要穿越到一百多年前去了解西格蒙德·弗洛伊德（Sigmund Freud）在心理学方面的观点——我们可以读他的《梦的解析》（*The Interpretation of Dreams*，1899）。想要了解亚当·斯密（Adam Smith）关于道德的看法，我们也不需要穿越到 18 世纪，而可以读他的《道德情操论》（*The Theory of Moral Sentiments*，1759）。通过阅读他们原汁原味的想法，我们可以"直接"向这些学科伟人学习。

同学

在大学中还有一个重要的学习对象——我们的同学。了解了通用技能和个人特质在教育中扮演的重要作用，我们会发现很多情况下自己会向一同互动和讨论的同学学习。看到团队成员是如何推进（或阻碍）团队协作的，我们就能从这些正面（或反面）的团队工作经历中加深对团队协作以及自我的了解。

此外，自信心和同理心等特质的塑造并不是我们独自坐在桌前或与讲师沟通就能实现的，而要依靠同学的回应、参与和认可。别的同学可能在别的领域比我们懂更多的专业知识或经验更丰富（尤其是到了研究生阶段）。甚至有时，讲师正在讲授一些文化、宗教或经验方面的问题，但缺乏第一手的资料，这时讲师就会寄希望于坐在讲台下听课的同学。大学学习的方式之一就是与有不同背景、不同世界观和不同经历的人接触，向他们学习。

正式课程之外的机会

诚然,我们可以从正式课程中学到很多知识,但大学校园还会为我们提供了很多其他的学习机会。现在,有越来越多的大学成立了学生体验团队或类似的团队,既提供正式的课程,也提供非正式的机会,以培养学生的通用技能和个人特质。此类课程也可以由就业指导部门、学习支持部门或国际留学生部门提供给留学生。我们还可以通过参加一些活动来听听演讲嘉宾的观点,也可以参加系列研讨会、辩论赛或分组讨论来探讨当前的一些热点话题或问题。学生俱乐部或社团(及其组织的相关活动或项目)也是学习的好场合,我们在其中学到的内容有时甚至比在正式课程中学到的更加深刻。当我们从更广泛的视角看待大学教育时,就会发现在校园里、在我们身边,到处都有学习的机会。萨拉·卡莫尔(Sarah Kamal)在"学生说"中对此有详细阐述。

学生说 保持开放心态,不要拒绝任何机会

萨拉·卡莫尔,爱丁堡大学会计与商务专业学生

当我收到爱丁堡大学的录取通知书时,我就做好了在那里度过我四年大学生活的一切准备,对于一个从没有去过苏格兰的人来说,这听上去可能有点不可思议。那时,我已经在精神上准备好与世界上最聪明、最优秀的同学一起进入会计与商务专业,将所有的专业知识学到手,成功拿到学位。然而,实际情况完全不同。

一开始我将主要的精力都放在学习专业知识上,令人意外的是,到后来我的关注点远远不止于此。在大学中,我们有机会结识各式各样的人,他们有不同的文化、不同的背景,掌握不同的技能。在大学中建立的友情会伴随我们一生。大学也许是我们生命中唯一一段可以抓住很多机会但又不苛求回报的时光。为了求学,我们很多人都是第一次背井离乡、独自生活,这让我们变得更加成熟,也增强了我们的抗压能力。因此,尽管我在大学的第一次考试成绩不理想,但我仍然意识到我其实已经收获了很多:我加入了一个志愿者社团,通过自己的行动为他人的生活带来了实实在在的影响;我作为课程代表为课程设置提供了一些建设性的建议;我还与一位同学合租,这位同学最后成为我最好的朋友;最后,也许是最重要的一点,就是我学会了如何完美地烹饪鸡肉，而不至于烤焦。

因此，刚刚进入大学时，不要仅关注自己的学习成绩。建议你保持开放的心态。你可以加入一些社团，这可能有助于你未来找工作；也可以加入一些与你所学专业毫无关联的社团，丰富和发展自己的爱好；还要多结识一些新朋友，避免一直待在自己的舒适区。如果能够对大学的每一个机会都保持开放的态度，你会发现课堂上和课堂之外都有很多值得我们学习的地方。

我们自己

大学让我们每一个人在思维和个人方面有所转变。如果愿意并且有能力去听听自己的声音，那么我们也可以从自己身上学到很多。随着时间的推移，我们会逐渐用到这种方式，若能够给予其发展空间，则将会有更大的收效。本书的思考练习正属于此类活动。很多课程也纳入了类似的思考练习，甚至是相关的测试。认真做完本书的思考练习，也就是对我们大脑中未被发掘的深度理解和学习潜力的认可，就像寻宝那样。

图 3.2 对向谁学习进行了总结。

图 3.2　向谁学习

大学学习环境具备哪些特点

想明白了在大学学什么和向谁学，还需思考一下应如何学。对于大多数人而言，大学是一个全新的学习环境，会带来一定的挑战。要想应对这些挑战，我们首先需要意识到这些挑战并做好准备。下面，我们将详细探讨大学学习环境的五大特点。

独立而非独自

很多人将大学视为一个独立的学习环境。这确实没错，但这并不意味着你是一个人在学习（或独自一人）。然而，由于很多学生同时也在经历人生的转变（比如成年），有一些人可能会有这样的感觉。

与中小学老师（或父母）一直催着我们落实计划、督促我们学习和按时交作业不同，在大学里，我们每一个人都需要对自己负责。老师[①]不会在某个学生的学习上投入太多的精力，也没有精力对每个学生的表现进行监督并在发现问题时积极提供帮助。在很多情况下，特别是在本科生阶段，这是由班级的规模决定的：有的班级学生非常多，老师不可能认识所有的学生，更不用说去监督每个人了。更重要的是，在大学里，我们是被当作成年人来对待的：要对自己的学习和结果负责。因此，我们要能找到自己比较薄弱或落后的方面，并通过复习笔记或阅读材料努力赶上，也可以寻求其他帮助；要能监督自己的学习，依靠自己来弥补差距、解决问题——这也是工作中必不可少的能力；要能自己去寻求帮助，而不是由老师发现我们的不足或立即给予我们帮助。

对于个人而言，接受大学教育也可能标志着我们人生的一次重大转变。我们可能首次背井离乡，去往一个新城市，甚至是一个语言不通、文化不同的新国家。有些学生甚至是第一次需要自己做饭、打扫房间、洗衣服、购物和理财。即使是住家的学生，也可能要对其个人生活和选择负起更大的责任。这是很难的。我们要意识到这一点，但也不要给自己太大压力，比如没有干净衣服可穿、下个月的生活费还没到账就已经把这个月的钱都花完了，或还有三天就要交论文了但还没有开始动笔，我们无须为这些事感到焦头烂额。不过我们也需要从这些经历中学习和成长，学会解决问题、管理个人的生活，这样就不会经常面对这样的时刻了。这就是成为一个能够独立学习和对自己负责的成年人所需具备的能力。本节中的很多其他问题都会回归到这一关键点：在大学里，我们主宰着自己的道路、行动、需求和努力。

[①] 方便起见，后文中以"老师"统指各类大学教员。——编者注

筑牢基础

在大学需要努力学习这一说法几乎是老生常谈了，根本无须再强调。但要努力到什么程度呢？很多学生主要关注的是结果，即成绩单。然而，"成功"这一概念在大学里是非常复杂的，且不同的人会有不同的解读，就像本章开头的"学者说"中描述的那样。即使成功可以仅由分数来定义，但学生们普遍有这样一个错误的观点：只要在考试时努力就能成功，即在"算"的时候努力就行了。英国的一些学生就有这样的想法。有人建议他们不用在本科头两年努力学习，因为前两年是"不算"的，只要考试别挂科就行。对于英国的大部分本科教育而言，第一年（或四年制的前两年）的考试分数是不会计入最终的学位评级的（不论你是一等学位、二等一学位、二等二学位还是三等学位[①]）。这背后的原因非常复杂，主要包括：

- 让学生有一定的调整时间，在面临分数压力之前能够适应新的学习环境。
- 让学生有时间感受不同专业的课程，或在发现初始专业不适合自己时有机会转专业。
- 让所有学生都有机会获得突出表现：如果每一学年的成绩都算，那么那些在高中学得比较好的学生将会更占优势。
- 让所有学生都能在前两年得到反馈，帮助其弥补不足，不断改进。

这样就会造成一些学生觉得在大学前两年完全没必要努力，就算努力了也是白费。这完全背离了真相。前两年的学习为我们的学位教育打基础，帮助我们巩固必要的基础知识，开始学习通用技能和塑造个人特质，还能帮助我们培养良好的时间管理习惯和职业道德，让我们更有收获（还不至于手忙脚乱）。此外，它能够让我们找到并克服自己的弱点，在考试分数计入学位评级之前适应新的学习和评估方式。

让我用一个小故事来更好地说明这一点。

想象一下杰米·穆雷（Jamie Murray）和安迪·穆雷（Andy Murray）这两位网球兄弟。假设（据说应该是真的）他们甚至从很小的时候起就希望自己能够有一天成为世界冠军。他们参加了苏格兰爱丁堡韦弗利网球俱乐部（Waverley Tennis Club）10岁以下年龄组网球比赛。当时杰米只有7岁，安迪仅有6岁。这场比赛对于他们拿世界冠军的目标来说并没有什么用，但难道他们就不参加比赛了吗？他们当然参加了。为什么？因为他们的目标并不是"成为世界排名第一的网球运动员"，而是"成为世界上最好的网球运动员"（并因此排名第一）。要想成为最好的网球运动员，就需要在前期付

[①] 英国本科学位等级，其中最高学位为一等学位。——编者注

出巨大的努力，做大量的练习和训练，接受教练的指导，不断提升，即使"不算"也要努力，这样的话才能在"算"的时候不仅做好了准备，也充满了自信。大学学习也是如此，学生需要在前期付出巨大的努力，做大量的练习和训练，接受老师的指导，即使"不算"也要努力，这样的话才能在"算"的时候——在学位评级时——不仅做好了准备，也充满了自信。此外，前期学到的很多知识虽然不一定会被考到，但对于我们大学之后的一生都会非常有用。

有效努力

大学学习的独立性意味着我们对自己的学习方式有较大的决定权，因此我们需要思考一下如何才能使学习效果最大化——要有足够多的挑战性，但不要过多。我们通常将其称为为了增加学习深度而进入了"有效努力状态"。这种状态通常发生在我们主动练习之时，而不是被动阅读、聆听或观看之时。马修·赛德（Matthew Syed）在其《回弹之间：才能之迷思与练习之力量》（*Bounce: The Myth of Talent and the Power of Practice*，2010）一书中对此有更加详细的阐述。有效努力成功与否取决于是否满足两大参数：一是需要有一定的学习兴趣或动力；二是学习的内容须有一定的难度，且有辅助式学习和进度反馈的支撑。图 3.3 对此进行了展示。下面，我们会进行详细阐述。

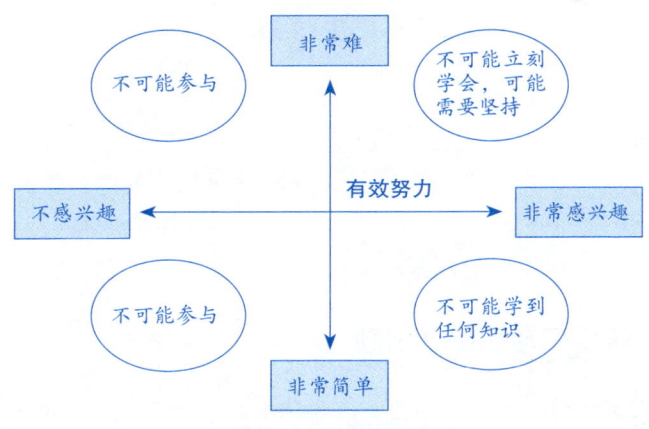

图 3.3　有效努力

第一个参数与兴趣有关。要实现有效努力，关键是我们想去学。想学源于多个驱动因素。对话题或问题感兴趣或充满热情，这是一个非常强大的驱动力，能够驱使我们去学习更多的知识或去解决某个问题，因此也叫作内在动力。想要得到较高的分数，这是外在动力。外在动力也很强大，但我们应该小心，要将关注点放在学习上（但不仅仅是分数）。以上因素中的任何一个或几个可以确保我们越来越靠近图 3.3 的右侧，并最终实现有效努力。

第二个参数与难度有关。如果过于简单，那么我们就不可能进入有效努力状态，也不可能学到知识。然而，难度过大又可能会给努力的效果带来负面影响。就像健身房的力量器械，重量太轻，我们的肌肉就不会得到锻炼，而重量过重，我们甚至根本就举不起来，两种情况下的锻炼都是无效的。难度影响学习效果主要有两个主要原因。一方面，难度过大，我们很容易就想放弃，不想再做下去。当学不下去时，我们就会觉得是在浪费时间和精力，努力也就变得无意义了（没有效果）。另一方面，任务太难、太复杂或难以理解，我们可能连从哪儿着手都不知道，更不知道如何完成任务，也不具备相关的基础知识去理解这个任务。这就需要学习辅助。与实体的支架作用类似，学习辅助指的是一系列帮助我们理解任务或辅助我们学习的支撑行为，如逐渐积累基础知识、在刚得到任务时为我们指明方向、在完成任务的过程中给予有益的反馈。等我们不再需要的时候，这些辅助就会逐步停止。比如，在学期末，我们被安排了一个复杂的任务，而老师可能不会告诉我们太多关于如何做的建议（或完全不会告诉我们）。但是在之前的学习过程中会有其他方面的辅助措施，比如阅读、预习，以及课上或辅导过程中讨论的内容和案例，可确保我们在期末时能够完成这个任务。

在面对一堂复杂难懂的课、老师提出的很难回答的问题或很难理解的文本时，我们需要回想一下有效努力的重要性，要记住 Chapter 1 中提到的"全部的"知识这一陷阱。即使只了解一部分知识，也有助于深化我们的学习，使我们不再依赖辅助手段。此外，如果一切都很简单，根本不用去想办法解决，那么我们就要仔细地思考一下，如何才能推自己一把，让自己进入有效努力区。下面几节的内容将有助于我们回答这一问题。

积极参与，认真预习，保证出勤

如何才能进入有效努力区呢？主要有三种方式：积极参与、认真预习、保证出勤。

1. 积极参与

现在有越来越多的老师将主动学习纳入学生辅导和课程学习中。在传统的课堂上，我们主要是被动地学习，即坐着听课，而主动学习则将我们融入学习过程，使我们有机会参与进来。有很多方法可以用于提高学生的参与感，包括让学生回答问题、给学生及其同伴一定的讨论时间并汇报讨论结果（如配对分享），或通过技术手段在课上设置实时投票环节。积极参与通常包含了 Chapter 2 提到的布鲁姆高级认知阶段的几个环节，旨在培养学生的批判性思维，帮助他们进入有效努力区。不过，尽管我们可以自主选择是否参与进去以及多久参与一次，但对于某些学生来说，这仍然是一件让他们感到非常困难的事情，特别是当他们需要当众讲话时。Chapter 10 将对此进行进一步的阐述并提出解决方案。

2. 认真预习

要想积极参与到课堂学习和辅导中，往往需要做好预习，可能包括阅读和做一些试题。通常情况下，预习可以帮助我们积累相关的基础知识，做好话题讨论准备。从布鲁姆的认知理论来看，预习可以帮助我们在课前记住并理解相关概念，这样一来我们就可以在课上进入更高级的认知阶段，对知识展开应用、分析或评判。如果不预习，那么我们就只能止步于在课上把重点都记下来并努力理解。这就引出了很多老师提出的一个新概念：翻转课堂（flipped classroom）。

翻转课堂指的是在课前将课程的所有内容提供给学生，通常通过在线录制视频的方式来完成。这样就可以将课上的时间用于讨论和辩论，从而激活高级认知阶段的环节。不过，没有预习的学生无法参与到讨论中，如果大部分学生都没有预习，那么翻转课堂就算彻底失败了。这说明我们每个人都可以自主选择，确保自己能够进入有效努力区。翻转课堂一旦成功，就会为学生营造一个非常有效的学习环境。

3. 保证出勤

一些大学会将学生的课堂出勤率计入成绩，而有的则不会。现在几乎没有哪所大学会因为没有上课而惩罚学生。课程录像让这个问题更为突出，也让老师对是否能让学生进入更高级的认知阶段感到担忧。课程录像的初衷是给那些因生病、家里有急事或有其他突发情况等合理原因而无法上课的学生提供帮助，给还处于适应期或身体有残疾的学生更好的学习机会，或帮助来上过课的学生更好地复习和理解（在存在语言问题或话题比较难的情况下）。然而，这也给一些学生不来上课提供了便利。

与课程录像相比，课堂能为我们提供更多积极参与的机会，以训练自己的高级认知能力。如果只看录像，录像中老师说让我们和同伴讨论一个问题，实际上却没有任何人可以与我们讨论。可还是有学生认为这种录像的方式很好，因为这就意味着他们可以通过快进功能"跳着看"，快速地跳过那些"没什么实质内容的部分"。这些"没什么实质内容的部分"其实就是学生之间在讨论或就某一问题展开辩论的部分，而这些内容原本是让学生提升认知能力、锻炼通用技能（如展示介绍），并塑造个人特质（如自信心）的。这就再次陷入了知识陷阱，即认为课堂和大学学习通常只关注基础知识的积累。此外，翘课也就意味着错失了社交与团队协作的机会，比如在教室门外等着进去上课、与同学聊天，甚至是看别人聊天。上课是学生之间相互交流或认识的一个重要节点，可以帮助我们消除孤独、焦虑或不知所措的感觉。在教室门外得到某个同学的微笑、赞同你旁边同学说的老师这周布置了太多的预习作业，或仅仅是听别人讨论写论文过程中遇到的困难……这些都可以让我们在攻读学位、学习本课程或焦虑的时候感到我们不是独自一人在战斗。

团队协作与考试评估

大学教育不仅仅是让学生学习基础知识，还有两个关键要素：团队协作与考试评估。团队协作几乎是所有大学课程的组成部分，也是我们毕业后职业生涯中一个重要的方面。团队协作能够帮助我们完成更宏大的项目、从不同的角度解决问题，以及为我们提供一个社交空间，提高其成员的积极性，让大家感觉到快乐。当然，团队协作也会遇到一些困难，尤其是当成员间发生冲突、失衡或只是没办法见面时。这就让很多学生想尽可能地避免团队协作。然而，我们确实能从同学那里以及与别人交流时的自己身上学到很多，因此应该将其作为一个重要的学习机会。此外，我们还可以用此来锻炼通用技能（如团队协作）和塑造个人特质（如同理心或文化理解），这对于我们未来的生活特别是职场生存非常关键。

再来说一下考试评估。大学考试的目的是什么？简单来说，即测试学生掌握了什么知识、在同学中排在第几位。但这只是一方面。考试固然可以用来测试学生是否掌握了必要的概念，但还有很多其他重要的用途。

考试本身也是一种学习工具。与考试前相比，在考试结束时（为了考试，我们会认真地复习、研究论文、写论文），我们会知道得更多。也就是说，考试本身就是我们积累基础知识的一个途径。此外，考试还让我们有机会锻炼其他的通用技能（如时间管理或解决问题），塑造个人特质（如自信心或抗压能力）。当然，通过考试得到的反馈意见也会告诉我们哪里还需要提升和改进。本章之后还会对此进行详细阐述。了解考试的多重目的可以让我们以更加积极的心态来面对考试，为我们的学习提供帮助。

培养批判性思维所必需的特质

至此，本章已经阐述了我们在大学学什么、向谁学，以及大学学习环境的五大特点等问题。在本章的最后，我们将讨论一下大学学习，特别是培养批判性思维所需的特质。请回顾一下前面的思考练习。重新读一下自己的答案，看看是否想要修改答案。

在我看来，大学学习，特别是培养批判性思维所需的最重要的三大特质包括：好奇心与开放的心态、成长型思维与毅力、专注力与意志力。

好奇心与开放的心态

好奇心是指想要了解或学习的强烈愿望。我们若对一件事很好奇且很有兴趣，就更有可能去发掘和探索它。相反，若我们对我们的学位、学业或某项作业一点都不好奇（即不关心），那就可能视之为负担，被强制去做自己不想做的事情。好奇心可以激发我们的兴趣，让我们进入有效努力区。当然，一位优秀的或能够给予灵感的老师可以培养和激发我们的好奇心，但更重要的是要从我们的内心种下好奇心的种子。美国学者伊布拉姆·肯迪（Ibram Kendi）在一次大学毕业典礼上的讲话中指出：

> 我不以知道的多少来衡量一个人的才智……而是……将其是否具备强烈的求知欲作为定义标准。
>
> ——伊布拉姆·肯迪，2018

此外，要想成为批判型思考者，我们需要对新的想法、新的观点和新的机遇持开放的态度，在学习或获取反馈时愿意改变自己的想法，包括在出现新的论点或证据时有意愿、有能力去改变自己已经根深蒂固的想法。要意识到自己存在的认知偏见，愿意去发现、理解和努力改变它们。这就需要我们保持开放的心态去尊重其他优秀的且有证据支撑的观点，即使我们并不赞同它。肯迪在同一场讲话中还问了这些问题："你们当中有多少人对新想法持开放的态度？有多少人会去寻找一些具有挑战性的、与自己看待世界的方式完全不同的观点？有多少人愿意用新证据从不同的视角去观察世界？"这些问题也值得我们思考。

一个人如果拥有好奇心且保持开放的心态，就会对别人的观点、新的想法和不同的方式方法感兴趣。他并不觉得这是一种威胁，反而将其视为一个学习、理解和成长的机会。

成长型思维与毅力

你的学习潜力上限在哪里？虽然有人认为这取决于一个人的智力水平，但有越来越多的研究显示，人的学习潜力上限是由其思维决定的。除好奇心与开放的心态之外，具备成长型思维也会提升我们的学习潜力。现在，越来越多的学校乃至整个社会都在教授如何培养成长型思维。僵化型思维的人认为自己的潜力或能力是固有的（一成不变的）——成功与否是由其是否本就具备相关能力决定的（见图3.4）。他们认为失败是因为任务超出了他们固有的潜力或能力。因此，他们拒绝挑战，害怕失败，不希望获得别人的评价反馈。而具备成长型思维的人则将他人的反馈视为成功的关键，而非一种评判。这是因为他们认为成功是努力、失败、坚持与不断改进的结果，不存在天生的潜力上限——潜力是无限的，因此会不断提升自己。如果想要更深入地了解相关内容，我强烈建议大家读一下本章最后提到的卡罗尔·德韦克（Carol Dweck）的书。

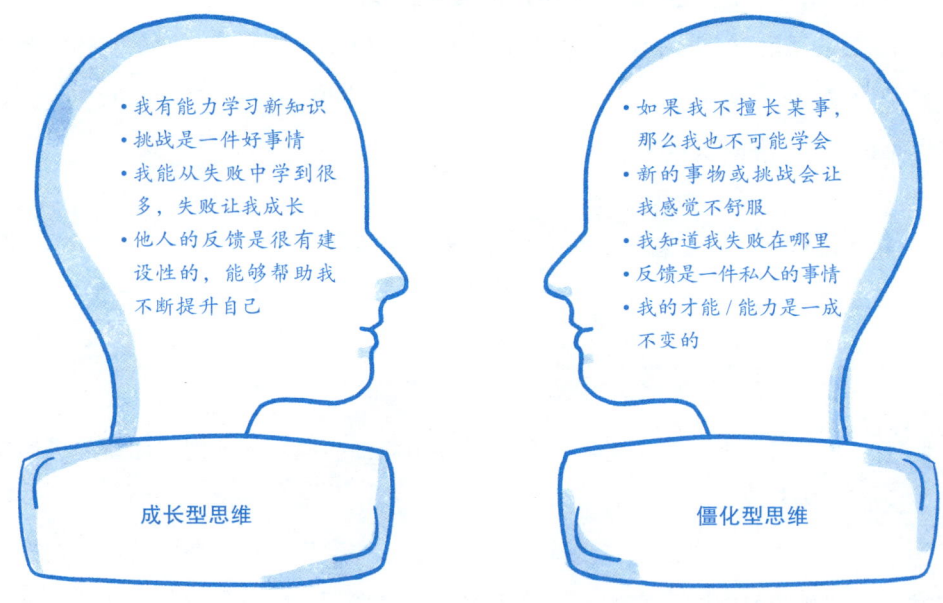

图 3.4　成长型思维与僵化型思维

成长型思维也展示了很多不同的大学学习方式。不少学生上大学是为了提升自己深入学习以及完成复杂任务的能力，还有很小一部分学生很欢迎别人对其提出反馈建议和批评意见，指出他们的弱点或瑕疵。与之相比，我们很多人认为别人对我们的学习、工作或自身的批评意见是不好的——批评意见会指出我们哪里"做错了"、哪里做得"不够好"，或我们的弱点在哪里，所以会尽量避免之。但我们如果具备成长型思维，就会彻底改变这种想法，会主动请别人提出批评意见，为论文上写满别人的意见、建议而高兴，对同事说我们很难相处回以"谢谢"。这是为什么呢？因为成长型思维注重的是持续的提升。我们若逃避、忽视或拒绝批评意见，又怎么会知道自己哪里需要提升、如何才能进步呢？我们不应该对批评意见如临大敌，而要将其视为对我们的提升和帮助。你可还记得 Chapter 1 中那位英国雇主列出来一条关键的职业成功因素：培养"成长型思维，即想要得到反馈、学习、提升和进步的愿望"？

与批评意见相关的是我们对待失败的态度。假设你决定去学吉他，并且找了一位业界有名的老师。在上第一堂课时，她示范了一首流行歌曲的八个小节，之后说："你先不要弹，等你百分之百认为你可以弹对时再上手。在此之前，看着我弹就行了。"于是你就坐在一旁听老师弹了一个小时，什么都没有做。

这样的场景是不是很熟悉？

再想象一下，你换了一位老师。他也弹奏了一首流行歌曲的八个小节，之后让你重复一遍。一开始，你出了很多错。老师说："你弹得不太好。要不然你还是放弃吧，可以试试别的技能。"

是不是也很熟悉？

下面，设想一下你又换了一位老师。她每周上三次课，每次一个小时。课上她会进行讲解，示范如何弹奏，也会让你跟着模仿。当你出错时，她会指出你的错误并提出建议，鼓励你再尝试一次。

一堂好的吉他课程会让你有尝试的机会，找到弹奏的手感，并模仿老师的指法和技法。此外，老师能够真正促使你进步的唯一方法就是看着你弹并提出意见建议，纠正你的错误，以便你下次能够弹得更好。你知道（并且能够接受）自己在第一堂课甚至是第二堂课时可能弹得不会很好，但会持续、反复地练习，吸纳老师的指导意见。通过不断地尝试弹奏那八个小节以及不断的失败，你才能学到东西并最终获得成功。

这是学弹吉他时会发生的真实场景。遗憾的是，对于很多学生而言，这种情况并不会发生在报告厅里或课堂上。不论是寻找"正确"答案、庆祝获得了奖励和高分，还是不想"答错"或让人觉得"愚蠢"，大学学生，尤其是本科学生都不太敢做出尝试。很多学生只有在百分之百确定自己的答案是"正确的"时才敢发言，或是只有在老师问他时才会开口说话，甚至是在课堂互动中完全保持沉默。事实上，在这样的场合发言可以说是自我提升的极佳方式之一，不管你说得好不好。Chapter 10 会对此有更加详细的阐述。

这已经成为一个非常普遍的问题，甚至有专门的词汇来形容：缺乏失败经验。这样的学生不知道该如何面对失败、失望或非常小的挫折，比如没有选到自己最喜欢的选修课。其实已经有一些大学推出了相关的课程或举措，如"优雅的失败""抗挫力项目""成功与失败项目""新视野项目"［贝内特（Bennett），2017］。

曾经，我的一位学生在课上非常努力地表达自己的观点，但在与另外一位学生的辩论中，他发现自己的论点自相矛盾且不堪一击。结束后，我给他发了一封邮件，对他在课上取得的成功表示祝贺。他回复说他并不觉得自己成功了，因为他的论点存在缺陷。之后我向他解释道，成功在于他学习和进步的过程——他提出的论点仅仅是用于帮助他学习和成长的。我希望我当时给了他继续下去并不断取得进步的信心。他的"失败"完美地展示了什么才是成功，即了解，学习，进步。

这里描述的场景——欢迎别人提出批评意见并勇于面对失败——可能对于我们很多人来说比较陌生。能够从如此负面的情况中恢复过来是一件非常困难的事情。在此问题上，安杰拉·达克沃思（Angela Duckworth）的畅销书《毅力：为何热情和抗挫力是成功的秘诀》（*Grit: Why Passion and Resilience are the Secrets to Success*，2017）可以说是必读书目。她指出，要想获得成绩，就需要付出努力，即使是或尤其是在挣扎、受到挫折或面对失败时，我们也要持续不断地走下去。这种持续性就是副标题中所说的"热情"，与我们有效努力区中的"兴趣"有关。不过，这里主要关注的是抗挫力，即从挫折中恢复的能力。

> 有毅力的人也会【因被拒绝、受到挫折、面对僵局或失败而】感到失望甚至伤心，但不会持续太久。
>
> ——安杰拉·达克沃思，2017，70

总之，成长型思维确保我们不会给自己的潜力设限，并将批评意见和失败视为取得进步的关键要素。我们需要冒着答错的风险，提出可能存在瑕疵的观点，运用还有进步空间的逻辑推理。如果能够一直练习、尝试、提出想法并积极参与，我们就能在一个学期的学习中获得进步。如果能够一直持续到读完整个学位课程（甚至之后），我们就能成为批判型思考者。有了失败，才能有成功。此外，毅力，尤其是抗挫力，能够使我们从这类负面的情况中恢复过来并取得好的成果。成长型思维和毅力这两种特质是大学学习特别是培养批判性思维的关键。艾莉森·霍尔德（Alison Holder）在"从业者说"中对此进行了详细探讨，并解释了为什么此类特质在职场中如此重要。

从业者说　我在大学里讨厌的东西反而在职场中非常有用

艾莉森·霍尔德，"平等措施 2030"（Equal Measures 2030）主任

作为非营利性初创机构"平等措施 2030"的主任，我带领着我的团队游说和呼吁政府以及其他权力主体（包括企业领袖）在性别平等领域做得更多，确保女孩和妇女享有平等的权利和机会。为了使工作更加有效，我们需要快速了解时事、收集数据和观点，增加我们的成功率。同时，还需要了解决策者当前的想法、他们基于什么才有这样的想法，以及如何才能改变他们的想法。虽然我和我的团队成员都是大学毕业生（而且都有好几个学位），但我们在工作中最重要的技能和方法却是在教材上学不到的，即持续学习的能力、从大量的信息来源中提取最重要信息的能力、时间管理能力、抗挫力、愿意接受失败的能力、以更加专业的方式提出反对的能力、与不同的人沟通和打交道的能力。

大学学习不只是关于学什么，还包括如何学。我读大学时很讨厌的一些学习方式，如在很短的时间里要交一篇论文或通过团队协作完成一项任务，后来在职场中非常有用。我经常需要发表演讲、参加电视或电台采访，或向别人介绍某个问题，那时我真希望能给我更多的学习时间（但不可能）。通常情况下，我需要基于一些不完整且不完善的信息做决定，因此我只能靠批判性思维来收集"关系成败"的信息，并对某种方法的风险和收益做出快速评判。

专注力与意志力

专注力究竟是否属于一种特质？这一点可以再讨论，但我们确实需要有专注力才能更好地实现深度学习。大多数学习成绩优秀的人都展现出了极强的专注力。比如一些杰出的运动员，他们极为专注地坚持某种生活方式、饮食习惯、日程安排、训练模式、职业道德，并愿意牺牲一些放松的机会（大小都有），比如跑完一圈后不会拿起手机查看电子邮件，不会在每做完一次举重训练后就上传一张自己的训练照片，也不会在听教练指导时玩电脑游戏。对于大学生来说也是如此。想要让学习效果最大化，特别是想成为批判型思考者，我们需要做出一些牺牲并避免分心。

专注力需要意愿和意志力的支撑。我们要有想要学习、想要成为批判型思考者、想要进步的意愿，同时靠我们的意志力来做出牺牲和避免分心。我们要将预习、出勤和课堂参与作为重点。由于诱惑就在我们身边，而且要想说服我们的大脑专注于某件事情是很难的，所以最好的方式就是认真设计我们的训练模式，并在阅读文章或教材、听课、做作业或写论文、复习考试时启动训练模式。避免分心的最好方式是关闭电子邮箱、手机、社交媒体通知和其他所有会分散我们注意力的东西，以便让我们的大脑能够专注于此类短期的专用训练模式，专注于面前的学习机会。

有些人可能会觉得没有必要。他们觉得自己可以在上课的时候查看电子邮件，或在阅读课本时与朋友讨论晚上的安排。实际上，这样的多任务处理越来越被认为是一种"任务切换"。有一项研究表明，"有证据显示需要经常同时做多个任务的媒体人常常在很多认知领域表现不佳"［昂卡夫（Uncapher）和瓦格纳（Wagner），2018，1］。

> 我们没有办法一心多用，我们是在不同的任务之间进行切换。"多任务处理"一词指的是你可以同时做两件或更多的事情，但实际上我们的大脑只允许我们一次做一件事情。因此出现多个任务时，我们要在不同的任务之间来回切换。
>
> ——安东尼·瓦格纳（Anthony Wagner），2018

此外，每一次任务切换时，主要任务的效率和效果都会大打折扣（见图3.5）。

图3.5　避免分心

作家兼教授卡尔·纽波特（Cal Newport）在其《深度工作》（*Deep Work*，2016）一书中对此有详细阐述，他说：

> 在无任何干扰的状态下开展的专注的职业活动可以将个人的认知能力推向极限，还能创造出新价值，提升你的技能，且很难被复制。
>
> ——卡尔·纽波特，2016

深度工作可以帮助我们更快地学会一些很难的事情，并取得高质量的成果。纽波特还指出，深度工作的能力非常稀缺，也越来越珍贵。因此，具备此项技能的人（他坚定地认为深度工作是一项可以通过学习来获取的技能）会非常吃香。

纽波特提出了实现深度工作的四大法则：

- 工作要深入——工作要想深入，需要我们采取深度工作的策略或制订相关计划并坚持下去。
- 拥抱无聊——我们需要提高注意力并克服干扰的影响。
- 远离社交媒体——远离社交媒体的道理显而易见，不过作者提到某些社交媒体还是可以保留的，情况因人而异。但原则上社交媒体是对深度工作的一个巨大干扰，这也是为什么具备深度工作技能的人会越来越少。
- 摒弃肤浅——要尽可能地避免做一些肤浅的工作：回复电子邮件、承担事务性工作、参加毫无用处的会议。

Chapter 11 会详细地阐述纽波特的观点。

休息的重要性

虽然专注力和意志力是很重要的特质，但并不是说就要一刻不停地学习。如果每天只知道学习，我们会感到疲惫。纽波特也提到，休息能让我们恢复深度工作所需的能量。每个人都需要休息，尤其是我们的大脑需要休息才能更好地应对挑战。这里提到的休息活动可以是社交、锻炼、睡觉，也可以是打电脑游戏或看电视剧。不过不能让这类活动成为我们每天的重点，而是要适度，给大脑一定的休息时间。社交活动尤其有助于建立一个互助圈，帮助我们度过大学期间不好的时期。此外，好奇心和开放的心态也会因聊天、讨论，以及了解新朋友或同事的文化、背景或观点而得到激发。某些运动对于我们的身心健康也很重要。这里并不是指那些正式的健身房训练或激烈的竞争性运动，而是一些社交性的运动（即主要是为了社交），如散步或骑车。

最近，我给一位学生建议，让她不要总是学习。她没有休息时间，因此大脑也就无法思考、处理信息、休息和解决问题。此外，她也没有给自己任何的娱乐时间，不做任何运动，不体验新鲜的事物，不去见新的人。当我建议她少学一些时，我可以看出她松了一口气，在我们短暂的交谈中，她第一次露出了笑容。"请问您的意思是？"她问道。我回答她："将你的一天划分为三个时间段——上午、下午、晚上，只在其中两个时间段学习（即使在考试前）。你可以根据自己的生活习惯来决定更适合你的方式。不过要确保在这两个时间段中，你能够完全专注。之后将第三个时间段视为给自己的奖励，是你的大脑休息时间，在这段时间尝试动起来——哪怕只是去外面散个步。"

本章小结

- 在大学里，除学习专业基础知识之外，我们还应该学习通用技能并塑造个人特质。
- 基础知识让我们了解知识，通用技能使我们知道如何运用学到的知识，个人特质则让我们有能力运用学到的知识。
- 我们学习的对象可以是学校的老师、世界知名的（可能已经过世的）思想家，也可以是同学、正式课程之外的其他机会，以及我们自己。
- 大学为我们提供了独立的学习环境，但并不意味着我们只能独自学习。它帮助我们打好基础、做有效努力，督促我们积极参与、认真预习、保证出勤，并参与团队协作和考试。
- 成为批判型思考者所需的特质包括好奇心与开放的心态、成长型思维与毅力、专注力与意志力。

延伸阅读

- 卡罗尔·德韦克有两本关于思维的书很值得一读，有助于我们更好地理解"思维"这一概念，并培养学习和成长所需的思维能力。这两本书分别出版于 2006 年和 2017 年，如果你只有阅读一本的时间，那么可以读最新的那一本。
- 安杰拉·达克沃思的《毅力：为何热情和抗挫力是成功的秘诀》一书就"毅力"这一概念给出了非常独到的见解。即使仅读了序言就能够有所收获，不过一旦开始读，你就会停不下来。
- 马修·赛德的《回弹之间：才能之迷思与练习之力量》一书指出，练习，特别是需要付出很多努力的练习比才能更重要，但我们的社会更注重才能。
- 安德烈亚·英格利希（Andrea English）在 2016 年写过一本关于学习"进退之间"的书，主要阐述了有效（与无效相对）努力的重要性。虽然它主要是面向中小学校老师的，但我强烈建议大学生也多了解一下。

Part 2
批判性思维的三大目标

不管你要表达什么样的信息，最重要的都是要确保清晰地传递给对方。如果对方感到费解，那么他就很难同意你所说的内容，最终可能也不会给予你支持。这是商界一条非常重要的经验，对于我们的生活更是如此。

——萨拉·罗纳德（Sarah Ronald），
那埃尔（Nile）公司创始人

Chapter 4
优质的论点

课前思考

1. 论证与论点的区别是什么?
2. 什么是论点?为什么它是批判性思维的基础?
3. 论点的质量由什么决定?我们是如何知道的?

学习目标

阅读完本章,你应能做到以下几点:
- 识别并掌握论点的各个要素(主张、依据、关联),了解各要素之间的关系。
- 检验逻辑推理,了解逻辑缺陷与逻辑跳跃。
- 用好论证导图,了解其对于形成复杂论点的重要作用,包括支撑性依据、反证与反驳。
- 通过六大步骤形成推理线和论点。

学者说　抓住吊杆

最近，我观察了一个男孩在吊杆上做摆荡动作。他握住吊杆，在从所在平台跃起之时松开吊杆，之后抓住面前的另外一个吊杆并做摆荡动作，最后落在对面的平台上。跳起—摆荡—松手—抓取—摆荡—落地。这一系列动作让我惊呆了。我对此进行了研究，学习了他是如何做到的，尤其明白了跳起和松手的时机特别重要。我看到他的身体重心在松手和抓取之间发生了转移，从而产生向前的动量，使他能抓住另一个吊杆。在理解了其复杂的原理并在脑中记下了整个过程之后，我自己也尝试了一下，结果简直就是一场灾难。在尝试的这半个小时中，我一次都没有抓到另外一个吊杆——连碰都没碰到。而他却完成得那么轻松。不过，我没有看到的是他为此而背后付出的努力——长达几个月的训练、指导、尝试和失败。

了解原理是第一步。但要想成功，只有一个办法，那就是要自己练习——一次又一次地练习，有时还需要一些建议和指导。你若想要形成逻辑复杂的论点，学习本章就像观察那个男孩做吊杆动作一样，能够帮助你了解（部分）复杂性，甚至可能帮你记住过程（这里说的是过程——因为对于某个任务来说是存在多种处理方式的）。然而，要想真正成功，你还需要练习，形成自己的论点。

完成本书中的练习会很有帮助，但也应将此方法用于你平日的课程或考试准备。与同学或朋友聊天也是一种练习方式。可能你的论点一开始不会很完美，即你可能抓不到吊杆，但你会每天慢慢地进步。我觉得那个男孩此后的一生中都能抓到吊杆，因为他学会了。因此，如果你现在能够掌握这种方法的话，你也可以在此后的一生中都形成优质的论点，甚至有一天你会感到这很容易。

引言

确立论点是批判性思维的重要目的之一，即尝试基于逻辑推理或以一种全新的方式来解释或理解新事物，通常情况下，包括努力说服受众接受或相信某事。确立论点的最终目标是说服所有人，即成为基础知识。

　　大学生面临的普遍问题之一就是无法形成自己的论点。在我看来，主要有三个原因：第一，没有意识到需要有自己的论点；第二，不知道什么是论点；第三，不知道如何形成自己的论点。本书的 Part 1 对第一个原因进行了阐述，本章将专门阐述后两个原因。因此，本章是本书中非常重要的一章。

　　本章旨在尽可能通过通俗的语言来解释论点的组成要素及其相互之间的联系。虽然看上去很简单，也很直接，但这并不意味着容易做。实际上，论点的形成过程非常令人抓狂、耗时间且很复杂。在这个过程中，你可能会走弯路，走进死胡同，找到错误的依据，混淆不同的主张和依据，做出存在瑕疵的逻辑推理。事实上，本章的写作是最耗费时间的，本章的内容也是我第一个"搞明白的"。我曾花费数月的时间重写，确保我所有的观点都是合乎逻辑的、清晰的、正确的，并能够通过论证导图反映出来。因此，当你不确定是主张还是依据，也找不到推理线，或是觉得论证导图看上去像一堆由三角形、矩形、箭头组成的涂鸦时，请记住，并不是只有你一个人这样。我们都曾多次经历过这样的情况。每一个有条理的、思虑缜密的、符合逻辑的复杂论点背后都充斥着大量的乱涂乱画、密密麻麻的箭头和高亮标注、无数次与旁人的讨论，以及数不清的茶或咖啡。

论点的组成要素

　　"论点"一词通常用在对立的场景中，即反对、争吵或辩论。然而，"确立论点"则是另一码事。

　　确立论点指的是对某个话题表明立场或态度，并有理由支持。在确立论点之后，我们可能还会利用这一论点来说服别人。

　　从更加具体的层面看，论点有三个必要的组成要素：
- 主张（立场或答案）。
- 至少一个依据（理由）。
- 关联（主张与依据之间的联系）。

　　虽然只有在这三个组成要素都具备时才能形成论点，但在某些情况下某些要素也可以是隐含的，不用都说出来。我们先逐一进行简要介绍，之后在"掌握基础：主张、关联、依据"一节中再详细阐述。

主张是指我们所持的立场或态度，就是在被提问时我们的最终答案。也有人将其称为"结论"或"看法"。

依据是指支撑主张的理由。这里我们用了"理由"一词，通常它很容易和后面的推理线中的"理由"相混淆。虽然一个论点只需要一个依据即可，但更多情况是多个依据同时存在的。

提出主张和依据不能算是论点，还需要指出这两者之间的关联。没有关联的话，它们就只是两个观点而已。关联的主要功能是展示主张与依据之间的联系（Chapter 4 还会介绍关联的其他功能），有时就像"因为""所以"一样简单。

把这三个要素组合在一起就构成了对问题的简单回应：

> 问题：除了提供正式的课程之外，大学还有什么其他重要的作用吗？

> 论点：在大学里，学生会接触到很多不同的世界观和文化[主张]，因此[关联]这有助于培养其批判性思维[依据]。

问题答案就是主张，依据就是支撑该主张的原因。以上是一个很简单的论点，只有一个依据和一个主张，然后把两者相关联。不管我们让其变得多么复杂，所有论点都由这三大要素组成。

实操练习 4.1　论点的组成要素

任务 1：判断以下句子中哪些属于论点、哪些不属于论点。找出论点的主张、依据和关联。

1. 简·奥斯汀（Jane Austen）笔下的人物爱玛（Emma）年轻、富有、苦闷。

2. 由于囚犯会在监狱里相互学习，所以把初犯者送进监狱确实会提高其再次犯罪的概率。

3. 鉴于受教育程度与对代议制政府的期望之间存在相关性，因此独裁者会试图拒绝其子民受教育的机会。

4. 个人的行为由社会压力、过往行为和直觉所决定。

5. 一个国家的性质是由其在战争、被占领和受到威胁时的行为所决定的。因此，仅研究一个国家和平时期的历史会产生误导。

6. 河岸不再塌陷了。原来土壤被冲刷的地方已经种上了树。

任务 2：在回答下面这个问题时，形成一个论点——有主张、有依据，且两者相关联。至少提出两个不同的依据来支撑你的主张。

> 大一新生能够很好地适应大学第一学期的生活吗？

逻辑推理

在 Chapter 2 中，我们探讨了亚里士多德提出的说服技巧，并总结出批判型思考者说服别人主要靠理性诉求，即论点背后的逻辑，而不是靠激发对方的情绪或提出论点的人的可信度。

理性诉求指论点的逻辑推理，反映的是依据与主张之间的关系。逻辑推理若存在瑕疵，则会影响论点的质量。这里所说的瑕疵分很多种，包括存在不合逻辑的推论（即主张没有基于依据）或不一致（即主张和依据之间存在矛盾）。有时，逻辑推理存在瑕疵也被称为"逻辑谬误"。

除瑕疵之外，论点还可能存在逻辑推理上的缺口，即逻辑跳跃。逻辑推理瑕疵需要通过改变依据、关联或主张来弥补，逻辑跳跃则可以通过增加细节或依据来解决。

举个例子：

> 这是最好的一本菜谱 [主张]，因为 [关联] 它的封面是绿色的、字是黑色的 [依据]。

这个例子中含有论点所必需的所有组成要素：主张、依据和关联。然而，这句话完全说不通：颜色怎么能决定一本菜谱的好坏呢？也就是说，这句话存在逻辑推理瑕疵。

再举一个例子：

> 安（Ann）会成为一名优秀的会计 [主张]，因为 [关联] 她喜欢芝士 [依据]。

是否喜欢芝士与有无会计技能毫无逻辑方面的联系。因此，这句话存在逻辑推理瑕疵。

有的时候，逻辑推理瑕疵与逻辑跳跃的差别很难区分。在上面两个例子中，我们很难通过补充信息的方式来使其成立。但让我们看看下面这个例子：

> 约翰（John）会是一名好学生[主张]，因为[关联]他喜欢芝士[依据]。

这个论点似乎存在逻辑推理瑕疵（句中给出的依据无法解释其主张）。然而，这同时也是一个逻辑跳跃的例子，可以通过补充更多信息来使其变得合理。

> 约翰正在学做一名厨师。他会是一名好学生，因为他喜欢芝士。

即使约翰学的技能与食物有关，但他对芝士的喜爱能够说明他会成为一名好学生吗？可能不会。不过，补充信息至少可以使逻辑推理变得清晰一点。

逻辑跳跃的问题通常取决于我们的受众：我们想让他们知道什么或认为什么？如果上面的论点针对的是约翰的母亲，而他的母亲知道他正在努力学做一名厨师，那么也就没必要再补充信息了。

再看看下面这个例子：

> 桑德拉（Sandra）将赢得比赛[主张]，因为[关联]她晚上吃了意大利面[依据]。

这个论点似乎存在逻辑推理瑕疵：她晚餐吃了什么如何能够影响她的比赛结果？补充信息可以解决这个问题，至少能在一定程度上使其成立：

> 桑德拉将赢得比赛[主张]，因为[关联]她晚上吃了意大利面[依据]。意大利面可以补充能量和提高耐力。

如果受众已经知道意大利面可以补充能量，那么不需要补充信息，受众也可以理解论点背后的逻辑。

然而，这并不意味着它就是一个优质的论点。有些人可能觉得桑德拉能够赢得比赛，更重要的因素应该是她的训练计划、过去参加比赛的次数或对手的强弱。一个优质的论点可能会通过增加依据来解决部分问题。我们在"掌握基础：主张、关联、依据"一节中讲更复杂的论点时对此再详细阐述。

当我们把依据和主张相混淆时，也会出现逻辑推理瑕疵。让我们看看下面这个论点，这是在实操练习 4.1 其中的一句。

> 由于[关联]囚犯会在监狱里相互学习[依据]，所以把初犯者送进监狱确实会提高其再次犯罪的概率[主张]。

如果反过来说的话，就会造成逻辑推理瑕疵：

> 由于[关联]把初犯者送进监狱确实会提高其再次犯罪的概率[依据]，所以囚犯会在监狱里相互学习[主张]。

在这颠倒的例子中，主张并不是在依据的基础上得出的。相互学习可以解释再次犯罪概率的提高，但再次犯罪概率的提高不能解释相互学习，这非常容易理解。但在之后的"掌握基础：主张、关联、依据"一节中，我们会看一些其他的情况，即依据和主张即使互换也不会产生逻辑推理瑕疵，只是回答的是另一个问题。

总之，优质的论点不会在逻辑推理上存在瑕疵，也会避免逻辑跳跃。下面，我们将通过详细阐述帮助你逐一掌握论点的最基本要素——主张、关联和依据，从主张开始。在此之前，先通过思考练习来想一下，在你的日常生活以及你生命中最重要的时刻，论点发挥了什么样的作用。

思考练习 找出生活中的论点

任务 1：想一下上个星期。将一张空白纸平均分成三栏，在每一栏的最上方写下你在上个星期形成的三个论点（任何方面都可以）。在每个论点下写出你觉得在论点形成过程中哪些比较容易、哪些比较困难。思考一下原因。

任务 2：下面想一下你的整个生活。将一张空白纸平均分成三栏，在每一栏的最上方写下你形成的三个论点，可以是针对他人的（如说服家长），也可以是针对自己的（如做一个重要的决定）。在每个论点下写出你觉得在论点形成过程中哪些比较容易、哪些比较困难。思考一下原因。

任务 3：回到任务 1 和任务 2。你是以什么标准来判断这些论点是否成功的？在不同的情况下会发生变化吗？有哪些相关因素？用"我论点的形成是由……所决定的"作为开头写一段话。

掌握基础：主张、关联、依据

主张

正如本章一开始指出的，主张是我们对论点所持的立场、态度或看法，是对问题的回答。辨别论点的核心是要找到主张。为了确定某个短语是否为主张，我们可以接着这个短语问"但为什么"，如果问这个问题是合理的，那么我们就可能找到主张了。如果不合理，则其不是主张。

让我们看看实操练习 4.1 中的这个例子：

> 个人的行为由社会压力、过往行为和直觉所决定。

有的人可能会将"个人的行为"视为主张，将"由……所决定"视为关联，将"社会压力、过往行为和直觉"视为三条依据。然而，这句话只是一个陈述，并不是论点。大声念出"个人的行为"，然后问"但为什么"是讲不通的。因此，这个短语不是主张。这一句话可以作为主张，后面可以加上关联词"因为"，然后列出支撑的依据。相比之下，让我们看看实操练习 4.1 中的另一句话：

> 一个国家的性质是由其在战争、被占领和受到威胁时的行为所决定的 [依据]。因此 [关联]，仅研究一个国家和平时期的历史会产生误导 [主张]。

如果有人跟我们说"仅研究一个国家和平时期的历史会产生误导"，我们会自然而然地问"但为什么"，那么这就是主张。

一旦确定某个短语可以作为主张，我们就需要确定它是否是一个真正的主张，因为同一个短语可能对于某个论点是主张，但对于另一个论点就是依据。正如上一个例子那样，对"一个国家的性质是由其在战争、被占领和受到威胁时的行为所决定的"

这句话问"但为什么"也是说得通的。通常来说，我们会考虑整个论点，找到立场或答案，从而确定其是否为主张。我们也可以借助关联词的帮助，一会儿会讲到。

多数情况下，一个论点的主张是会写清楚的。然而，有时也不会直接言明。例如：

> 最优秀的赛马骑师的马将赢得比赛。法尔·拉普（Phar Lap）的骑师最优秀。

这句话的主张是法尔·拉普将赢得比赛。然而，并没有在句中言明，而是隐含的意思。

如果把主张隐含起来，那么读者或听众就需要自己去推敲。但我们是不可能得出肯定的答案的。当我们自己去做判断时，我们可能会草率地下结论（记住，主张也可以被称为"结论"）。此外，我们也无法确定其本来是否有论点。没有主张，就没有论点。这一点在大学里尤其重要，特别是当老师判分时。我们不应该期望老师能够"读出字里行间的意思"或必须从很多的陈述中猜出我们的论点。毕竟，主张是指问题的答案。我们没有陈述清楚我们的主张，也就是没有给出问题的答案。

主张不仅需要陈述清楚，而且应该能够立即被找出。这一点很重要，因为有时主张和依据很难区别。为此，我们应适当使用关联词。

关联

关联是体现主张和依据之间关系的词语或短语。它通常非常简单，比如"因为"或"所以"，虽然简单，却很重要。关联将两个陈述变为一个论点，并解释了陈述之间的逻辑推理。

通常来说，关联词主要有两大类：主张指示词和依据指示词。了解关联词非常重要，有助于识别出他人文字中论点的各要素，也有助于形成自己的论点并能够清晰地将其表达出来。

主张指示词是引出主张的词语。一些常见的主张指示词包括：因此（therefore）、于是（thus）、所以（so）、结果是（as a consequence）、这表明（this shows that）、这说明（this suggests that）、这意味着（this implies that）、这证明（this proves that）、最终（consequently）、相应地（accordingly）、尽管如此（nonetheless，通常用于对反证提出反驳，本章后面会详细阐述）。

依据指示词是引出依据的词语。一些常见的依据指示词包括：因为（because）、由于（since）、为了（for）、考虑到（in view of）、鉴于（given that）。

关联可以是隐含的，即不写出来或说出来，读者或听众可以从文字或描述中识别出论点。然而，关联最好能清楚地显示出来，主要有两个原因。

第一，清晰地显示出关联关系能够帮助我们在思考时梳理清楚逻辑推理，也可以帮助我们检查逻辑关系。第二，对于受众而言，主张指示词和依据指示词就是起指示作用，帮助他们清晰把握我们论点的各个要素。

举个例子：

> 问题：我应该加入篮球队吗？

> 回答：你应该加入篮球队。队员人都很好。

虽然我们可能会将其视为论点，但如果没有一个明确的关联关系，那么也可以认为其只是两个陈述，不构成论点。有了明确的关联关系就会让受众清楚地知道这是一个论点。

根据所用指示词的不同，主要有两个基本模板。

模板

依据 + 主张指示词 + 主张。

主张 + 依据指示词 + 依据。

对于上面那个例子，我们可以将两个陈述变为一个论点，通过以下方式更加清楚地表现各要素：

> 你应该加入篮球队[主张]，因为[关联——依据指示词]队员人都很好[依据]。
>
> 队员人都很好[依据]，因此[关联——主张指示词]你应该加入篮球队[主张]。

在逻辑推理上，如果我们把表示主张的陈述与表示依据的陈述互换位置，那么论点就会存在逻辑瑕疵——论点不成立。

> 由于[关联——依据指示词]你应该加入篮球队[依据]，队员人都很好[主张]。

这似乎很明显。然而，主张和依据并不总是那么容易辨别的。例如：

> 食物非常好吃。这位厨师获奖了。

在这个例子中，哪个是主张，哪个是依据？就每个短语提出"但为什么"这个问题已经不再有用，因为两者都可以是主张。事实上，我们可以得出两种不同的论点：

> 食物非常好吃 [依据]，因此 [关联] 这位厨师获奖了 [主张]。
> 食物非常好吃 [主张]，因为 [关联] 这位厨师获奖了 [依据]。

这两种论点都不存在逻辑瑕疵。那么哪个更好呢？这取决于我们想要表达的重点是什么。我们的重点是在厨师为什么获奖上，还是在食物为什么好吃上？看上去那么简单、无足轻重的关联词却成了一个关键的要素，指出论点所在（并说服评判老师，我们确实回答了问题）。这就引入论点的第三个组成要素——依据。

依据

没有依据的主张不能被视为论点：只是一种陈述。依据为接受某种主张提供了正当的理由，是决定论点质量的关键因素。依据的质量和选择决定着我们的逻辑推理是否有力度、是否存在瑕疵、是否会出现逻辑跳跃。

对于何为高质量的依据，虽然没有确切的定义，但我们应注意避免以下三类依据：绝对的依据、模棱两可的依据，以及会刺激情绪的依据。

1. 绝对的依据

绝对的依据会很极端，不留一点争论或反对的空间。这似乎是一件好事情。然而，现实从来不是确定的。这也就意味着，绝对的依据常常会被轻而易举地反驳。我们可以比较轻松地想出至少一个绝对陈述不成立的例子，只需一个例子就可以说明依据是错的或大幅削弱其力度。此外，使用绝对的依据还会让受众认为我们是错的、无知的或可能存在偏见的。因此，绝对的依据会削弱我们的论点。

> 所有的首席执行官都是利己主义者 [依据]，因此 [关联] 员工的薪资很低 [主张]。

所有的首席执行官都是利己主义者吗？请找出一个例子说明这条依据是正确的，不会削弱论点。绝对的依据只有在我们能够找到证据证明此依据是正确的之时才能派上用场。我们能证明所有的首席执行官都是利己主义者吗？不可能。

有关此类绝对的依据的其他例子还有："从来没有时间锻炼""选举人总是消息很闭塞""科学家总是正确的""作家从来不会考虑读者真正喜欢什么"或"所有的学生都很懒"。

为了解决绝对的依据的问题，我们需要加一些修饰语。常用的修饰语包括：一些（some）、通常（often）、大部分（mostly）、可能（possibly）、或许（probably）、相对（relatively）、好像（likely）、经常（usually）、几乎所有（almost all）、很多（many）、很少（very few）、有时（occasionally）、似乎（appears to be）。修饰语不但不会削弱论点，反而可以更好地描述现实，也可以展示出我们对情况复杂性的掌握程度。我们可以将上面那个论点的依据改成如下形式：

> 很多首席执行官都是利己主义者[依据]，因此[关联]员工的薪资很低[主张]。

将"所有"一词改为"很多"就是对依据的修改。虽然可能还是不够准确，但"'很多'首席执行官都是利己主义者"比"'所有'首席执行官都是利己主义者"要可信。此外，我们还可以问问，是否所有的员工薪资都很低。再加一个修饰语会让我们的论点变成下面这样：

> 很多首席执行官都是利己主义者[依据]，因此[关联]员工的薪资通常很低[主张]。

前面的那几个例子可以改成下面这样："很少有时间锻炼""选举人通常消息很闭塞""科学家通常是正确的""作家有时会考虑读者真正喜欢什么"或"有的学生很懒"（或"很多学生有时很懒"）。

2. 模棱两可的依据

模棱两可的依据缺乏细节或意思不够清楚，使得论点没有清晰的逻辑推理，可能很难被受众理解。这有可能是因为使用的术语或句子架构有问题、懒得思考或推理，或是思考或推理太过随意、不严谨。

> 穷人是脱节的 [依据]，因此 [关联] 经济的不稳定会给穷人带来巨大影响 [主张]。

是以何种方式脱节？与什么（或谁）脱节？没有这部分细节的话，这个论点的逻辑就是不清楚的。

为了解决依据模棱两可的问题，我们通常需要加入更多的细节。上面的这个例子可以像下面这样加一些细节：

> 穷人与能在经济困难时为他们提供帮助的政府部门和慈善机构是脱节的 [依据]，因此 [关联] 经济的不稳定会给穷人带来巨大影响 [主张]。

3. 会刺激情绪的依据

应避免使用会刺激情绪的依据。正如 Chapter 2 中所阐述的以及本章再次重申的那样，批判型思考者是依靠逻辑推理形成论点的，而会刺激情绪的依据则靠的是情感诉求。通常情况下，学生如果对某个话题非常感兴趣，就会运用此类依据。虽然这种刺激方式并没有错，但其并不能描述出背后的逻辑推理。实际上，对情绪的刺激可能会掩盖缺乏逻辑推理的问题，老师在判分的时候要尤其注意。比如：

> 被定罪的杀人犯可能会杀害你无辜且毫无防御能力的孩子 [依据]，因此 [关联] 被定罪的杀人犯不应有被假释的资格 [主张]。

这条依据想要激发出受众的恐惧和愤怒。但批判性思维依靠的是逻辑推理，而非情绪刺激。

为了解决这个问题，我们可以将依据中的情绪成分移除，变为一个更加中立的原因：

> 被定罪的杀人犯再次犯罪可能会让人们陷入生命危险 [依据]，因此 [关联] 被定罪的杀人犯不应有被假释的资格 [主张]。

下面，让我们通过实操练习 4.2 来检验一下依据的质量。

实操练习 4.2　评判依据的质量

表 4.1 的每一行都给出了一个主张和一条依据。请判断依据的问题所在（绝对的、模棱两可的、刺激情绪的），之后解决问题，改进原有依据。

表 4.1　评判依据的质量

主张	原有依据	问题 • 绝对的 • 模棱两可的 • 刺激情绪的	改进后的依据
为学生提供支持很重要	所有的学生都不知所措		
投票给现在的市长	给他的对手投票会让你孩子的生命和安全陷入危险		
公众不信任政客	所有的政客都贪污腐败		
每个人都应该给自己的宠物植入芯片	对社会有益		
应禁止汽车在市中心行驶	汽车会造成各种破坏		
如果你在法国南部结婚，那么将很有可能会是一个无酒精类制品的婚宴	苏格兰的天气从来没有好过		
在无许可证的情况下砍树是违法的	可爱的考拉可能会遭受痛苦		

增加难度：用好论证导图

很少有论点仅有一个依据。更多情况下是有多个依据，且各个依据通过不同的方式相互关联，或在整个论点中有不同的功能。我们已经探讨过了逻辑推理，下面我们应该思考一下推理线，即多个依据之间是如何相互关联起来的。此外，我们还应该思考一下论点的其他组成要素，这将有助于加强论点。本节的最终目标是能够理解和运用较为复杂的论点的组成要素。

论点越复杂，我们就越容易感到迷茫，或对论点的组成要素和架构感到困惑。因此，下面将引入一种工具来帮助我们解读他人的论点，以及形成并规划自己的论点。

论证导图通过图形对论点进行可视化描述，利用几何图形和箭头来表示不同的组成要素。研究显示，论证导图可以强化批判性思维能力［德怀尔（Dwyer）等，2012；范格尔德（van Gelder），2015］。蒂姆·范格尔德（Tim van Gelder）教授是论证导图方面的先驱，他为很多公共和私人机构引入了论证导图以及更高阶的批判性思维技能，其中包括情报机构。他曾说：

> 论点是复杂的，有时甚至极为复杂。我们知道精心设计的可视化表现形式可以帮助我们的大脑解决复杂的问题。因此，论证导图应能够帮助我们更好地处理论点。
>
> ——蒂姆·范格尔德，2013，51

论证导图分很多种，有的用不同的形状，有的用不同的颜色，还有的会通过增加观点等方式来提高复杂度。这里会简单介绍一下论证导图方法。

前面已经介绍了论点的三个组成要素：主张、关联、依据。由于下面将介绍更为复杂的情况，所以从论证导图的角度出发，我们将这三个组成要素称为：主要主张、关联、直接依据。请注意，在论证导图中，关联永远都用箭头表示，用来连接两个不同的形状。但在书面或口头论点中，我们必须记住要把关联词加上。最后一点：论证导图中要把句子写全，而不是用缩写或一个词语，这一点很重要。这样能够确保意思的准确表达并帮助我们检查逻辑。写得太简单会造成误解。

我们在论证导图中使用的图形如图 4.1 所示。

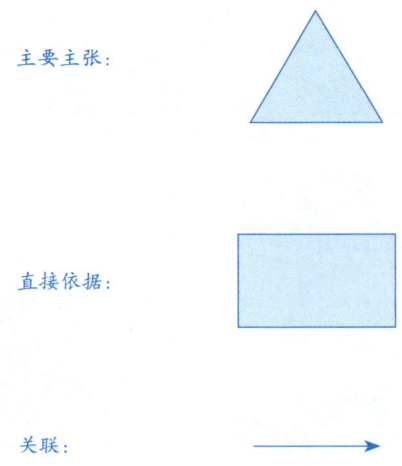

图 4.1　主要主张、直接依据和关联的代表图形

一个简单的论点用论证导图表示，如图 4.2 所示。

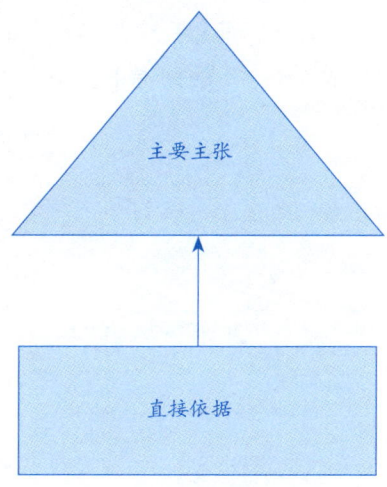

图 4.2　一个简单的论点

论证导图的优势体现在它能够描述和形成更加复杂的论点。因此，本节将引入另外三个要素：支撑依据、反证（counter argument）、反驳（rebuttal）。我们用图 4.3 中的图形来代表它们。

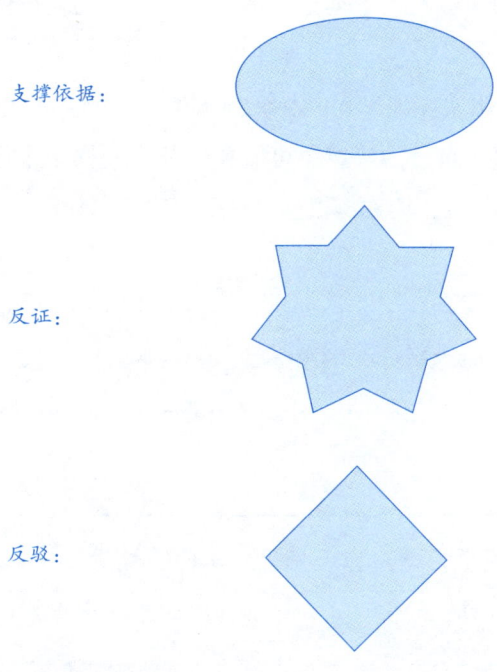

图 4.3　支撑依据、反证和反驳的代表图形

多个直接依据

一个简单的论点只包含一个主要主张和一个与其相关联的直接依据。提高复杂度的第一种方法就是增加直接依据的数量，即用多个理由来支撑主张。其论证导图如图 4.4 所示。

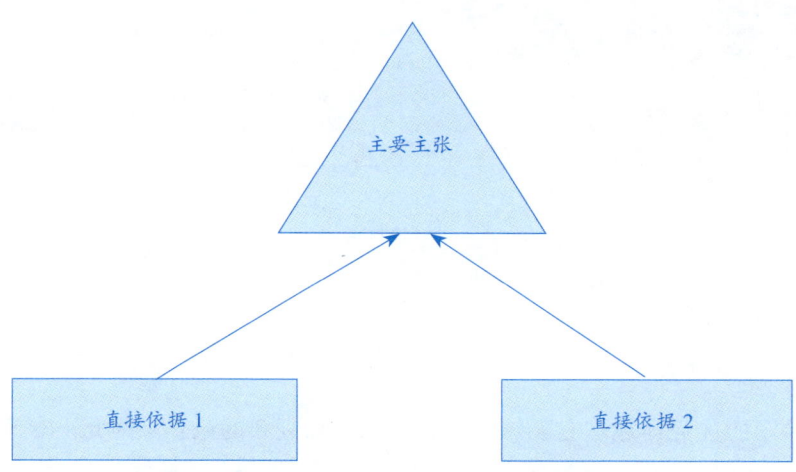

图 4.4　用多个直接依据支撑主要主张

在这个论点中，每一个直接依据都是不同的、独特的，虽然它们之间可能存在某种联系。

在本节中，我们将用实操练习 4.1 任务 2 中的一个论点为例。下面，请回到你对那个问题的答案。我会用我自己的答案（可能和你的不一样）来做论证导图并增加复杂度。在我示范每一个步骤时，请你也根据自己的答案跟着做。

那个问题是：

> 大一新生能够很好地适应大学第一学期的生活吗？

我的答案是：

> 很多大学生无法很好地适应大学第一学期的生活[主张]，因为[关联]他们觉得独立学习这种方式很具挑战性[依据]，还有些学生不知道该如何独立生活[依据]。

画成的论证导图如图 4.5 所示，由两个直接依据支撑主要主张。

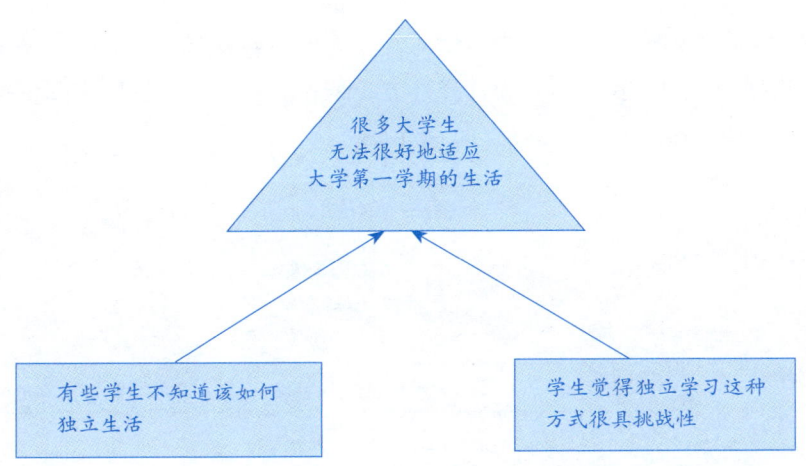

图 4.5 我的原始论点

支撑依据

我们还可以通过延长推理线的方式来增加复杂度。支撑依据是为使人们相信或接受直接依据而提出的理由。我们可以通过对直接依据提出"但为什么"来引出支撑依据。请注意，在增加支撑依据的同时，我们实际上是在整个论点的基础上又创造了更小的独立论点，即直接依据在这里起主张的作用，与支撑依据相关联——可以说直接依据变成了该论点的次论点（见图 4.6）。

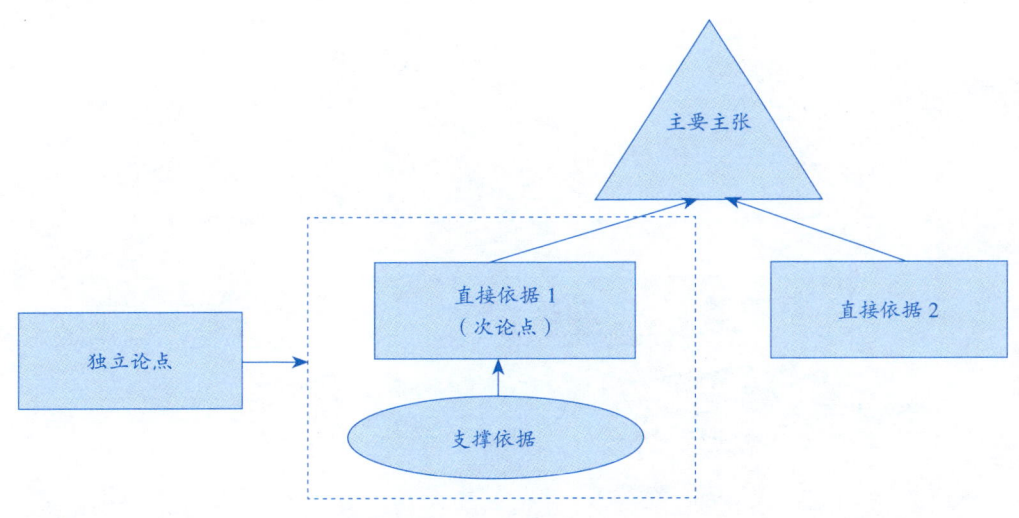

图 4.6 增加支撑依据后的论证导图

当同一条推理线上有多个依据时，就会形成链条式支撑依据，将多个依据以链条的方式连接起来，加强论点。

除了通过支撑依据链来支撑直接依据之外，还可以通过两个不同的支撑依据来实现支撑直接依据的目的。我们称其为选择性支撑依据。每一组选择性支撑依据都可以形成一个链条，即选择性支撑依据链（见图4.7）。

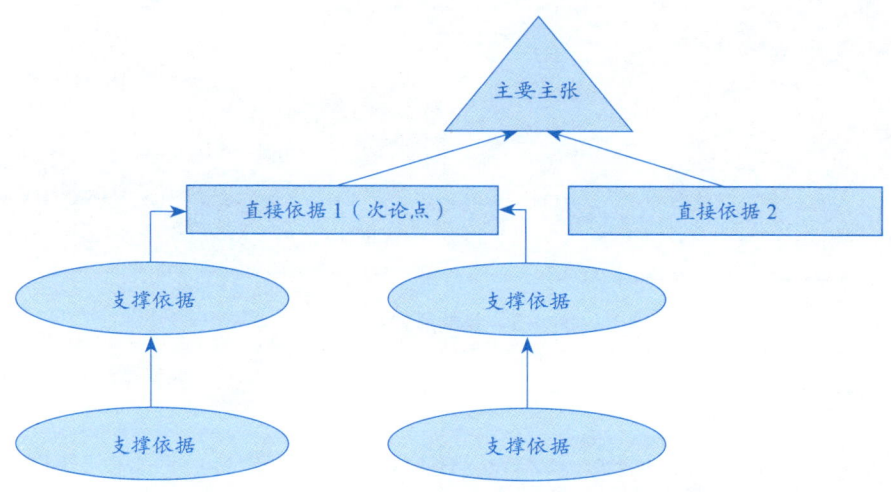

图4.7　增加支撑依据链后的论证导图

还是用上面的例子来说明。我们提出几个支撑依据来支撑直接依据1，之后用更多的支撑依据把它们串联起来，再加入推理线中（见图4.8）。这是通过提出"但为什么"来实现的。

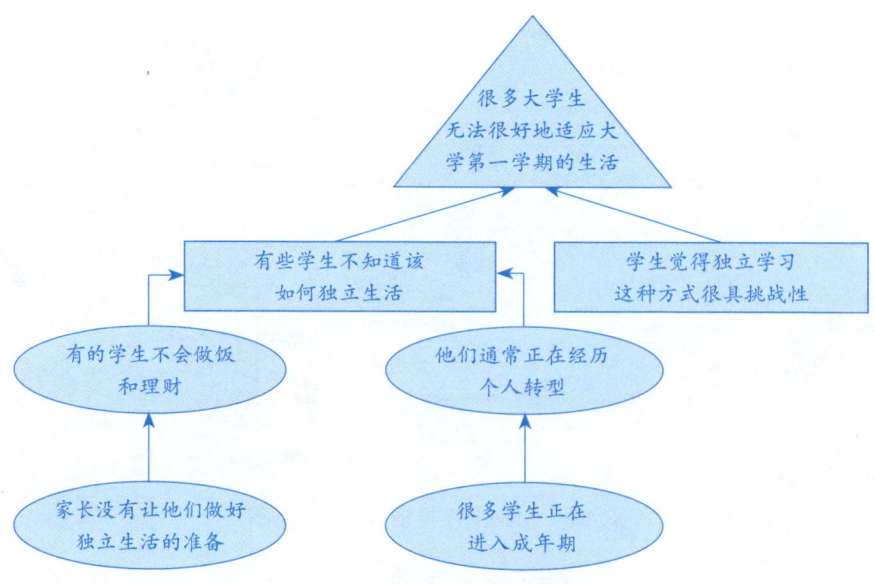

图4.8　加入支撑依据链后的论点

反证与反驳

在思考用什么依据来支撑论点时，我们肯定都会遇到反证，即不能够支撑我们主张的依据。即使我们自己不会遇到，受众在评判我们的论点时也可能会遇到。因此，将反证纳入我们的论点非但不会削弱论点，反而可以加强之。承认反证的存在及其优势，也就意味着我们理解了话题的复杂性。之后，就可以提出反驳——解释为什么反证不成立或不会削弱我们的原始论点。反证与反驳在论证导图中以如下形式表现（见图4.9）。

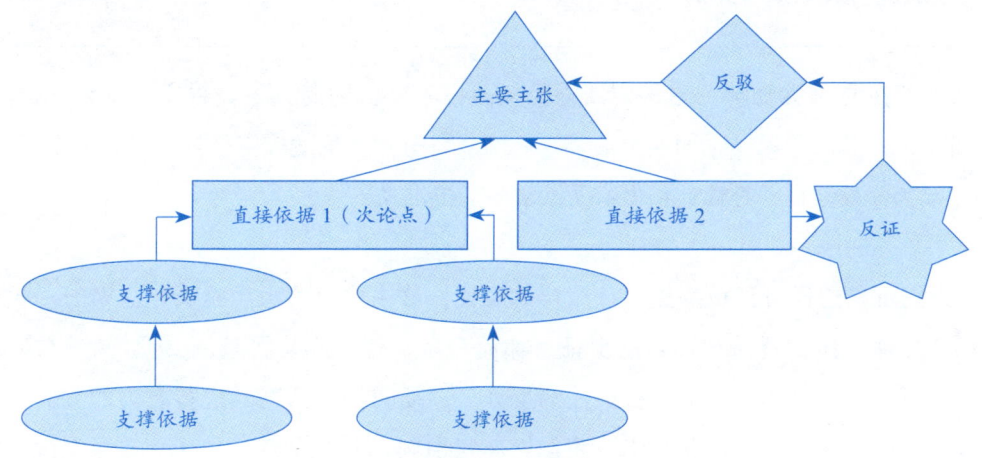

图4.9 增加反证和反驳后的论证导图

还是用上面的例子来说明。我们可以在直接依据2中加一个反证，之后提出反驳（见图4.10）。

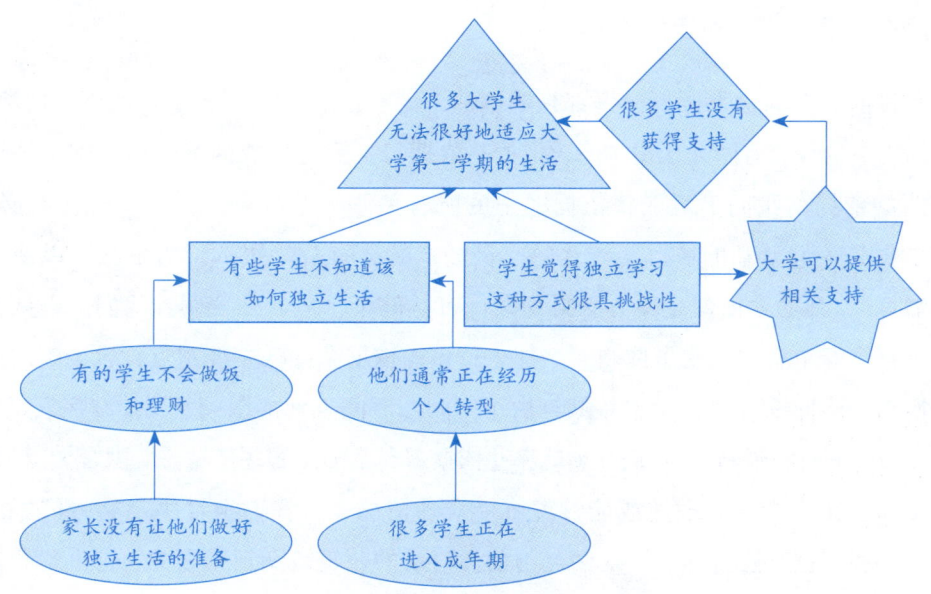

图4.10 加入反证和反驳后的论点

在提出反证时，我们通常会从依据或依据与主张之间的关联出发。在上面这个例子中，反证针对的是"学生觉得独立学习这种方式很具挑战性"这一依据。据此提出的反证为"大学可以提供相关支持"，之后以"很多学生没有获得支持"来反驳。

也可以针对主张提出反证，特别是当主张中包含修饰语时：很多学生无法适应。我们可以提出这样的反证：虽然很多学生无法适应，但还是有一些学生可以适应。我们可以提出有些学生可以适应的原因，再加以反驳，以突出这并不会削弱"很多大学生无法适应"的主张。例如：

> 学生觉得独立学习这种方式很具挑战性[主张]。因此[关联]，很多学生无法很好地适应其大学第一学期的生活[依据]。当然，有些学生适应得很好[反证]，但主要是因为学校教育已经让他们做好了独立学习的准备[反驳]。

我们可以选择自己想要提出什么样的反证，这主要由两大因素决定。第一，我们可以选择那些比较容易被反驳的反证。如此一来，就很容易将其从受众的脑中移除。第二，我们还可以选择受众比较关注的反证。即使我们无法对其进行有力的反驳，提出这样的反证至少可以让受众知道我们已经意识到了其复杂性。当然，在课堂讨论或问答环节的口头介绍过程中，我们可能会遇到意料之外的反证。在这样的情况下，我们应对可能的反证做出预判，并做好反驳的准备。

隐含依据

在目前所有的论点中，依据都是明确的，即在论点中公开、清楚地言明。然而，所有的论点也都会有隐含依据。隐含依据是依据与主张之间或两个依据之间未被说明或言明的依据。我们不可能将依据链中的所有关联关系都展示出来，也没有必要。有些依据是人们已知的或已经接受的。例如"游泳有益健康，因为游泳可以使心脏得到锻炼"，其隐含依据是使心脏得到锻炼有益健康，但无须言明，我们可以认为大多数人都已经了解并接受了此观点。加入过多的依据会冲淡主要观点，也会削弱论点的信服力。除此之外，在学术领域，由于空间与时间方面的限制（比如有字数限制或口头介绍时有时间限制），我们必须就哪些依据需要明确、哪些依据需要隐含做出判断。

然而，在不影响推理线或能够说服受众的情况下，我们很难决定哪些依据需要明示、哪些依据是隐含的——这一点与前面讨论的逻辑跳跃问题有关。这也是我们需要培养的一项重要的批判性思维技能，且要在大学学习及之后的生活中不断打磨和提升它。

例如：

> 需让儿童对交通危险增加了解[依据]。因此[关联]，所有的学校均应教授道路安全知识[主张]。

以上两句之间存在一个非常重要的隐含依据。

> 需让儿童对交通危险增加了解[依据]。（了解交通危险会让儿童更加小心[隐含依据]。）因此[关联]，所有的学校均应教授道路安全知识[主张]。

其实我们还可以进一步找出更多的隐含依据。

> 需让儿童对交通危险增加了解[依据]。（了解交通危险会让儿童更加小心[隐含依据]。）（更加小心会减少其被汽车撞到的可能性[隐含依据]。）因此[关联]，所有的学校均应教授道路安全知识[主张]。

在上面的例子中，我们将一系列隐含依据明确写出。但有这个必要吗？这要取决于多重因素，下面我们详细地探讨其中的两个：关注点与受众。

如果隐含依据与整个论点的关注点有直接关系，那么我们可以考虑将隐含依据明确写出。在上述例子中，如果我们的关注点在于讨论被汽车撞到的儿童人数，那么我们就可以言明隐含依据。然而，如果我们的关注点是学校教授的重要知识，那么就没有必要言明隐含依据了。

此外，当我们提出论点的目的是说服受众时，我们应考虑一下受众的特性，尤其要考虑一下受众能否靠其基础知识来理解我们的推理线，以及我们的论点是否会引起受众的争议。我们可以问自己下面两个问题：

- 是否能够认为受众已经知道论点中的隐含依据？
- 是否能够认为受众能毫无质疑地接受我们的论点？

如果答案都是肯定的，那么就无须言明隐含依据：受众愿意且能够接受逻辑跳跃。如果答案都是否定的，那么我们就需要判断一下了。

还是用上面那个例子，让我们看看不同的受众会有怎样不同的情况。以下是我们的论点：

> 需让儿童对交通危险增加了解[依据]。（了解交通危险会让儿童更加小心[隐含依据]。）（更加小心会减少其被汽车撞到的可能性[隐含依据]。）因此[关联]，所有的学校均应教授道路安全知识[主张]。

如果受众是学生家长，那么我们可以认为他们已经知道并且愿意接受或认可这样的依据，即让儿童对交通危险增加了解会让他们更加小心，因此也就不太可能被车撞到。所以，隐含依据无须言明了。

然而，如果受众是正在开展反司机不良行为运动的家长，那么他们就不可能接受让儿童更加小心会减少其被汽车撞到的可能性这一依据。他们可能认为，需要通过降低车速的限制政策才能减少儿童被汽车撞到的可能性。在这种情况下，言明隐含依据可以让推理线更加清晰，并与想要表达的重点相关联。虽然可能并不会因此而说服受众，但至少展示出我们与其关注点是一致的（即避免儿童被撞）。

总之，某个群体已知、默认的信息对于另一个群体来说可能是未知或具有争议的。因此，添加隐含依据或在受众已有知识的基础上思考其他可以支撑论点的依据就变得尤为重要。

在大学里，有些情况下我们可以知道受众都有谁。例如，老师布置的作业可能会让我们向政府提出政策建议。然而，通常情况下，老师可能只是让我们针对某个问题写一篇论文，并没有明确告知我们受众是谁。这时，就需要老师给我们一些指导。一般情况下，上述关于关注点与受众的要素知识同样适用于此。在关注点方面，我们应考虑问题的重点。至于受众，我们一般会认为论文的读者应该是一位有理解力的同学，但他对该话题没有做过研究。

至此，我们已经了解了复杂论点的各要素，可以把它们集合起来做一个完整的论证导图，通过导图的形式来表现其复杂性及逻辑架构，这是我们在培养批判性思维时需要做的，通常也是我们在大学中需要做的。在本章的"从业者说"中，律师索菲·米切尔（Sophie Mitchell）讲述了她在法庭上构思整个论点及推理线时用到的"路径导图"，展示了此类技能在职场中发挥的积极作用。不过，请记住，论证导图只是工具，不是结果，也就是说我们应积极地利用论证导图来构思论点。实际上，画论证导图的过程也有助于我们的思路和论点的形成，而不是说我们在已经有完整的论点后才去画论证导图。此外,有了一张完整的论证导图后,我们可以发现之前没有考虑到的依据之间的联系,这也值得我们去思考或去寻找证据加以证实。这个寻找证据支撑论点的步骤会在 Chapter 5 中单独介绍,该步骤实际上会贯穿于论点和论证导图的整个形成过程。

在本章的下一节,我们会详细阐述应如何决定论点内容,即:在被提问时如何形成我们的推理线?

从业者说　做好规划、筹备和检查是形成优质论点的基础

索菲·米切尔,圣保罗事务所(St. Paul's Chambers)出庭律师

作为一名出庭律师,我在整个职业生涯中几乎都在说服别人。要想说服别人,首先要知道你的听众是谁。如果是刑事法庭的陪审团,由于他们很可能是第一次接触法庭流程,所以说服他们与说服法官相比会有差异。

对于陪审团来说,如果无法给他们逻辑清晰、条理清楚的解释,那么他们很可能会感到茫然,不知道这个戴着假发、穿着法袍的奇怪的人在说什么,如果对方律师的解释很容易理解的话,那么他们很可能会倒向对方一边,你的辩词也就失去了影响力。然而,如果是面对高院法官,那么你就不能把时间都浪费在那些与法律不相关的推理线上,因为这是无法说服法官的,你得从法律框架的角度提高论点的可信度。

在为客户提出辩护策略时,你必须知道如何进行批判性思考。通过专门的培训,律师会在案件开始时形成一套"路径导图",在此基础上决定为客户辩护的方案,比如从哪里切入、如何辩护、在哪里结束?这就需要提前进行策略性思考:客户想要得到什么结果?对方律师会如何辩护,我们如何进行反驳?如何保护我们的客户?对方证据的漏洞在哪里?如何利用它进行攻击?统筹考虑下,哪一条证据链是最好的?

优秀的法院出庭辩护需表达清晰、流畅且具有说服力。律师在庭上的表现也应精雕细琢,看上去应让人感觉很轻松。不论是民事法庭还是刑事法庭的法官或陪审团,均能够因为你具有吸引力且非常清晰的推理线而跟上你的节奏。非专业人士可能不会知道对证人提出的每一个问题或每一次辩护陈述经过了多少思考和准备。有些情况下，法庭辩护反而是比较简单的。因此，要想形成优质的论点，真正重要的是前期的规划、筹备和检查。

如何确立论点

我们已经了解了主张、依据和关联，也探讨了链式依据——既有隐含依据也有支撑依据，既有反证也有反驳。但我们如何才能从零开始，真正确立一个包含以上所有要素的论点呢？

有些情况下，主张是已经设定好的。这可能发生在学术环境中，像是让我们回答"请解释一下民主对社会稳定的重要性"这类问题。在这种情况下，主张是已经给定的——"民主对于社会稳定很重要"，我们需要提出依据来支撑该主张——"因为……"

然而，我们遇到的问题还可能存在多个答案（主张）——"什么样的政治体系最有助于增强社会稳定性？"对此，我们有两种选择。

第一，我们可以不假思索地随便选一个主张，然后提出依据作为支撑——"民主是最有助于增强社会稳定性的政治形式，因为……"

第二，我们可以找出多个不同的主张，并分别提出依据作为支撑。之后评判每一个依据的优势，看看哪条推理线更有力、哪个论点更有说服力。在此情况下，确立论点的过程也就是调查询问的过程——在最具说服力的逻辑线基础上提出问题的答案。

后者的重要性主要体现在三个方面。首先，这是一种更加积极、谨慎的思考方式，可以有效避免偏见对我们论点的影响。其次，它让我们对在阅读和研究中所发现的证据予以回应，这是批判性思维的一个重要特点。最后，这种方式可以为我们提供一个潜在的反证清单，我们后续可以通过纳入或反驳这些反证来增强论点。

确立论点的六个步骤

本节将通过一个例子带大家用第二种方式确立论点——通过六个步骤来决定我们想要确立的主张和推理线。虽然我们不需要大家此刻就去做研究或收集证据，但在现实中,每一个步骤可能都需要这样做。不过我们也可能在做研究之前就采取这些步骤,来增强我们的阅读专注力。

下面会以一个与小学生有关的问题为例来展示每一个步骤。

> 问题:是否应该为小学生开设技术课程?

我们一步一步地针对以上问题来确立一个论点。后面还会设置另外一个问题让大家去练习。如果你想不到问题,下面还列出了两个问题可供练习。

> 可选问题1:医生是否应该学习职业道德?
> 可选问题2:是否应该允许考古学家挖掘历史遗址?

1. 第一步:列出可能的主张

如果对设定的话题完全不了解或了解得非常少,我们可以先围绕该话题做一些延伸阅读。不过,倘若我们不知道去找什么或去读什么,就会比较费时。倘若我们已经至少有一些想法,那么第一步可以把可能的主张即可能的问题答案列出来。有些问题会有很多答案。现在我们的问题是:

> 是否应该为小学生开设技术课程?

这个问题简单一些,可以有两个可能的主张(见表4.2)。

表4.2 第一步:列出可能的主张

应该为小学生开设技术课程	不应该为小学生开设技术课程

2. 第二步:通过头脑风暴找出可能的依据

列出可能的主张后,可以通过头脑风暴来找出能够支撑每一个主张的依据。要跟着直觉走,想到什么就写什么。不要担心想到的依据是否完美或是否能够找出所有可能的依据。表4.3展示了我们通过头脑风暴找出了哪些依据。

表 4.3　第二步：通过头脑风暴找出可能的依据

应该为小学生开设技术课程	不应该为小学生开设技术课程
• 因为技术代表着未来——学生需要学会使用技术 • 因为技术有助于增强阅读、写作、算数等基础技能	• 因为小学生应专注于阅读、写作、算数等基础技能的学习 • 因为技术更适合在中学时学习，中学生有一定的行为能力 • 因为小学老师不是技术专家 • 因为这会让贫困家庭的学生因买不起硬件设备（即平板设备）而处于弱势，而且他们的学校也无法提供技术学习的资源条件（即技术老师）

请记住，这些并不是正确的依据，也不是所有可能的依据。通过初步的头脑风暴可以看出，反对在小学开设技术课程的依据更多。然而，我们不能通过依据的数量多少来决定其是否是一个有力的主张。如果技术学习的重要性远超右栏中的其他依据怎么办？或者如果我们可以提出解决方案来解决右栏中提出的反对意见呢？（例如通过政府项目来提供平板设备资助以及为资源不足的学校配备专业的师资力量。）更不用说我们还没有做研究来寻找支撑以上依据的证据。重要的是，我们要将这一过程视为寻找可能的理由的头脑风暴，而不是写出一个确定的答案列表。

3. 第三步：评判并提高依据的质量

虽然一开始这种依靠直觉的头脑风暴非常重要，但在此之后我们还需要对列出的依据开展批判性思考。可以根据前面提出的三种方法来形成高质量的依据：避免绝对，避免模棱两可，以及避免刺激情绪。

让我们先看一下这条依据：

> 小学老师不是技术专家。

这条依据可能会刺激受众的情绪——会让我们非常同情那些劳累过度的老师。我们可以将其换成能够表达同样的意思但更加中立的依据，移除情绪因素，这样会更好一些。可以这样说：

> 小学老师在基础技能和培训之外可能很难跟得上不断变化的新技术的发展。

下面思考这一条依据：

> 这会让贫困家庭的学生因买不起硬件设备（即平板设备）而处于弱势，而且他们的学校也无法提供技术学习的资源条件（即技术老师）。

是所有贫困家庭的学生都会因此而处于弱势吗？我们能否肯定他们确实买不起平板设备，或他们的学校确实无法提供相关资源条件？并不是说这条依据本身很弱，而是其表达的方式会给人留下质疑和攻击的空间。不要写得过于绝对可能会更好一些，比如：

> 这可能会让贫困家庭的学生处于弱势，因为其中有些学生买不起硬件设备（即平板设备），也就无法使用技术，而且他们的学校通常也无法提供技术学习的资源条件（即技术老师）。

这些很小的改动会让依据更加有说服力。此外，实际上这条依据也通过链式依据形成了一条推理线。

还有哪些依据需要我们再仔细检查一下？

> 技术代表着未来——学生需要学会使用技术。

用技术做什么呢？这条模棱两可的依据可能带来两个问题：第一，会让受众抓不到我们的重点；第二，会让受众直接得出结论。不论是哪个问题，都会削弱依据的说服力。我们也许会辩解说技术无处不在，对此大家都心知肚明，因此没有必要把其他的依据都说出来。但请考虑一下决定依据是否言明的两个标准：关注点与受众。对于这个论点而言，这条依据似乎是关注的重点。此外，这是一个学术问题，因此我们的目的是使受众知道我们已经理解了其复杂性。将其他的依据言明会让评分老师相信我们已经对此有所理解。通过进一步的探讨，你会发现这么做会使我们得到一个更加有力且更具说服力的依据。

为了进一步探讨这条模棱两可的依据并提出更多的详细信息来不断改进，我们可以问问自己，为什么小学生有使用技术的必要？即找出支撑此依据的理由（见表4.4）。请注意，这样做实际上是将此依据视为次要主张。

105

表 4.4　为依据找出理由

小学生有必要学会如何使用技术，因为这样他们就能够	• 打游戏 • 使用社交媒体工具 • 提高自己的数字技能，很多工作场合都越来越需要此技能 • 获得更多机会，如读大学和找工作（投简历、在线申请） • 获取消费者或就业信息，确保自己不会被剥削利用 • 获取和使用基础性服务，如银行业务。虽然银行业务没有全部转至线上，但有越来越多的银行业务需要在网上办理 • 获得医疗急救［如英国的国家医疗服务体系（NHS 24）］或灾害应急（如澳大利亚等地会发布山火预警，告知公众哪些社区的居民需要立即撤离）等重要的急救信息 • 获取知识，并作为公民参与政治和社群活动——现在有越来越多的政治和社群信息在网上发布，甚至选举也需要在线参与

　　表 4.4 列出了从无关痛痒的娱乐活动和社交媒体（虽然我们可以说社交媒体也是一种增强社群意识和对抗孤立的有效方式）到知情权、投票权等公民所享有的基本权利和承担的责任。这样一来，小学生是否会用技术就不再是一种个人优势了，而是公民的一项基本技能，甚至是权利。也许这就是我们在此依据下想要表达的内容。但如果我们不将此言明的话，受众是无从知晓的。

　　通过此过程我们也可以得出其他新的依据。例如，在写表 4.4 时，我们发现还有一个与风险相关的依据：

> 学生可能都会上网，因此保护其免受伤害和被坏人利用变得非常重要。

　　这条依据也可以通过链式依据形成推理线。这样我们就可以再调整一下依据列表，对需要修改的地方进行修改，并加入新发现的依据（见表 4.5）。

表 4.5　第三步：评判并提高依据的质量

应该为小学生开设技术课程	不应该为小学生开设技术课程
• 技术在社会中无处不在——学生需要学会使用技术，获取相关信息和机会 • 技术有助于增强阅读、写作、算数等基础技能 • 学生可能都会上网，因此保护其免受伤害和被坏人利用变得非常重要	• 小学生应专注于阅读、写作、算数等基础技能的学习 • 技术更适合在中学时学习，中学生有一定的行为能力 • 小学老师单凭自己的基础技能和接受的职业培训，可能很难跟得上技术不断变化发展的脚步 • 这可能会让贫困家庭的学生处于弱势，因为其中有些学生买不起硬件设备（即平板设备），也就无法使用技术，而且他们的学校通常也无法提供技术学习的资源条件（即技术老师）

有了表 4.5，我们就可以确立一个优质的论点，或者开始拓展阅读和开展调查研究。不过，我们还需要多做一步，以分出各依据的主次。

4. 第四步：找出主要问题

这一步需要从列表中找出我们认为最重要的那一条依据作为主要问题。这样做有两大好处。第一，如果只是为了确立论点（即我们现在正在做的事情），那么找出主要问题可以帮助我们分辨出哪个依据是主要依据，并围绕此依据来构建论点。第二，如果是为了完成一份真实的作业，则可以从找出主要问题出发，然后进入下一步：搜集证据，开展调查研究。找出主要问题，我们就有了更加具体的方向来进行拓展阅读。

如何确定哪个才是主要问题？这需要我们进行逻辑推理和判断。我们读过的材料、我们过去的经历以及我们的价值观和社会规范都会影响我们的判断，因为这些是我们确定主要问题的依据（尤其是当无证据支撑时——虽然我们必须评判出哪个依据更有说服力）。而我们每个人找出的主要问题可能各不相同，但这并不是说有人是"错的"、有人是"对的"，因为很少有对错之分。

我认为"是否应该为小学生开设技术课程"的主要问题与技术对阅读、写作、算数等基础技能教学的影响有关（见表 4.6），因为我认为这是小学教育的主要目的（可能你会有不同的见解）。因此，技术课程应作为教学的有益补充，或至少不会给教学带来负面影响。

表 4.6　第四步：找出主要问题

应该为小学生开设技术课程	不应该为小学生开设技术课程
• 技术在社会中无处不在——学生需要学会使用技术，获取相关信息和机会 • **技术有助于增强阅读、写作、算数等基础技能** • 学生可能都会上网，因此保护其免受伤害和被坏人利用变得非常重要	• **小学生应专注于阅读、写作、算数等基础技能的学习** • 技术更适合在中学时学习，中学生有一定的行为能力 • 小学老师单凭自己的基础技能和接受的职业培训，可能很难跟得上技术不断变化发展的脚步 • 这可能会让贫困家庭的学生处于弱势，因为其中有些学生买不起硬件设备（即平板设备），也就无法使用技术，而且他们的学校通常也无法提供技术学习的资源条件（即技术老师）

在此基础上，若想要继续后面的证据搜集 / 调查研究阶段，我们就会面临一个更加具体的问题：技术是能够促进还是阻碍阅读、写作、算数等基础技能的学习？这个问题的答案也就是我们想要选择的主张。

5. 第五步：确立论点

就算没有做任何调查研究，现在我们也能利用通过头脑风暴得出并不断完善的依据来确立一个优质的论点了。当然，没有证据的话，其说服力可能会比较弱。这里我们只是先练习一下如何确立优质的论点，后面还会阐述如何搜集证据。

我们简单确立了一个论点：

> 不应该为小学生开设技术课程［主张］，因为［关联］他们应专注于阅读、写作、算数等基础技能的学习［依据］。

6. 第六步：增加反证

我们已经有了主要主张和直接依据，可以再通过增加反证的方式来加强论点。可以看一下依据列表（表 4.6）的左边一栏（即我们没有采纳的那个主张），看看哪一条依据比较容易反驳或可能引起受众思考。

请记住，通常反证主要针对的是依据或其与主张之间的关联。我们可以各举一个例子。

（1）针对依据

受众可能会对"小学生必须专注于基础知识"的说法持有疑问。我们可以这样反驳：

> 虽然有人可能会认为在如今这个时代，小学应扩大其课程范围［反证］，但如果最终学生在基础技能方面跟不上的话，其生活的方方面面都会受到长久的影响［反驳］。

（2）针对关联

受众可能会对"学习技术一定会影响基础知识的学习"的说法表示异议。其实我们真正需要的是能够支撑论点的依据，这一点 Chapter 5 会详细地阐述，因此这里我们只是对反证加以反驳来支撑推理线。

虽然有人可能会认为学习技术不会影响基础技能的学习[反证]，但在课程已经安排得非常满的情况下，再去做其他事情可能会影响儿童学习的专注力[反驳]。

图 4.11 对确立论点的六个步骤进行了总结。

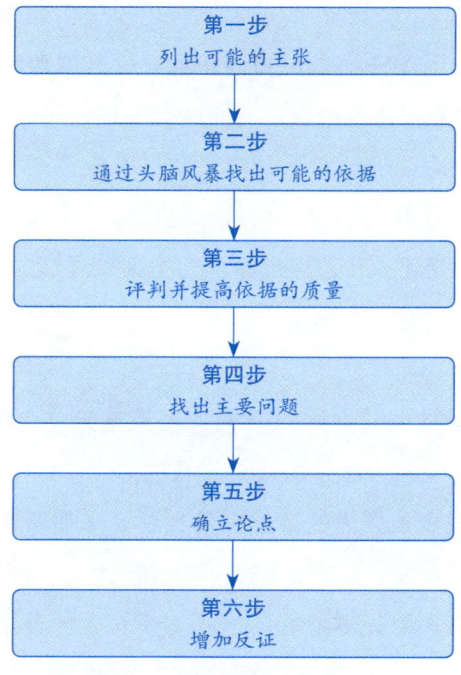

图 4.11　确立论点的六个步骤

用批判型思考者的眼光来看待以上步骤

我们在确立论点以及对不同主张的不同依据进行列举、评估、研究和评判的过程中，要保持开放的心态。法特玛·阿里（Fatma Ali）在本章的"学生说"中介绍了自己在确立论点方面的经验。我们要能够根据不同的逻辑推理或证据来改变自己的观点。这是掌握批判性思维的标志：不仅要有能力和意愿来辩论、讨论，并为自己的论点辩护，还能够在被另一个论点说服的情况下改变自己的立场。

比如我们认为小学生应专注于阅读、写作、算数等基础技能的学习，学习技术会对他们的学习产生不良干扰，若后来我们发现有一项可靠的研究显示，引入技术学习课程的学校反而提升了学生的基础技能水平,那么我们就应该在新证据的基础上重新评估前述主张。这就是批判性思维。

学生说　在充分调查和全面搜集信息的基础上得出论点

法特玛·阿里,威斯敏斯特大学(University of Westminster)立法学专业学生

作为一名法学生,知道如何立论是我攻读学位以及未来职业发展的一个重要组成部分。

请注意,发出自己的声音与在充分调查和全面搜集信息的基础上得出论点是两码事。论点是一种精心构思的说服力工具,不仅能够用于反驳,还可以传递自己对依据的细微理解。

不论是独立工作还是团队工作,都需要有论点,且做起来都不容易。在独立工作时,你可能会自我怀疑,觉得自己的推理线有些勉强,还存在问题,或觉得对方的证据更充分、更清晰。在团队中工作时,你有时会觉得自己是团队中最弱的那个,你的想法会削弱团队的观点。面对这些令人恐慌的场景,我找到了一些可套用的公式和架构,以缓解紧张的情绪,让自己的论点更加清晰。它们涉及如何找出一个好的论点所具备的关键特征,以及如何有力地表达和传递自己的观点。我的大学成绩也因能够确立有力的论点而不断提高。在写论文和构思论点时,我能够对标准有更好的把握,确保切入重点,并辅以事实和有说服力的依据作为证据。我能发现自己逻辑推理中的误判和不足,对关键性原则的了解也让我能指出对方存在的问题。很显然,这些技能都是可迁移的,当我在与未来的雇主交谈时,我可以流利地谈论一系列话题,或对当前的商业问题进行讨论。在辩论中,我感觉自己与对手站在同一水平线上,我的脑中已经提前构思好了架构,更有利于驳倒对手。

实操练习 4.3　确立论点

任务 1:就前面提出的与小学技术学习有关的论点画一幅论证导图,把你能想到的依据、反证和反驳都写进去。

任务2：通过确立论点的六个步骤就下面的问题提出论点。

> 16岁的公民是否应在英国国家选举中参加投票？

任务3：就任务2中你得出的论点画一幅论证导图。

任务4：思考一下你在任务2中经历的整个过程。不要只考虑内容，而要考虑哪些因素对你每一个步骤的思考过程产生了影响。将一张白纸分成两栏，把对你有帮助的因素写在其中一栏，对你形成阻碍的因素写在另外一栏。就这些因素问问自己为什么，从而更好地了解其背后的问题。

本章小结

- 简单的论点包括三个要素：主张、依据（至少一个），以及主张与依据之间的关联。
- 主张即问题的答案，有人将其称为立场、结论或观点。
- 关联词可以是主张指示词，也可以是依据指示词。关联对于理解推理线极为重要。
- 依据即支撑主张的理由。应注意避免使用绝对的依据、模棱两可的依据，以及会刺激情绪的依据。
- 支撑依据是支撑前述依据的理由。增加依据可以形成依据链，对我们的推理线加以描述。有的依据可能不会被言明。
- 反证有助于加强论点，因为我们可以对其进行反驳，或其可以表明我们对问题复杂性的理解。
- 论证导图是一种非常有用的可视化工具，它以清晰的架构来表现复杂的论点。
- 在确立论点时，可以遵循以下步骤：列出可能的主张，通过头脑风暴找出可能的依据来支撑每一个主张，评判并提高每一个依据的质量，找出主要问题，确立论点，增加反证和反驳。

延伸阅读

- 如果大家想要更深入地学习本章的课程知识，那么有两本书值得一读。大卫·莫罗（David Morrow）和安东尼·韦斯顿（Anthony Weston）的《高效论证：美国大学最实用的逻辑训练课》(*A Workbook for Arguments: A Complete Course in Critical Thinking*，2019，第三版）是一本不错的延伸阅读教材，其中包含了大量的练习和实操应用。韦斯顿的《论证是一门学问》(*A Rulebook for Arguments*，2018，第五版）对论点及其构建方式进行了简洁明了（但并不一定简单）的阐述，其第一和第七部分是对本章知识的巩固，第二、第三、第五、第六部分以及附件1是延伸内容。这两本书均由哈克特出版社（Hackett Publishing Company）出版。
- 蒂姆·范格尔德教授在其《思维百科全书》(*Encyclopedia of the Mind*,

2013）一书的"论证导图"章节中对论证导图进行了总结，其中提供了很多场景，也更加复杂（如增加了更多的观点）。

- 沃尔特·辛诺特–阿姆斯特朗（Walter Sinnott-Armstrong）在其《理性思考的艺术：如何好好讲道理》（*Think Again: How to Reason and Argue*，2018）一书中对当前的社会环境尤其是政治环境进行了深刻的剖析，指出现在逻辑推理和论证的价值逐渐被忽略，取而代之的是谩骂攻击。

Chapter 5
有力的证据

课前思考

1. 我们为什么需要证据？
2. 证据在论点中发挥什么样的作用？
3. 如何判断证据是否有力？

学习目标

阅读完本章，你应能做到以下几点：

- 了解证据的作用，为推理线和论点提供信息支持，提高说服力。
- 理解捍卫者的重要性并发挥其作用，努力使自己也成为捍卫者。
- 探讨证据的三种类型：举例说明、包含统计数据在内的研究发现、其他来源的知识。
- 根据两大标准对证据进行判断：可靠性和可信度。
- 利用学术期刊数据库查找学术资源，发掘顶尖的或有创新性的文章。
- 了解文献引用的原因与时机。

学者说 成为捍卫者

当我还在读书的时候,我经常会用家里书架上的那一套百科全书,这是我的知识库,简明、可靠、易懂。百科全书的编辑就是知识的捍卫者,他们决定哪些信息来源是可靠的,并从中将最重要的信息提取出来。我无须对这些信息产生怀疑,可以直接用它们来完成我的任务。有时我还会从学校或当地的图书馆借阅专业书籍。在我看来,图书管理员就是知识的捍卫者,他们决定哪些书值得收录、哪些书由可靠的作者写就、哪些书含有可靠的信息。我自己无须成为知识的捍卫者,去判断什么可靠、什么可信,我可以把这个工作交给专家来做。

你的很多老师就是在这样的环境中成长的。他们当年肯定不会想到未来只需要在搜索引擎中输入一个词就可以得到相关的信息,甚至将其纳入自己的知识库。他们可能会对这些信息的可靠性和可信度产生深深的怀疑——这是他们的工作。他们是知识的捍卫者,他们也期望你能成为这样的捍卫者。此外,如果你想成为一名批判型思考者,那么你在现实生活中也得是一名精明的知识捍卫者。

因此,我希望这一章能够帮助你理解什么是证据、证据有哪些类型,根据知识库的可靠性和来源的可信度对证据进行评判,学会如何找出证据出处,明白文献引用的作用及使用方法,以及最后,决定何时需要证据来支撑你的论点。希望本章能够成为一份指南,帮助你成为自己的捍卫者。

引言

批判性思维的一个关键要素是对知识的可靠性和来源的可信度进行评判,最终找到有力的证据并用其来支撑论点。对于我们自己的论点,需要我们自己去寻找证据,继而阅读这些证据并加以理解,判断其可靠性和可信度,最终决定是否可用。

然而,信息充斥着我们当前生活的世界。在搜索引擎中输入一个词,不到 1 秒钟就可以得到上万条可能的信息来源。但并没有捍卫者帮我们对这些信息来源进行评判,甚至更让人担忧的是,有些所谓的捍卫者在评判时会受经济或政治利益等其他因素的驱使。不过，可靠的捍卫者还是存在的——只是需要知道去哪儿找他们。在这种情况下，我们需要掌握以下两项技能：知道在哪里可以找到可靠的捍卫者，以及成为自己的捍卫者。

知识的捍卫者究竟指的是什么？捍卫者可以是组织、机构、出版物或个人，他们能帮我们对知识和证据加以筛选。我们的老师就是捍卫者，他们会挑出来源可靠且内容可信的知识并将其纳入我们的课程和阅读书目中。从时间和技能角度来看，捍卫者所做的工作非常有价值。

从时间角度来看，如果有人问了我们一个针对某话题的问题，要想找出答案，一种方法是从各类来源查找与该话题有关的所有信息，之后对其进行批判性分析，找出其中可靠的证据。但这样做信息量将非常大，根本无法完成，我们需要想办法缩小证据范围。

从技能角度来看，Chapter 2 已经讲过了成为理性怀疑者的重要性。然而，我们也是刚刚接触批判性思维，还在学习如何有效做到这一点。但由于我们还是需要对信息来源和证据的力度、质量、相关性甚至其整体性和真实性进行评判，所以至少可以寻求其他捍卫者的部分帮助，利用他们在该领域的专业知识，同时不断发展自己在这方面的能力。

什么是证据

证据是用于支撑论点的有形且具体的事物。在法庭上，律师会用物证（如 DNA 或指纹）来支撑其辩词，证明被告人是无辜的（或有罪的）。在大学里，我们也会用证据来形成自己的主张并证明之，使其更加可信。在恰当的时机通过恰当的方式用好有力证据也是批判性思维的一个关键要素。因此，我们需要能够分辨证据的不同类型，对其可靠性和可信度做出判断，并决定何时需要证据来支撑我们的论点。

证据主要分为两类：一手证据和二手证据。一手证据是我们自己发现或调查研究出来的证据，如调查顾客的购物行为、对历史文件进行文本分析，或对财务数据进行数据分析。大多数的本科和研究生论文通常用的是一手证据。而二手证据则是别人发现的证据。如果没有特别说明，本章中谈到的证据均指二手证据。

论点的形成无须以证据作为标准，也就是说在完全没有证据的情况下也是可以形成推理线，将依据与主张相关联的。不过，如果能够有证据作为支撑的话，论点会更加可信。实际上，大学里我们也需要寻找和利用有力的证据来确定推理线，从而加强论点。

总的来说，利用证据来确立论点，主要有两种方式：先确立论点或推理线，再找证据支撑；或者先查看现有的证据，看看这些证据能够支撑什么样的论点或推理线。也就是说，有时是先确立论点再找证据，有时是先有证据再确立论点。在学术研究的高级阶段，前者（即从论点到证据）被称为"演绎法"，后者（即从证据到论点）被称为"归纳法"。在现在这个阶段，大家知道有这两种方法即可。

在本章中，我们会从论点出发，寻找证据来支撑论点（但这并不意味着阅读和研究不应为论点提供信息支撑）。本章的重点是介绍证据的不同类型，对其可靠性和可信度进行评判，以及阐述寻找证据的方式。

下面将举例说明。

让我们回到 Chapter 4 中提到的大学那个例子。当时提出的问题是：

> 大一新生能够很好地适应大学第一学期的生活吗？

我们当时得出的论点是：

> 很多大学生无法很好地适应其大学第一学期的生活[主张]，因为[关联]他们觉得独立学习这种方式很具挑战性[依据]，还有些学生不知道该如何独立生活[依据]。

让我们思考一下第一个依据：

> 依据1：大学生觉得独立学习这种方式很具挑战性。

根据推理，我们认为大学生会觉得独立学习这种方式很具挑战性，但他们真的这样觉得吗？我们是怎么知道的呢？有什么证据能够证明这一点？

> 证据：高等教育学会（Higher Education Academy）2014年的一份报告显示，"很多学生很难完成向大学的转型，因为大学里所要求的学习方式与之前相比对独立性的要求更高"（第3页）。

高等教育学会是英国的一家独立学术机构。我们可以认为其在此问题上有一定的权威性，可将其视为可信的证据来源。但我们是如何确定这一点的？这就是我们本章要学习的重点。

下面再看一下第二个依据及其引用的证据：

> 依据2：有些学生不知道该如何独立生活。
>
> 证据：弗里德兰德（Friedlander）等人（2007）在其研究报告中提到了这一点。

谁是弗里德兰德？我们为什么认为该证据可靠？我们将通过本章的学习解答以上问题。（以上证据的来源可在本书最后本章的参考文献中查询。）

了解了什么是证据，下面让我们看看证据都有哪些类型。

证据的类型

证据主要用于支撑依据或主张，以达到加强论点的目的。这样可以避免受众对依据产生质疑（从而影响论点的可信度）。虽然我们通常认为的证据是有形或具体的事物，但总的来说，只要能起到前述作用，任何事物都能算作证据。然而，值得注意的是，这一概念并不适用于所有的学科。例如，某些学科主要以举例说明作为解释和（具体）证据。本章只是对证据的一个总体性介绍，我们对各个不同的学科还需区别对待。这时，老师的指导就尤为重要。

通常而言，证据有三大类型：举例说明、包含统计数据在内的研究发现、其他来源的知识。

举例说明

通常情况下，学生都会使用举例说明的方式为其依据提供支撑。通过例子来说明或解释，可以帮助受众更好地理解依据。不过一定要仔细地斟酌，因为例子都具有正、反两面性。例如：

> 乘坐网约车很危险。比如曾有人被网约车司机袭击。因此，人们应选用其他交通方式。

上面这个例子提出的能够支撑依据的证据只是一方面。其不足就在于并没有说明这是一个普遍的趋势，还是只是个例。我们很容易提出另一个例子来反驳该依据。例如：

> 很多人都乘坐网约车，且没有受到袭击。

我们还可以通过言明隐含依据（公共交通更安全）的方式，就主张本身举一个反面例子。

> 有人在乘坐公共交通时受到了袭击。

举例说明的方式能让我们清晰表达出意思，让受众理解我们的依据。若受众本就倾向于同意或相信我们的依据，只需稍作解释，举例说明就能够发挥出最大的效果。不过，在将例子用作证据时还是需要谨慎一些。比如，在上面第一个例句中，我们只用了一个例子来支撑一个非常大的观点。为了弥补其不足，让我们对其依据做一些修改：

> 乘坐网约车可能很危险。比如曾有人被网约车司机袭击。

修改的关键是将"很危险"改为"可能很危险"。在前一个例句中，我们只用了一个例子来证明一个绝对的依据。在这个例句中，我们用证据来说明或解释一个修正过的依据。

举例说明可用的素材还有逸事。在这里，逸事指我们的亲身经历。

> 城市犯罪率越来越高。比如上周我的包就被偷了。因此，现在的治安维护工作并没有起到什么效果。

逸事可以作为一种非常好用的解释工具，但它并不能作为可信的证据来源。此外，由于逸事都是比较私人的，因此最好是用在口头表达中，因为在口头表达中通常使用的是第一人称（如"我"）。**Chapter 6** 会对此有详细阐述。

包含统计数据在内的研究发现

研究通常由学术机构、非政府组织、智库和企业开展，目的是挖掘知识。他们会在期刊文章、书籍或报告中发布其研究发现。有些研究发现是定性的，即基于文字。比如：

> 从对学生答案的分析中发现，它们要么是孤立的、对已有事实的重复，要么是对材料有深入的理解。前者的处理方式较为表面，后者则较为全面［海迪能（Hyytinen）等，2015］。

还有一些研究发现是定量的，即基于数字，且通常以统计数据的形式发布。比如：

> 在对两种批判性评判方式所得出的结果进行分析中发现，有 45.5% 的学生在这两种评判方式方面的表现基本一致（海迪能等，2015）。

以上发现不一定是对的，也不一定一个就比另一个好。两者都是通过具体的研究设计和流程得出的结果，具有一定的局限性。即使是定量研究结果，也不能被认为就是真实的，这也是我们将加以探讨的内容。不过，我们可以通过评判其研究方法来确定其研究发现是否可作为有力的证据。我们可能没有时间或不够专业，这时我们可以寻求外部捍卫者的帮助，考虑证据的来源，本章后面的内容会对此有更多探讨。

作为研究发现的一种表现形式，统计数据通常被用作证据。下面我们将对此进行详细阐述。

统计数据是对数据的数学分析结果，旨在帮助人们理解或推断出某方面的知识。统计数据作为证据是非常有用的，但也存在被操纵、不符合所需的场景或完全就是错误的等情况。我们很容易将数字视为事实，或认为它们是客观的。然而，数字仅仅是对其背后现实的反映。这样的反映是否真实、对我们是否有用，取决于很多因素。

有些学科期望学生不仅能够理解和解读统计数据，还有能力生成可靠的统计数据。它们会向学生提供（或要求学生学习）定量法课程。此类课程所涵盖的复杂内容超出了本书的范围，我们在这里会简单地介绍一下统计数据解读和使用中的两个重要问题：样本和统计数据准确性。

我们通常会用统计数据来描述一个较大的群体，如世界人口或大学生总数。然而，一般来说我们不太可能得到整个群体的统计数据，因此我们会选取一个较小的群体，通过较小群体的统计数据来推断出较大群体的情况。这个较小的群体就叫作样本。我们的推断是否合理，取决于这个较小的群体是否能够代表较大的群体，而统计数据准确性则指数据能否准确地反映我们关注的问题。

比如，我们想知道自己大学里的学生平均每周在图书馆学习多少个小时，可以选择一个周三的下午去图书馆里找 50 名学生，问他们"你这周在图书馆学习了多少个小时"，我们会得到一个可靠的结果吗？能够据此推断所有学生的情况吗？答案是不能，有以下几个原因。最主要的原因与样本有关：我们只问了在图书馆学习的学生，忽略了那些不在（和从来不去）图书馆学习的学生。还有我们的样本数量（50 位）是否足够，因为大学里总共有几千名学生，以及选取的周三下午是否具有代表性。从统计数据准确性的角度来看，结果可能取决于问问题的方式以及学生能否给出准确的答案（他们可能自己也不太记得）。如果把以上问题以及很多其他可能的问题都考虑进来，那么不同的研究人员可能最终得到的统计数据会大相径庭。我们的整本书也可能都得讨论统计数据的可靠性了。要想更深入地了解这些，我们应与老师就此进行讨论，获得指导或相关学科书目。

其实在大学初期，有一个评判统计数据可信度的捷径：我们可以利用统计数据的来源来评判其可信度。也就是说，如果统计数据来源很可靠，那么统计数据本身也就更有可能作为有力的证据。各类官方网站提供的统计数据都比较可信，其中包括世界银行、国际货币基金组织（International Monetary Fund）、联合国开发计划署（United Nations Development Programme）、世界卫生组织（World Health Organization）、联合国气候变化框架公约（United Nations Framework Convention on Climate Change）等。此外，各国家统计局网站上也有很多不同领域的信息，包括社会、经济、就业、产业等统计数据。

其他来源的知识

本书的 Chapter 1 中提到要从知识的消费者转变为知识的创造者。用其他来源的知识作为自己论点的证据，就是在用别人的知识创造自己的知识。

> 情绪对于学习非常重要。情绪可以引起别人的注意、刺激记忆、激发动力［卡瓦纳（Cavanagh），2016］。因此，老师应利用学生的情绪来提高学习效果。

上述论点包含主张以及与其相关联的依据，并通过证据来支撑。请注意，这里的证据并不是某个研究项目的发现，而是其他来源的知识，即一位叫作萨拉·罗丝·卡瓦纳（Sarah Rose Cavanagh）的学者写过的一本书《学习的火花》（*The Spark of Learning*）。那么这一知识又是基于什么得出的呢？这个来源可靠吗？下一节将对此进行详细阐述。

现在请先完成思考练习，看看证据在你的日常生活中起到了什么作用。

思考练习 挖掘生活中的证据

任务1：想一下你在上个月都做了什么。将一张空白纸分为三栏，在每一栏中写下你在上个月做过的基于证据的非学术性决定（即你生活中做的决定，可以是购物，也可以是挑选一家餐厅、一场节目、一部电影或一本小说等）。针对每一栏都提出以下问题：你都用了哪些证据？为什么要用它们作为证据？你觉得它们有多可靠？如果不可靠的话，会有什么表现？

任务2：下面，请打开任意一个新闻网站。阅读两篇头条新闻，看看它们都用了哪些证据。将一张空白纸分为三栏，分别写下你找出的证据。针对每一栏都提出以下问题：你觉得它们可靠吗？你为什么这么觉得？如果不可靠的话，会有什么表现？

任务3：回顾你在前两个任务中写下的答案。看看其中你有多少次寻求了别人的帮助（如朋友对于餐厅的建议），想一想你为什么觉得这样的证据可信？再看看你有多少次寻求了其他组织或机构的帮助（如新闻媒体或某个颁奖机构），想一想你为什么觉得这样的证据可信？看看其他证据，思考一下是什么因素使你认为某个证据是可信的还是有疑问的。

对证据的评判

通常可以用两个标准来评判证据：知识根据的可靠性和来源的可信度。虽然两者通常会被放在一起考虑，但也可以分开评判。分开评判也可以让我们更好地理解每一个标准。图5.1通过象限图的方式对其进行了简化描述。

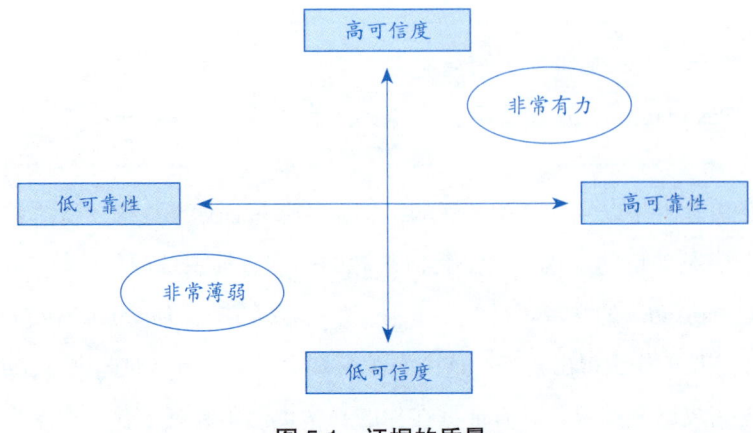

图5.1 证据的质量

可靠性和可信度高的证据一般会比较有力，可靠性和可信度低的证据则较弱。那么为什么我们不能总是使用有力的证据呢？可能是因为我们不可能总掌握有力的证据：要么是找不到，要么是它根本不存在。比如，处于象限图右上角的学术期刊文章和教材（之后会细讲）通常不会包含最新的知识，如时事信息。因此，我们需要知道其他的证据在何时有用，这样就可以自己做出判断。下面，让我们一一阐述知识根据的可靠性和来源可信度这两个标准。

知识根据的可靠性

什么是知识？知识基于什么？如何判断知识的可靠性？几千年来我们一直在对以上问题进行着激烈的讨论。这不是本书要探讨的内容，不过，我们会简要（但不一定简单）地阐述一下以上问题的答案。请注意，有些学科（如哲学）会探讨得更加深入，更具批判性。

首先，我们需要区分信息和知识。这两个概念通常可以互换，但两者之间存在着细微的差别，这一点很重要，因为包含统计数据在内的研究发现和举例说明在作为证据时，不会出现在知识根据的可靠性程度图（见图 5.2）中。

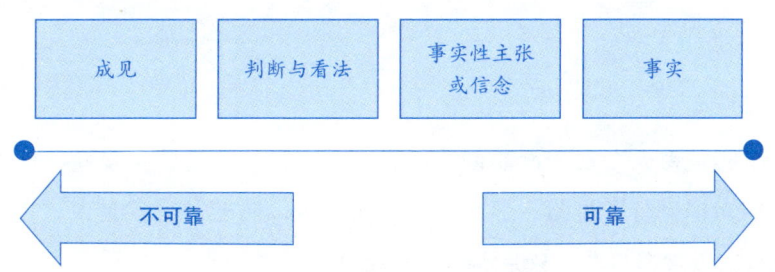

图 5.2　知识根据的可靠性程度

信息指架构清晰、有组织有条理且经过处理的数据，代表的是已有的或发生过的事情。信息可以存储在电脑或机器人的核心处理器（CPU）中，也可以存在于人的大脑中。研究发现和举例说明都属于信息。而知识既包括信息，也包括经验、直觉或看法，人们会将其结合起来用于不同的场景，了解信息之外的情况，预测未来或其他情况，也就是从信息中提取意义。拥有知识是人类的特性。机器人可能会存储有大量的信息，但不能说它们学识渊博（尽管这是人工智能爱好者的梦想）。我们还可以将知识视为与其他事物相结合并被接受的、个人所拥有的信息。不过能否被接受要取决于知识的根据。除了此类个人知识之外，我们的目标是确定其他知识的根据。

在此之前，让我们先思考一下为什么包含统计数据在内的研究发现和举例说明没有出现在图 5.2 中。统计数据类的研究发现是信息，它们代表的是某个潜在的事实。如果它们是非常完善的，那么它们就可能成为事实。不过这超出了本书探讨的能力和范围，而且基本上没有统计数据能够做到这一点。统计数据有助于形成知识，可以成为个人知识的一部分。此外，例子也只是关于某件事情的信息，也有助于形成知识，但其本身不属于知识根据。

下面，我们将对图 5.2 中的四类知识根据进行探讨：事实、事实性主张或信念、判断与看法、成见。总的来说，越往左边可靠性越低，证据就越弱；越往右边可靠性越高，证据就越有力。

了解这张图主要有两个重要的目的。第一，可以帮助我们确认知识根据并将其归类，从而判断其可靠性。第二，可以帮助我们对自己的知识根据进行评判。这样的自省（如发现自己存在的成见）是批判性思维的一个重要组成部分，本书 Part 1 已经有所提及，Chapter 11 还会详细探讨。下面从最可靠的一类开始：事实。

1. 事实

知识通常基于事实。那么什么是事实？事实通常分为两类：发现类事实（包括历史类事实）、定义类事实。

（1）发现类事实

发现类事实是由人发现的而非创造的事实。人无法改变此类事实，但如果有新的发现对我们的知识进行了更新，那么这类事实就可以改变。也就是说，在被人们发现之前，这类事实一直都存在，只是不为人知而已。

> 发现类事实：氢气比氧气轻。

很多自然科学学科的发展都是不断改变发现类事实的过程，正如德国物理学家马克斯·普朗克（Max Planck）所说，"科学家的快乐不是源于自己的成就，而是源于对新知识的持续探索"（1936）。发现类事实是一类可靠的知识根据。

历史类事实是发现类事实的一个子集，它是指与历史上某个事件有关的日期、地点、人物或行为。不过，此类事实不包含事件的起因、结果或影响，因为这些是事实性主张（后面会详细阐述）。与发现类事实一样，历史类事实也不会因人而改变，但如果新证据表明之前的信息已经不正确了，那么就可以改变。

> 历史类事实：美国总统约翰·F. 肯尼迪（John F. Kennedy）于 1963 年 11 月 22 日遇刺身亡。

此类事实是真实的，但通常我们无法肯定。最近的历史类事实是不太可能改变的，如上面这个例子，虽然从理论上有改变的可能。例如，可能会有新的证据证明肯尼迪的死亡是一场表演，他实际上不是那一天遇刺的，或根本没有遇刺。请注意，我并不相信这一点，我只是说理论上有这种可能。当有新证据出现时，过去的历史类事实是有可能改变的。即便如此，历史类事实还是可以被认为是一类可靠的知识根据。

（2）定义类事实

定义类事实是由人确定或定义的事实。

> 定义类事实：法国的首都是巴黎。

人们认为这是对的，但它也会改变（其实法国的首都变过很多次，其中就包括凡尔赛）。定义类事实会随着人们的决定（可以通过授权、权力、共识或社会演变）而改变。因此，定义类事实只在当时是正确的：2018 年，法国的首都是巴黎。此类事实可以被认为是一类可靠的知识根据。

发现类事实、历史类事实和定义类事实可以结合考虑，我们可以据此确认某观点是否源于事实。而对于其余之类的知识根据，有时我们还需要对提出观点的人（或机构）有所了解，才能进行评判。也就是说，在确定观点是属于事实性主张或信念、判断或看法，还是基于成见之前，我们有必要了解其是为什么以及如何形成的。通过下面的探讨，大家会有更加清晰的了解。

2. 事实性主张或信念

虽然"事实性主张"里含有"事实"一词，但其不是事实。

> 事实性主张：英国自然学家查尔斯·达尔文（Charles Darwin）在科学发现方面的影响力要高于其他科学家。

此类事实性主张的提出方式可以是自信的、确定的，甚至是强制的，通常看上去很像事实。但提出的方式无法改变其只是事实性主张而非事实的性质，且所有的事实性主张都是可以被反驳的，甚至其本身就是错误的。

　　事实性主张也可以被视为一种信念，因为作者是在某种确定性基础上提出的。对于其他人而言，其信念可能还涉及道德层面（如"所有人都是平等的"）或精神层面（如"真正的神只有一个"），不过本书主要关注的是基于证据确定性的信念。我们会经常在论点中使用事实性主张作为证据。如果事实性主张是由可信的人（如学者）或出版物（如学术期刊）提出的，那么其可靠性也更高。此外，如果很多人都提出了同样的事实性主张，那么其可靠性也会提高。

3. 判断与看法

　　判断包含某种形式的总结，是在深思熟虑的评判后做出的。而看法则缺乏这样的评判。判断和看法均因缺乏必要的可信度而无法被视为事实性主张或信念。

> 判断：开放式办公场所有助于加强协作。
> 看法：与封闭的隔间相比，人们更喜欢开放式办公场所。

　　我们可以通过是否具备主动性来区分判断和看法。判断是主动的，需要对一定形式的信息或证据进行评判。而看法是被动的，不需要评判即可形成，甚至我们在产生看法时根本无意做出评判。从说法上就可以看出来：做判断，有看法。一个是行动的产物，另一个仅仅是一种"存在"。与事实性主张或事实相比，判断和看法都不那么可靠，但如果其来源具备一定的可信度，那么它们也是非常有用的。比如在法庭上一位专家作为证人出庭，从专家的角度提出的看法（不过根据前面的定义，可能更应该称之为"专家判断"）就比较可靠。

4. 成见

　　"成见（prejudice）"一词的英文有两个词源："前（pre）"和"判断（judge）"，即提前判断，也就是先前做出的、可能也是潜意识下做出的评判。在可靠性程度上，成见排在看法之后，因为成见是一种未经考虑的看法。

> 成见：千禧一代都很懒散。

成见也可以是主动植入的（如在学习中学到某个种族是低劣的或某种性取向是错误的），也可以是被动获得的（如广告中涉及的某种成见）。请注意，同一个说法可以是一个人基于成见做出的，也可以是另一个人基于事实性主张做出的。也就是说，我们需要更多的信息来了解其形成方式。比如一个反资本主义的活跃人士可能会基于自己的成见而认为首席执行官都是自私自利的，但该领域的研究人员也可能基于证据和研究结果得出这样的判断，因此这既可以是成见，也可以是事实性主张。在这样的情况下，我们就需要考虑一下其所涉及的背景，即这样的评判是如何做出的。如果你觉得有点难，那么也可以从其来源的可信度来考虑。一个可信的来源通常不会基于成见做出评判（不过也有例外）。我们应同时考虑可靠性和可信度来确定证据的质量。

下面，请做一下实操练习 5.1，在对可信度进行评判之前先检验一下你对知识根据的理解。

 **实操练习 5.1**   辨别知识根据

任务： 请指出下列说法中，哪些是发现类事实、哪些是定义类事实、哪些是历史类事实，以及哪些是事实性主张/信念、哪些是判断与看法、哪些是成见——可能需要更多的信息才能够确认真正的知识根据。

1. 亚伯拉罕·林肯（Abraham Lincoln）于 1865 年 4 月 14 日遇刺身亡。
2. 长颈鹿是草食性动物。
3. 贫穷是阻碍发展中国家发展的最大障碍。
4. 美国总统最多可以连任两届。
5. 所有的天鹅都是白色的。
6. 劳累过度会带来压力。
7. 人类怀孕期为 9 个月。
8. 拿破仑由于决策失误在滑铁卢战役中失败。
9. 1978 年，中国的经济总量低于比利时。

在"从业者说"中，心脏学家托莫斯·沃尔特斯（Tomos Walters）博士介绍了他在分析过程中需要使用的统计数据类证据，以及在手术过程中需要解读和回应的实时结果（事实），这样才能做决策。在阅读时，思考一下你将如何从来源可信度的角度来对沃尔特斯博士进行分类。哪些因素影响了你的评判？本章后续还会详细讲解。

从业者说　用批判性思维技能对矛盾的证据进行评判

托莫斯·沃尔特斯博士，心脏电生理学家

作为一名在心律紊乱治疗方面的心脏学家，每天我都要面对各种复杂的挑战。但在帮助我的病人提高生活质量甚至是延长生命的过程中，我也有很大的收获。批判性思维在诊断病情以及制定治疗方案方面非常重要。具体来说，对各类数据来源的整合和评判起到了核心的作用。我主要依赖于自己对研究和培训中发现的证据以及病人检查结果和反应的评判。

例如，在给病人做电生理检查时，我会回想研究中不同的操作会带来的阴阳性预测值。在具体执行时，我会结合之前做过的研究对病人心脏检查的实时数据进行评判，以便做出准确的诊断。我会反复问自己几个问题：这样的操作是否正确？结果如何？操作的验前概率如何？有了阴阳性预测值后应做出什么诊断？与其他操作的结果一致吗？如果不一致，是哪个环节或解读出了问题？

这样的操作以及对每一个操作结果的解读建立在对现有文献的全面了解上，且不应淡化事实性知识的重要性。然而，真正的关键在于要具有灵活性和批判性思维：能够对可能存在矛盾的证据进行评判，知道正确的判断对于得到一个好的临床效果非常重要——可以延长或至少能改善病人的生活质量。

来源可信度

在对证据进行评判时，我们也会考虑提出证据的人或组织的可信度，这主要分为两个层面：来源本身的可信度、捍卫者（居于我们和来源之间）的可信度。我们需要对来源或捍卫者的可信度进行评判，但并没有一个可以"打钩的"清单来帮助我们。要具备并增强这样的判断能力，需要时间的积累，且越来越需要批判性思维，尤其需要我们加深对学科和话题领域的了解。事实上，在我们大学毕业后的整个职业生涯中，这一能力还会不断发展和增强。

一个好的捍卫者能够帮助我们理解大量的信息和知识，让我们从大量可能的证据中选择出我们所需要的。这也是捍卫者如此重要的原因。然而，不管我们是否有了可靠的捍卫者，我们都需要自己直接对信息和知识来源做出评判。捍卫者与来源之间并没有清晰的界限。比如一家报社可能既是捍卫者（决定哪个记者有发言权），也是来源（发表自己的观点）。而可信度的评判标准既适用于来源，也适用于捍卫者。因此，在探讨可信度的评判因素时，我们不会对两者进行区分。

下面，我们先介绍一下评判来源和捍卫者可信度的因素，再以此为标准，对一些具体的来源和捍卫者按可信程度进行分类。

1. 评判来源和捍卫者可信度的因素

在对来源和捍卫者的可信度进行评判时，我们主要考虑其在领域内的专业水平、其立场被接受后是否有既得利益，同时，还要看一下捍卫者是否做出了独立验证。

（1）专业水平

我们可以通过其特质和相关的履历对来源的专业水平进行评判。虽然有例外，但一般而言越专业的人可信度越高。

来源可以是个人，也可以是组织。虽然我们这里主要谈的是个人的可信度，但大部分标准也适用于组织。在评判专业水平时，我们要考虑以下因素：教育、经验、成绩、声誉、职位（见图 5.3）。

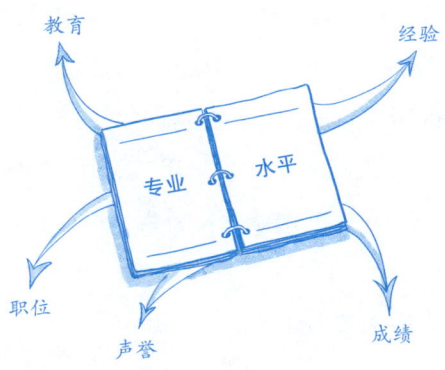

图 5.3　专业水平

① 教育

教育方面的要素主要包括学位学历、机构性质和从业资格。不过，不同职业领域的情况也有不同。医生可能需要读很多年的书，机械修理工则不用，但他们都可能成为本领域的权威专家。此外，对于某些领域而言，专业技能与教育之间也不一定有直接的联系。比如有些商人在大学中读了很多年的书，但其他商人则没有。

②经验

这一点可能适用于所有的情况。我们一般不会将没有经验的医生、机械修理工或商人视为专家。不过，从业时间长并不代表经验丰富。有的人可能20年都在做会计，满足于每天记记账，并不想成为专家；有的人则可能花了两年的时间深入地研究会计条款，积累起了丰富的专业知识。

③成绩

获得的奖励或奖项等成绩可以作为判断的间接依据或捷径，但这只是判断经验是否丰富的指标。此外，成绩这一因素与职业也有直接联系。比如（数学领域的）菲尔兹奖（Fields Medal）获得者几乎不可能成为古希腊哲学等其他不相关领域的专家。

④声誉

声誉也是一种间接依据，与他人的评价有关，可能基于过去的经验或成绩。所以，我们应考虑一下他人是基于什么做出评价的。"专家"可能是"比我懂得多的人"。如果做出评判的人对该话题几乎没什么了解，那么其声誉就须谨慎审视了。因此，在其他专家之间富有声誉是提高可信度的最重要因素。

⑤职位

与经验和声誉类似，职位也是一种间接依据。虽然也存在例外，但如果大学给了某人较高的职务或企业任命某人担任首席执行官，说明他们对其教育经历和经验是认可的，对其声誉做出了较高评价。此外，如果一个人在某一个职位待久了，人们也会认为他更加专业。虽然如前所述，事实并非总是如此。

这里列出了可以用于可信度评判的标准。不过，还需要注意的是，在面对各种信息来源时，我们要对潜意识中存在的偏见保持警惕。有时我们会听播客、看TED演讲或参加现场讲座，并评判其来源可信度。研究表明，听上去越自信或越肯定的人更有可能被认为是可信的、令人信服的［普尔福德（Pulford）等，2018］。

> 这个世界的问题在于睿智的人充满了怀疑，而愚蠢的人充满了自信。
> ——查尔斯·布可夫斯基（Charles Bukowski）

确实，一些研究表明，发言人的声音、口音、性别、吸引力等因素会影响其可信度［列夫–阿里（Lev-Ari）和凯萨尔（Keysar），2010；江（Jiang）等，2020］。此类潜意识中存在的偏见会影响我们对他人可信度的判断。Chapter 9会对此进行详细阐述。

（2）既得利益

除专业水平之外，批判型思考者还会考虑来源的既得利益，即其在论点或主张被接受后会得到什么。政客会获得选票，游说者会获得支持和赞助，企业会获得顾客，咨询顾问会获得客户和报酬。并不是说这样就是错误的或不好的，但通过了解其动机（如财务收益、政治野心、名誉）来确定其是否有既得利益，我们可以更好地评判其可信度。虽然任何一项规则都有例外，但通常来说无既得利益的来源更加可信。如果某个作者或发言人会因我们相信他们而获益，那么他就很可能会利用一些有问题的证据将自己的看法通过事实的方式展现出来，或通过一些手段来巧妙地说服我们。因此我们在评判各类证据时要对有既得利益的来源格外谨慎（见图5.4）。

图 5.4　评判论据时要格外谨慎

了解其传播知识的原因对于确定其是否会有既得利益非常重要，以便能够对其可信度做出判断。他们是为了提出新的基础知识，还是为了教学生？或是想要说服大众接受某种观点？他们是否会从中得到什么？他们是为了赚钱、赢得声誉、引起争议，还是为了获得"点赞"？

（3）独立验证（捍卫者）

下面再单独看一下捍卫者。虽然了解并能够对来源做出评判是一项很重要的技能，但实际上已经有捍卫者为我们做了独立的验证。靠我们自己对来源的专业水平做出评判并了解其既得利益是需要花费时间的。利用可信的捍卫者可以节省时间，也可以避免误判。

大学期间最常见的捍卫者就是学术期刊——经过了严格的同行评审，确保知识根据基于事实性主张，且有高质量、可信的研究发现作为支撑，不会受既得利益影响。此外，还有一些捍卫者会引导我们找到可信的来源和可靠的知识。很多学科都有自己的捍卫者，大学老师会在此方面给我们指导。

2. 捍卫者与来源的分类

来源的可信度程度图（见图5.5）对来源和捍卫者做了分类，我们在确定某一来源是否可信时可以此图为参考。然而，对复杂的现实进行简化还会出现这样的情况：被认为不太可信的来源实际上并非不可信。比如，虽然所有博客的可信度都不太明确，因为任何人都可以在未经审查的情况下发布任何信息，但若博客作者的可信度较高，我们就可能会把其博客内容作为证据。这种情况需要我们自己判断。

下面将逐一介绍图5.5中的每一项，从可信度不明确到非常可信。

图5.5 来源的可信度程度

（1）可信度不明确

可信度不明确的证据来源包括博客与未经审核的网上视频。这些内容主要是个人在网上通过书面或口头形式表达的自己的观点。没有人会对发布者的可信度或其发言内容的可靠性进行核实。可能一些由较为可信的人发的博客内容可以作为证据来源，但我们需要自己评判——因为没有捍卫者帮我们做判断。未经审核的网上视频也是如此。除非有机构已经对发布者和所发布的内容进行过审核（后面会通过 TED 演讲来举例说明），否则网上视频的可信度就取决于发布者的可信度。其"发布在"[①]互联网上这一点对于其可信与否几乎不会有任何影响。总的来说，博客和未经审核的网上视频作为证据来源，其可信度是不明确的。

（2）不太可信（主要问题：既得利益）

①有导向性的新闻媒体

这类新闻媒体涉及推送"新闻"的社交媒体、大众新闻媒体、受政府控制的官方媒体，以及新创立的新闻媒体等。他们可能都有自己的导向，而不仅仅是公正客观地报道新闻。

推送"新闻"的社交媒体。 此类媒体主要基于算法，根据受众的特征来展示受众可能赞同的新闻。这就像回声室效应一样，我们听到或看到的新闻都是对自己已有观点的重复。此类新闻推送无法像捍卫者那样甄别不可靠的信息或假新闻。因此，社交媒体新闻推送无法成为可信证据的来源。

大众新闻媒体。 此类媒体包括新闻、杂志、广播、电视、在线网站。他们主要在两类既得利益的基础上做出决策。

第一类是盈利：通过销售或广告收入来增加对所有者和股东的回报。因此，他们所做的决策都基于哪些新闻能"卖"得更好（或对于在线新闻来说就是哪些得到的"分享"或"点击率"更高）。通常来说，此类新闻内容主要涉及名人，会使用哗众取宠的标题和大版的头条，在显眼的位置投放，尤其是在其网站上。

第二类既得利益可能更加险恶：推广新闻机构的所有者（或控制者）极其想要让受众相信某一观念。人们普遍认为大型媒体都有自己的政治倾向，有时与他们的财务或商业利益有关。那么我们看到或听到的新闻有多少是受此类利益驱使，企图达到影响我们政治信仰或倾向的目的的呢？这是我们在评判大众新闻媒体可信度时需要提出的一个重要问题，但也适用于后面将要探讨的较为权威的新闻媒体。总的来说，大众新闻媒体属于不太可信的证据来源。

受政府控制的官方媒体。 此类媒体仍然在一些国家存在，即新闻渠道由政府所有、运营和控制。在极端情况下，其新闻播报就是我们所说的宣传鼓吹，是政府用来控制和操纵其人民的一种方式。不仅独裁政权会将政府的宣传鼓吹包装成中立的"新闻"（通常

[①] 原文是 published，有出版之意。——编者注

通过大众新闻媒体），甚至在我们认为不受政治偏见影响的新闻自由国家，其政府也可能会影响新闻报道的内容，用于支持其政治倾向。此类来源属于不太可信的证据来源。

新创立的新闻媒体。此类媒体包括大量低成本且声称将报道"新闻"的网站。有些网站称自己是没有任何既得利益或偏见的独立媒体。如果确实是这样，那么此类网站就可能是可信的。我们需要自行判断，从缺乏可信度的网站中找出可信的网站。同时，还需要让受众相信我们已经对来源的可信度进行了评判。因此，总的来说，还是应避免将此类新闻媒体用作证据来源。

②公司网站

公司网站上的信息主要是由公司经过精心设计和选择的信息。从本质上来说，公司网站是一种营销工具，用于推销公司品牌及其产品或服务。如果有销售人员想向我们兜售商品，那么我们会认为他们说的内容都不太可信，因为我们认为他们是有既得利益的。公司网站上的信息也是如此。虽然这并不意味着这些信息就是错的，但我们需要对其可信度进行判断。请注意，在对经过审计的公司报告进行判断时使用的是另一种方式（详见下文）。

总之，有导向性的新闻媒体和公司网站都是不太可信的证据来源，主要问题是他们有既得利益。但值得注意的是，如果我们研究的方向是"大众新闻媒体中的人物图片展示"或"公司网站上的志愿项目报道方式"，那么我们就可以将其视为证据来源，用于研究。

（3）不太可信（主要问题：专业水平）

再往上走，但仍然在不太可信的范围内，就是维基百科，这是一个在线的百科全书，你可以从中找到你能想到的任何主题。维基百科是开放的，因此任何人都可以对其内容进行编辑，不论其是否专业或是否有既得利益。这既是劣势也是优势：因为不了解，所以我们无法评判其来源的可信度。从其编辑方式来看，其内容会存在一定的自相矛盾。就传统意义而言，维基百科没有可靠的、显而易见的知识捍卫者（比如正式出版的百科全书会有编辑对内容把关）。因此，有些学者认为维基百科缺乏可信度（确实有很多人反对将其放在图5.5的中间）。然而，从另外一个角度来看，维基百科发展到如今，在全世界有这么多人参与编辑，说明其有很多的捍卫者。不过我们并不知道这些捍卫者是谁，因此也无法评判其可信度。总的来说，我们可以将维基百科作为首次研究某个话题的起点，但须意识到其内容可能是有误的、存在偏见的、过时的或不可靠的，甚至可能完全丢失了关键信息。因此，应将维基百科视为查找证据的一种方式（就像专门的搜索引擎一样），上面的任何内容都需要通过更加可靠的来源去证实。通常情况下，可以看一下维基百科页面最下方的"参考文献"部分，其中列出了此类来源。最后，在学术论文中请千万不要用维基百科作为参考文献。鉴于以上原因，如果你这样做了，老师很可能会认为你没有认真思考或不了解、不关心这些问题或证据的可信度。

（4）可能可信（疑问：既得利益）

①咨询机构/智库/非政府组织的报告

很多证据都可以归到可能可信的类别中，尽管我们仍需要考虑其既得利益。第一种是咨询机构、智库和非政府组织的报告。虽然这些报告通常是较为专业的，但其撰写者也可能在起草这些报告时存在某种既得利益——或言明或隐含。请注意，并不是说所有的报告都是如此，也不是说报告里的所有证据都存在偏见。但在决定其是否可信之前，我们必须持怀疑态度。咨询是指第三方委托咨询机构（有时是个人，有时是机构）开展问题调查，并提出行动或解决方案建议。虽然咨询顾问所做的研究可能是可靠且有用的，但也会存在既得利益——获取更多报酬。智库是对某些问题（比如公共政策话题等）开展研究的机构。有的智库是独立的，这就降低了其存在既得利益的可能性，但也有的智库具有导向性。非政府组织通常是利益机构，比如有加强环境保护或人权保护的目的，其所做的研究可能会含有可靠的证据，但考虑其有既得利益，我们还是需要谨慎对待。

②经审核的网上视频

经审核的网上视频，比如 TED 演讲等，通常相关机构会认真地挑选演讲人，不过个人专家也可能会存在既得利益，即想要说服我们，因此这也是我们要考虑的。

③权威的/著名的新闻媒体

权威的/著名的新闻媒体包括报纸、杂志、广播和网站，此类新闻媒体较为注重编辑的质量，报道方式较为客观。那么这是否意味着这类媒体是可信的呢？并不一定。但与前一个类别的新闻媒体相比，要更加可信一些。

总的来说，此类证据可能是可信的。在判断时我们要谨慎考虑可能发生的一些具体问题，尤其是既得利益问题。

（5）可信

①声誉较好的机构报告

有很多报告是由政府、政府部门或政府间组织发布的，如联合国或世界银行。此类机构就是其报告内容的捍卫者,因为其想要维护自己的声誉,所以通常会用大量的篇幅来解释其报告中证据背后的研究过程。当然,也存在需要我们谨慎考虑的情况——还是有可能存在既得利益。例如,并不是所有的政府都是可信的,有的政府也会有既得利益。

②经过审计的公司报告

此类报告会由第三方独立审核,通常是审计公司。审计公司是有核实报告内容准确性的法律义务的。经过审计的报告包括年报(财报),以及越来越常出现的可持续性报告。独立审计师就是报告内容的捍卫者。那么这是否意味着所有的此类报告都是可信的?并不一定。比如安然公司(该公司在2001年被发现在其审计报告中做假账)这样的企业所出具的报告。所以我们还是必须自己判断。不过,此类报告还是非常有价值的证据来源。

总的来说,声誉较好的机构报告和经过审计的公司报告都是可信的证据来源。

(6)非常可信

①学术教材

学术教材是由学者以教育为目的而撰写的,是对某一个学科或话题的归纳摘要。通常出版之前会由其他学者和学生进行审查,出版社也会进行严肃的事实查证。当然,旧的教材可能会过时,特别是对于一些快速变化的学科而言。

②学术期刊文章

学术期刊文章也被称为"论文",主要在学术期刊上发表,具有严谨、逻辑清晰、架构合理等特点,反映的是严谨的研究过程,且通常会详细地阐述研究方法。在可信度方面,大多数学术期刊和所有声誉较好的期刊都有非常严格的同行评审过程,以确定哪些文章可以被接受和发表。当学者提交文章时,期刊编辑会找至少两位该领域的其他专业学者对匿名后的文章进行评审。也就是说评审专家是不知道文章作者的,这样可以避免受作者的可信度影响而产生偏见(有意或无意)。评审专家的评判是独立的,仅基于研究质量和知识可靠性进行。在这一阶段,评审专家会拒绝一些文章,并对其他的文章给予一些改进建议。在做出最终决定之前可能要进行两三轮甚至更多轮的评审和修改。有问题的或质量不高的文章几乎不会通过严格的评审流程。因此,通常来说,我们可以认为这套完整的评审流程实际上将捍卫者的工作外包给了期刊编辑和评审专家。如此一来,经过同行评审的学术期刊文章就是非常可信的证据来源。这也是它们非常受尊重,为学者所高度重视的原因。还需要注意的是,不同的文章对于同一个话题可能会有不同的见解。但这并不代表一个对而另一个错，一个可信而另一个不可信。

这两类学术来源是我们可以使用的最为可信的证据来源。我们应尽可能多地使用此类来源，当然，有时也可以使用上面提到的其他来源。

表 5.1 根据专业水平、无既得利益的程度以及独立核查程度对各类证据进行了总结。请记住，老师可能不会认同表格中对来源的分类，因为不同的学科对于来源的看法不尽相同。此外，可能需要对每一个实际的来源单独进行评判。不要将此看作是一成不变的，而要将其视为一种指南，引导我们去思考。我们在学习时还需要老师的进一步指导，也需要自己做出判断和评判。

表 5.1 来源可信度评判指南

可信度	来源	专业水平	无既得利益的程度	独立核查程度
非常可信	学术期刊文章	高	高	高
	学术教材	高	高	中高
可信	经过审计的公司报告	高	中	中高
	声誉较好的机构报告	高	中	中
可能可信（疑问：既得利益）	权威的/著名的新闻媒体	高	中	低
	经审核的网上视频	高	中	低
	咨询机构/智库/非政府组织的报告	高	中低	低
不太可信（主要问题：专业水平）	维基百科	不定	不定	中
不太可信（主要问题：既得利益）	公司网站	高	低	低
	有导向性的新闻媒体	中	低	低
可信度不明确	博客	不定	不定	低
	未经审核的网上视频	不定	不定	低

通过对知识根据的探讨，我们了解了来源与捍卫者的可靠性和可信度，也明白了为什么学术界会如此依赖学术来源（期刊文章和教材）为论点提供支撑——这些来源非常可信，包含非常可靠的知识根据（详见本章"学生说"）。然而，我们也需要知道

在某些特定的场合还有哪些其他有用的来源，以及还需要考虑别的什么来确定这一点。最后，我们还需要知道有哪些证据是我们不惜一切代价也要避免的——其所含的知识可靠性和可信度很低。如果我们想要随时都能利用非常可信的来源，那么我们应该如何找到它们呢？我们怎样才能够找到与话题有关的学术来源？下面，就让我们来解决这个问题。

 **实操练习 5.2　评判来源的可信度**

任务 1：在不看图 5.5 的情况下，画出可信度程度图，根据可信度的高低在图中标出以下来源——学术期刊文章、博客、咨询机构／智库／非政府组织的报告、权威的／著名的新闻媒体、声誉较好的机构报告。

任务 2：将以下来源放在你画的可信度程度图中，并分别用一两句话解释一下你为什么把它放在那里。

1. 英国精神卫生中心（Centre for Mental Health）（2018）.《社交媒体、年轻人与心理健康》（Social Media Young People and Mental Health）. 简报 53。

2. 钱，E.（Chan, E.）（2018）. 梅根（Meghan）警告称，年轻人在社交媒体上求别人"点赞"存在着危险——由于 Instagram 软件中发布的内容经过了"过滤"，因此很难判断哪些是真的.《每日邮报》（*Daily Mail*）在线版。

3. 班亚，F.（Banyai, F.），吉拉，A.（Zsila, A.），基拉利，O.（Kiraly, O.），马拉兹，A.（Maraz, A.），伊莱克斯，Z.（Elekes, Z.），格里菲斯，M.D.（Griffiths, M.D.），安德烈亚森，C.S.（Andreassen, C.S.），德米特洛维奇，Z.（Demetrovics, Z.）（2017）. 错误使用社交媒体：选取大量的全国青少年代表作为样本得出的结果（Problematic Social Media Use: Results from a Large-Scale Nationally Representative Adolescent Sample）.《PLOS ONE》期刊，12（1），1月。

4. 奥尔班，A.（Orben, A.）（2018）. 盯着屏幕多久算"久"，这个问题不容易回答（The Trouble Knowing How Much Screen Time is "Too Much"）. 英国广播公司（BBC），2月23日。

5. 英国下议院科学技术委员会（House of Commons Science and Technology Committee）（2019）.《社交媒体和看屏幕的时间给年轻人健康带来的影响》（Impact of Social Media and Screen-use on Young People's Health）. 英国政府 2017—2019 届第 14 次报告。

查找学术来源

证据的搜集和查找通常会涉及网上搜索引擎的使用。没有什么比在搜索引擎上检索更方便的了，你只需要打开常用的搜索引擎，输入想要搜索的关键词，敲击"回车键"，然后祈祷搜索出的结果是可信的就行了。遗憾的是，现实并不是这么简单。我们先简要地就此方法进行探讨，再看看还有哪些其他查找学术来源的方式。

在网上搜索时，应意识到以下两种情况的存在：搜索引擎优化与搜索引擎操纵效应。搜索引擎优化指网站会采取一定的策略来确保某条信息能够出现在搜索结果的前面。但信息越靠前并不意味着越可信。搜索引擎操纵效应指搜索引擎可以根据用户的搜索结果来影响用户的行为和偏好。我们需要使用证据时应注意上述问题的影响。此外，有时我们还可能遇到无法访问的问题。正因如此，搜索引擎（至少从普遍意义上来讲）并不是查找学术来源的理想方式。

下面，让我们看一下查找可信学术来源的四种方式：主流学术教材、学术期刊数据库、重要学术文章、老师给出的文章建议（在其他方式不可行的时候再使用，后面会进行详细阐述）。

主流学术教材

主流学术教材可以用来教授任何学科，尤其是从入门的角度。可能老师已经为我们选好了教材。如果没有的话，那么我们需要自己选一本合适的主流学术教材。最有用的教材应非常容易理解，能够涵盖重点，也能够为下一步更深入的学习提供选择和建议。重要的是，还应与时俱进，吸纳最新的学科发展成果。

学术期刊数据库

学术文章发表在学术期刊上。一种查找相关文章的方法是使用谷歌学术搜索（Google Scholar），这是谷歌搜索的一个组成部分，其中列出了不少学术文章。然而，还有很多期刊文章并没有被囊括其中或是只有一个摘要，看不到完整的文章。另外一种方法是利用学术期刊数据库。有一个叫作"科学网（Web of Science）"的数据库，里面含有各类学科的所有主要期刊，涉及商业、物理、工程学、心理学、医学、考古学等。作为各类数据库的集合，它的影响是非常广泛且深远的。使用时，我们可以基于关键词来检索，也可以基于文章题目或发表年份来检索，还可以根据文章的被引用次数对搜到的每一篇学术文章进行分析（这种方式很有用，后面还会讲到）。是否能获取完整文章可能取决于我们大学的订阅情况。最好的查找优秀期刊数据库的方法是咨询专家，即图书管理员。他们在查找和获取学术信息方面非常专业，有不同的查询方式，他们可能还会开设一些有关高校使用学术期刊数据库的课程，值得我们去听一听。

重要学术文章

在查找学术来源时，我们应主动用好一些重要的学术文章。此类文章可以是教学大纲或阅读书目提到的文章，也可以是我们自己在学术期刊数据库中查询到的文章。重要学术文章主要分为两大类：主流文章和标志性文章。

1. 主流文章

主流学术文章反映的是关于某话题的最新的知识发现，可能发表在该学科的某顶级期刊上，作者通常是经验丰富且受人尊敬的学者或学者团队。此类文章相对较新（通常发表的时间不超过 3 年，不过不同的学科可能情况不太一样），这是为了确保其数据是最新的，同时也可以有机会为业界所考虑，是提出批判性意见还是接受其观点。此类文章的重要性不仅与其论点或内容有关，还因为其可以提供一个非常有价值的参考文献列表，方便我们从中找到更多相关的文章。

2. 标志性文章

标志性文章发表的时间更加久远——可能有 30 年之久（不过不同的学科之间的差异也非常大）。此类文章构成了该领域或该话题后续所有研究的基础，因此虽然发表得很早，但对于当前的学科发展仍然非常有用。标志性文章除了可以用作证据外，还有另外一个重要的用途。通过检索学术期刊数据库，通常可以根据被其他作者引用的次数来搜索此类文章（可以根据引用次数来排序），点击这些引用列表，就会找到所有曾经引用过原文的文章，我们可以将其作为查找其他相关文章的方式。

老师给出的文章建议

我们还可以咨询我们的课程老师。不过，最好三思而后行，主要有两个原因。

第一，大学老师们通常课业压力都比较大，不可能为所有学生提供个人建议，特别是对于大班教学而言。第二个原因与我们的学习有关。通过上述查找证据的方法，我们可以提升自身的研究技能（这在大学后期将越来越重要），主动进行批判性思考。查找证据并不仅仅是一个（希望）得到证据的过程，查找过程本身也会刺激我们去思考，从而提升我们的思考能力。如果缺少了这一步，而总是让别人给你现成的文章，虽然短期内你可能会觉得这样得到的结果很不错，但这对于培养批判性思维来说并无益处。

学生说　关注作者的专业性和动机

利奥·托马斯（Leo Thomas），约克大学历史系学生

我在历史系的学习快要结束了。在此过程中，我获得的最大收获就是，在面对一个观点时，不论它是创作于2000多年前还是昨天才发表的，分析的第一步都是不变的，即确认其作者是谁，并问问自己"作者在此话题方面的知识储备如何"以及"作者的个人动机对其表达有何影响"。书面的证据很容易获取，尤其是当其有可靠的来源时，然后把它们作为事实记录下来，无须考虑其可靠性。我也把这一心得用在了我的学术研究中。

在大一时，我会轻易地把1000多年前先人的著作当作一种神圣的读物，但对于一些琐事，比如室友之间的八卦话题，我就会提出质疑。不论是朋友讲故事时悲伤的情绪，还是他们尴尬的趣事，我都会对之提出质疑。后来，我学会把这些技能用于学术研究，使我对证据的判断变得更加精确并更具分析性。

换句话说，评估证据的内容不应只看其表面的价值，即使其作者知识渊博且在此问题上无既得利益。哪怕这位作者有其他的动机，只要我们在分析时考虑到这一点，那么该证据还是有利用价值的。以我学习历史的经验为例，不论是读17世纪的一部作品，还是看21世纪历史学家对于此作品的研究评论，在分析内容之前，我都会先对其作者进行评判。

使用文献引用

很显然，几乎所有的新知识都建立在别人研究成果的基础之上。使用文献引用就表明了对别人研究成果的认可。

为什么要使用文献引用

虽然不同的学科（甚至不同的老师）对于学术文献引用的作用有不同的看法，但总的来说使用文献引用主要有四大原因（见图 5.6）：
- 表明我们对话题的理解程度。
- 表明我们证据的可信度。
- 向读者提供更多有关该话题的信息。
- 规范学术行为。

虽然上述四个原因并不分优先级，但很多学生和大学都更加看重最后一个原因。有时似乎文献引用只是作为一种监控或监督机制，目的是消除作弊或抄袭行为。这是对文献引用的一种负面看法。前三条原因则是从正面的角度提出的，尤其是前两条指出了文献引用在增强论点可信度方面的重要作用。

1. 通过文献引用表明我们对话题的理解程度

有的学生认为引用别人的研究成果会让人觉得自己做的研究不够。其实恰恰相反：批判性思维不仅希望而且鼓励我们站在别人的知识基础之上。列出重要的参考文献能够让读者对宏观的学术环境和当前的思想发展态势有所了解，也能够让读者知道我们的论点是在前人的研究成果基础之上做出的，并据此做出评判。文献引用的相关来源还能让读者（尤其是评分的老师）知道我们读过并且了解其他相关的研究成果，也能够加以运用。这是一种优势：表明我们对现有的知识体系有所了解，并能够将其运用于确立自己论点的过程中。

2. 通过文献引用表明证据和来源的可信度

参考文献即我们证据的来源。当读者觉得我们的证据来源非常可信时，我们证据的说服力就会提高。我们想要读者了解我们文献引用的来源，这样他们就更容易被我们的论点说服。有些情况下，文献引用也可以被视为中间证据。尤其是当需要决定运用多少证据或言明多少隐含依据时，通过文献引用的方式可以让读者了解其他拥有类似观点的来源。当这些来源可信时，读者就更容易被我们的论点说服。当然，不同的学科可能对此有不同的见解，这时我们需要老师的指导。

3. 通过文献引用引导读者进一步研究探索

论点的存在不仅是为了说服别人，也不仅是为了被人评判，而是为了传播知识，扩大别人的基础知识储备。如果读者对我们的话题和论点感兴趣，想要进一步研究探索，那么参考文献就为其提供了这样一个重要的入口，它相当于是在说"如果你对此感兴趣，这里列出了其他更多的文章，对此有更加详细的阐述"。我们在阅读学术期刊文章时，也会出于这个原因而去看参考文献。那么，我们做文献引用也是出于同样的目的——引导读者做进一步的研究和探索。

4. 通过文献引用规范学术行为

文献引用列出了我们在确立自己论点时所用到的来源。从某种意义上来说，如果我们把别人的想法说成是自己的，就算是抄袭或作弊。这种行为被称为"学术剽窃"。所有的大学都有针对此问题的处理政策，从警告等较为轻微的处罚到开除等较为严重的处罚，根据情况的严重性而定。大多数学术剽窃行为是无意的，是由学术操作不规范或粗心大意造成的，比如不知道如何做文献引用、脚注方式不正确、在没有引用的情况下剪切粘贴数据等。这些情况不会造成严重的后果，特别是在大学学习初期。最有可能引起严重后果（如开除）的行为是指有意且大量的学术剽窃：以自己的名义将别人的整个研究成果提交上去。现在，大学会使用一些查重软件来检查是否存在学术剽窃行为。

图 5.6　为什么要使用文献引用

如何做文献引用

文献引用的格式有很多种，通常以创立这种方式的大学或机构命名。最为常见的几种类型包括哈佛引用格式、芝加哥引用格式、美国心理协会（The American Psychological Association，APA）引用格式和美国现代语言协会（Modern Language Association，MLA）引用格式。具体用哪种格式取决于我们的国家、大学、学科、成果输出方式（如论文、报告等）或老师的偏好。应与老师核实确认，看看他们希望我们用哪种格式。

大多数大学会在文献引用方面提供支持。此外，鉴于大家在选择（或被要求）使用某种文献引用格式后可以在网上找到大量的相关信息，这里就不再做过多的介绍了。下面就文献引用的时机进行探讨（包括不同的情景下应使用不同的引用格式），我们用哈佛引用格式来举例说明。

何时需要做文献引用

如果我们使用的是常识性的知识，则不需要做文献引用。例如，伦敦是英国的首都。当然，这需要我们先判断一下哪些是常识、哪些需要做文献引用。虽然不同的学科有不同的情况，但总的来说，在做判断时应意识到，我们的读者尽管不是专家，但还是对相关信息有所了解且有一定的理解力。

文献引用主要分为以下五类：引用统计数据等研究成果、复制别人的图表或其他可视化内容、直接引用、引述、重述。

1. 引用统计数据等研究成果

统计数据等研究成果是需要做文献引用的。它帮助读者对研究发现的来源进行评判，以确定其是否可靠，或是通过第一手的搜索结果来确定其可靠性。

> 研究表明，81% 的护理系学生认为 Top Hat 这一匿名的教学互动工具对于培养其批判性思维非常有用，有助于鼓励讨论和诱发深入思考［斯沃特（Swart），2017］。

2. 复制别人的图表或其他可视化内容

当复制别人的图表或其他可视化内容时，我们应将其纳入文献引用，这既是对别人研究成果的认可,也可以让我们的读者了解其应用场景。图5.7进行了举例说明。

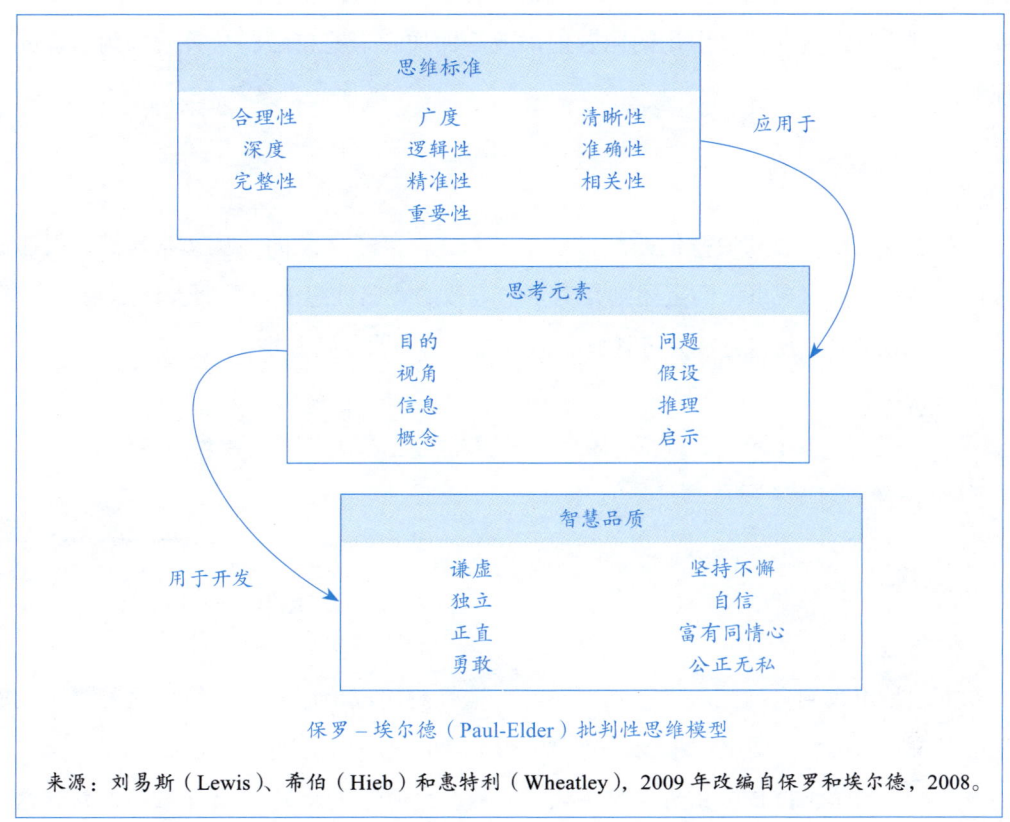

图 5.7　文献引用举例

3. 直接引用

直接引用是对原作者文章或语句的重复,因此必须纳入文献引用。哈佛引用格式中将其用引号标示,后面需加上作者的姓、年份和页数。

> 批判性思维指的是"在确定相信什么或做什么时所进行的理智性、反思性思考"[恩尼斯(Ennis),1985,45]。

引用的内容应与论点(依据或主张)直接相关,且要尽量少用,主要有两个原因。第一,直接引用会打断写作的思路,尤其是在所引用文章的写作风格与我们自己的风格不一致时。第二，也是更重要的，直接引用只能证明一件事，那就是我们知道如何剪切粘贴，而没有做任何的分析、批判、解读或理解。如果某个语句能够支撑我们的观点，那么直接引用是有用的，这时通常是引用别人对某个术语的定义。当决定要直接引用时，我们应在直接引用的内容前面或后面加入一些自己的分析、批判、解读或理解。

4. 引述

引述可以让读者知道我们是从另一个来源获得某条信息的。从文本来看，引述通常指某单一来源的观点（而重述则是对多个来源的普遍性想法，下面会详细阐述）。在哈佛引用格式中，我们通常会将其放在括号之外来表明其特殊性。

> 巴尼特（Barnett）（2015）表示，培养批判性思维技能需要对课程设置有整体性把握。

5. 重述

重述是用我们自己的一两句话对某个普遍性想法或概念进行总结。这些想法或概念可以来自出版物（图书、报纸或期刊文章）或非出版物（学生论文），也可以来自网络或广播（网站、TED演讲等网络视频、广播节目或纪录片）。重述不改变原意，这一点很重要。重述既能够体现出我们对别人研究成果的理解，也意味着可以保持写作风格的统一。在重述时，需要对来源做文献引用。

> 高等教育的目的是服务于整个社会，而不只是某个领域［博克，2008；罗宾斯（Robbins），1963］。

参考文献列表

在论文或报告的结尾还需提供一个参考文献列表，详细列出所有必需的来源。如何做参考文献列表取决于我们想要什么样的引用风格，可以在相关书籍里或在网络上找到具体的方法。对于上面的几个例子，我们用哈佛引用格式做的参考文献列表如下：

参考文献列表

Bok, D. (2008). *Our Underachieving Colleges: a candid look at how much students learn and why they should be learning more*, Princeton, NJ: Princeton University Press.

Barnett, R. (2015). A Curriculum for Critical Being. In M. Davies and R. Barnett (eds.), *The Palgrave Handbook of Critical Thinking in Higher Education*. New York: Palgrave Macmillan.

Ennis, R.H. (1985). A logical basis for measuring critical thinking skills. *Educational Leadership*. October: 44–48.

Lewis, J.E., Hieb, J.L. and Wheatley, D. (2009). Explicit Teaching of Critical Thinking in ENGR100— "Introduction Engineering", 116th Annual American Society for Engineering Education, June.

Paul, R. and Elder, L. (2008). *The Miniature Guide to Critical Thinking Concepts & Tools*. The Foundation for Critical Thinking.

Robbins, L. (1963). *Higher Education Report of the Committee appointed by the Prime Minister under the Chairmanship of Lord Robbins 1961–1963*. UK: Her Majesty's Stationery Office.

Swart, R. (2017). Critical thinking instruction and technology enhanced learning from the student perspective: A mixed methods research study. *Nurse Education in Practice*, 23, 30–39.

本章小结

- 证据是用于确定推理线及支撑论点的有形事物，可增强论点的说服力。
- 知识是信息（架构清晰、有组织有条理且经过处理的数据）与经验、直觉或看法的结合。
- 可靠性需根据知识的根据来判断，包括成见、判断与看法、事实性主张或信念、事实，可用可靠性程度图来表示，从不可靠到可靠。
- 需从专业水平和既得利益等方面对来源的可信度进行评判，还应由捍卫者进行独立核查，对背后的知识进行评判。
- 我们可以将不同的来源放在可信度程度图上，按照从不可信到可信来排列，包括未经审核的网上视频、博客、有导向性的新闻媒体、公司网站、维基百科、咨询机构/智库/非政府组织的报告、经审核的网上视频、权威的/著名的新闻媒体、声誉较好的机构报告、经过审计的公司报告、学术教材和学术期刊文章。
- 为了查找证据的学术来源，应寻找本领域的主流教材，学会使用学术期刊数据库检索重要文章，利用文章中的参考文献列表（数据库中可以找到）来搜寻其他可能相关的文章。
- 文献引用是一种标准化的格式，可以表明我们对话题的理解程度（我们读了什么、用了什么）、证据和来源的可信度，可以引导读者进一步研究探索，还可以用于规范学术行为——认可他人的研究成果，避免学术剽窃。
- 需要做文献引用的情况包括：引用统计数据等研究成果、复制别人的图表或其他可视化内容、直接引用、引述、重述。

延伸阅读

- Chapter 4 中已提到的大卫·莫罗和安东尼·韦斯顿的《高效论证：美国大学最实用的逻辑训练课》一书。韦斯顿的《论证是一门学问》一书，其中的第二和第四部分是对本章的巩固，第三部分是延伸内容。
- 汉斯·罗斯林（Hans Rosling）的《事实》（*Factfulness*）一书的副标题叫作"我们对世界产生误解的十大原因——为什么事情比你预想的更好"。罗斯林及其同事均秉持着基于事实的世界观。书中引言部分的测试让人大开眼界。此书不仅非常有助于加强我们对证据的理解,也促使我们思考那些影响我们见解的直觉。

- 本·戈达克(Ben Goldacre)的畅销书《坏科学》(*Bad Science*,2009)从一个非常敏锐且有趣的角度出发,对日常生活中证据被错用或忽视的情况及其持续的影响进行了批判,尤其是被新闻媒体错用或忽视的情况。

Chapter 6
清晰的表达

课前思考

1. 表达不够清晰会让我们失去什么?
2. 将复杂的想法和论点通过口头或书面方式清晰地表达出来有多难?
3. 受众是否会影响我们的表达方式?

学习目标

阅读完本章,你应能做到以下几点:
- 区分书面表达与口头论证之间在属性、诱导因素和挑战等方面的不同。
- 找到合适的学术写作风格,在正式程度与复杂程度之间寻求平衡,并了解学术写作的惯例。
- 了解论文构成要素与架构的重要性。
- 探索改进书面表达的方法。
- 了解口头表达的不同类型,确保能够让听众理解。
- 克服紧张情绪,避免给口头表达尤其是正式发言带来影响。

Chapter 6
清晰的表达

学者说　让听众理解

当我在攻读博士学位时，我曾受邀参加一场颇负盛名的学术会议。为了做好准备，我在大学老师的帮助下进行了排练，还认真准备了投影材料。这次介绍时间是 20 分钟，我一共准备了 30 页的投影材料（15 分钟用于介绍，5 分钟为问答环节）。

在排练时，我花了 17 分钟做介绍，因此，在会议上我加快了语速，一口气讲完了所有我想表达的想法。之后，我问："大家有问题吗？"

这时，一位教授举起了手。他问道："你为什么要来参加此次会议？"我犹豫了一下，没有想到会被问及这样的问题，甚至不知道该怎样回答。因为我收到了邀请？好像不太合适。"为了得到大家对我论点的反馈。"我这样回答道，且对此感到很满意。"好吧。"他说，"由于你一直在赶时间，所以肯定会影响别人给出反馈。你说得太快了，试图把很多复杂的、不同的要素都纳入进去，我不知道它们之间有什么关系，也不知道你究竟想要表达什么。直到 PPT 的最后一页我才看到了你整个的论点，因此我没有时间去思考你想要表达的意思，也无法判断其在逻辑上是否合理。"

虽然我的论点很好，证据也很有力，但我的表达问题让听众无法理解。此外，我也没能留下时间来实现我参加此次会议的目的——得到大家的反馈。这是我曾获得的最为残酷却最有价值的反馈。

后来，我把投影材料缩减到了 10 页，一开始就写明论点，并且删掉了那些无法直接解释或直接提供支撑依据的内容。也就是说，我的介绍不再关注我的投影材料、我的想法或我自己，而是关注如何让听众理解。

引言

清晰的表达既是批判性思维三个目标中最重要的，也是最不重要的。这是怎么回事？在 Chapter 4 中，我们对论点的质量进行了界定，并且探讨了如何确立一个优质的论点。在 Chapter 5 中，我们探讨了如何用有力的证据来支撑论点。即使没有表达出来，优质的论点及其有力的证据也还是可以形成并存在的。事实上，历史上很多伟大的思想家都没能或者未曾将其想法告诉别人。

　　清晰的表达是批判性思维最不重要的目标，因为它不直接属于思维的一部分。在被表达出来之前，我们的想法只有我们自己知道。这也让清晰的表达成为最重要的目标。此外，我们组织语言的过程——不论是书面还是口头——也非常有助于加深我们的思考（Part 3 会对此有更加详细的阐述）。在职场中，雇主非常看重表达。在大学里，对论点的书面和口头表达也是老师对我们进行评判的依据。

　　将自己的想法清晰地表达出来并不容易，需要大量准备、写作、编辑、修改和练习。可能还需要反复对想要表达的点、句子和概念进行排列组合，尝试不同的描述方式、行文架构和语气风格，确定哪些说、哪些不说。

　　遗憾的是，在书面或口头表达时，没有一个具体的"公式"能够让我们去套用。不过，还是有一些总体性的指导原则可以帮助我们在学术环境下更好地表达论点。此外，还有一种非常简单的方式能够帮助我们改进表达效果，不论是在大学里还是毕业后都适用，这就是练习。通过练习和犯错，我们可以知道怎样表达有效、怎样表达无效或会被扣分。我们也可以主动去观察别人是如何表达的——通过阅读学术文章、参加讲座，或聆听同学在课上的发言——并思考如何才能让自己的论点表达更清晰？哪些情况会造成模棱两可？受众是否能跟得上，还是完全跟不上？

　　在大学里，批判性思维主要有两种表达方式：书面表达和口头发言。这两个类别又包含很多的子类别。本章的前半部分主要从论文的角度探讨书面表达，后半部分则从口头正式发言的角度来阐述。在开始之前，让我们先做一个与表达有关的思考练习。

思考练习　你的表达偏好

　　任务 1：想想你最近一次需要通过书面方式来表达自己想法的情况。当时你做了多少准备工作？修改了多少次？你觉得哪里比较简单、哪里比较困难？思考以上问题，写下你的答案。

　　任务 2：想想你最近一次需要通过口头方式来表达自己想法的情况。当时你做了多少准备工作？修改了多少次？你觉得哪里比较简单、哪里比较困难？思考以上问题，写下你的答案。

　　任务 3：重新读一下你在任务 1 和任务 2 中写下的答案。两者的答案之间很相似，还是有很大的不同？哪里比较有意思？你从中得到了什么启示？写下你的答案。

书面表达

对于批判性思维而言，一种很常见的表达方式就是书面表达，尤其是在大学考试中。对于大多数人来说，书面表达即写论文。不过，某些学科还有一些其他常见的书面表达方式，而且我们在大学毕业后也需要写报告和执行摘要等文本。不同的书面表达可能会有不同的结构，但期望的效果基本是一致的。请注意，这里指的是对批判性思维、论点以及证据的正式书面表达，通常以考试的方式进行。在 Chapter 7 中我们会探讨写作对于促进思考的作用。

我们为什么要在大学里写论文？对于很多学生来说，可能"因为这是考试的要求"。这么说没有错，但这种想法比较狭隘。还有人可能会说"是为了展示我们在确立和表达论点方面的能力"。这么说也没有错，很接近目标了，但还差一点。看得再广一些，"是为了学习"。写论文是一个很好的学习机会。在落到纸面之前，我们的脑中一开始是不会有全部知识、论点、答案的。写论文的过程也是不断确立论点的过程。逻辑清晰的论点及有力的证据通过论文这种表达方式可以让我们的读者理解和（可能）被说服。

在探讨论文的构成和结构之前，我们先了解一下另外两个概念：学术写作风格和学术写作规范。学术写作风格考虑的是用词和句子结构的复杂性，学术写作规范考虑的是学生在书面表达中遇到的一些更为具体的问题。

学术写作风格

大多数的大学课程都要求我们阅读学术材料，通常是学术期刊文章。学术期刊文章经过了严格的同行评审，是学者对其理论或概念的阐释，或对其研究成果的报告。此类文章及其证据都是最为可信的，这也是它们非常受欢迎的原因。然而，论文的写作对象主要是其他的学者；也就是说，作者不是为学生而写的，尤其是刚上大学的学生——了解这一点很重要。学生在第一次读到此类文章时，会因其复杂的写作风格而感到不知所措。确实，有些文章很难懂。

这里我们需要解决的问题是写作风格（Chapter 8 会介绍如何有效地阅读此类文章）。很多学生认为他们应该以期刊文章的学术写作为目标，有些人甚至立即尝试这种写作风格。这种方式并不好，主要有三个原因。首先，写作风格太复杂或太正式通常会让文章变得不够清晰明了，以至于让论点变得不容易理解，也就达不到写作目的。其次，我们并不需要用这种风格来写作，特别是在学术之旅初期。最后，甚至一些学者也对这样复杂的学术写作风格感到很头疼，因为它确实很难理解。

然而，写作风格太不正式或太口语化，也是不合适的。比如我们与朋友的聊天、电子邮件内容或社交媒体上发布的帖子，这些内容对于大学论文来说确实不太合适，因为其表述通常是不准确的，可能存在不同的解读方式，使用的词也不被广泛接受，即无法满足学术写作风格的要求。

那么，我们应该怎么做呢？学术写作风格到底是什么样的？

请注意，不同的学科和学习阶段会有不同的学术写作风格。因此，除了这里给出的一般性指导之外，我们还应咨询老师。总的来说，写作应有一定的深度，但不要太复杂，这样才能清晰地表达出我们的论点和想法，应该用我们自己和读者都能理解的语言和结构，让读者很容易就跟得上我们的思路。

我们可以从两个维度来考虑学术写作风格：正式程度和复杂程度。在学术写作时要避免走向这两个维度的极端。图 6.1 对此进行了描述。我们的目标位于该图的中间位置。在详细探讨这两个维度时请谨记这一点。

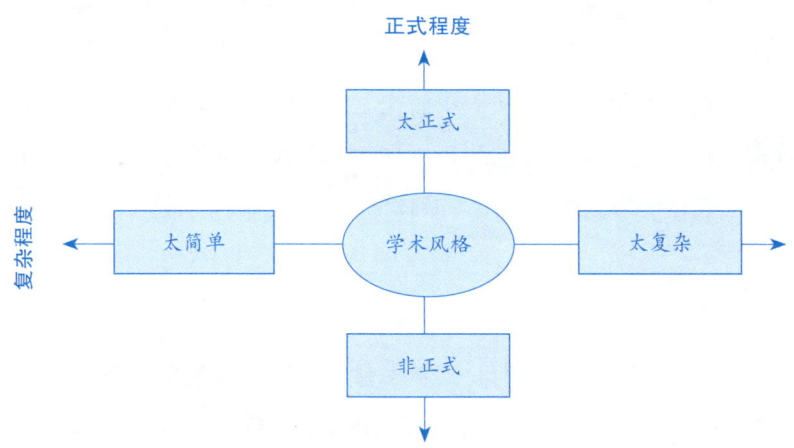

图 6.1　学术写作风格：在正式程度和复杂程度之间寻求平衡

1. 正式程度

正式程度涉及我们使用的词语或短语。一方面，太正式的用语通常会阻碍我们表达想法或论点。比如"前述（aforementioned）""在此之前（heretofore）""此后（thereafter）"，这类词语非常正式，需要读者仔细思考这句话究竟想表达什么意思。并不是说这些词是错——在某些特定的场合是可以用的，有些学科甚至要求用这类词语。但如果这类词句无法让读者一下子（在第一次阅读的时候）理解我们要表达的意思，那么对我们的写作就产生了阻碍。另一方面，非正式的或口语化的语言也不适合用于学术写作，包括一些缩略语、缩写、口语中的俗语或感叹语（下一节会举例说明）等。

2. 复杂程度

复杂程度涉及读者理解我们观点的能力。这主要看句子结构——过于复杂难懂的句子会让读者跟不上我们的思路。大家应该都有过这样的经历：需要读好几遍才能理解作者的意思。这可能有多个原因：句子太复杂、太长，用了很多复杂的不必要的词，或本来只需要几个词即可表达的意思却用了太多的词（即过于冗长）。然而，句子如果太短太简单，也无法表达较为深刻、复杂的观点。

3. 学术写作风格举例

探讨学术写作风格的方式之一就是举例说明。

> **例 1**
>
> New uni students haven't a clue about essays. They don't have the foggiest what words to use. They're just lost.（大学新生完全不知道论文是啥，对用什么词语一头雾水。他们对此完全摸不着头脑。）

你会发现这个例子存在很多问题，比如：

- 原文中的"uni"缩写应使用全称"university（大学）"。
- "Haven't a clue（不知道是啥）"是口语中的说法，应避免使用。
- 原文中的"don't"应写全，即"do not"。
- "not have the foggiest（一头雾水）"也是一种口语说法，可能英语非母语的人很难理解。
- "what words to use（用什么词语）"这种说法有点简单。
- "They're"也用了缩略语，而且这句话的说法不够准确，过于简单。
- 这三句话感觉说得有些生硬，观点不够深入。

总之，从复杂程度和正式程度来看，上面这个例子太过简单、不够正式、太口语化。图 6.2 对其所处的位置进行了标注。

> **例 2**
>
> There is often a lacuna in the cognitive resources of neophyte tertiary scholars apropos of efficacious manuscript composition and legitimate academic lexicon, precipitating a sense of disorientation.（高等阶段的初学者在有效的文稿创作和合理的学术词汇方面还存在认知资源差距，从而陷入迷茫。）

令人难以置信的是，例 2 与例 1 表达的是同一个意思。但很多人可能需要读好几遍甚至还需要查字典才能理解。并不是说这是错的，但是否有必要写得如此复杂、正式呢？

具体来说：

- 原文中的"lacuna"意思是"差距"。
- "cognitive resources（认知资源）"是一种很好的说法，用在心理学论文或很多其他场合是没有问题的（也是应该的）。但在上面的场景中是否有必要？这句话是真的想从科学角度来探讨"认知资源"，还是只是为了代指学生了解什么、不了解什么？
- "neophyte tertiary scholars（高等阶段的初学者）"指的就是大学新生。这些词都没有错，用在正确的场景中是没问题的。但在这里有必要这样用吗？
- 原文中的"apropos of"是法律上的一种说法，意思是"在……方面"或"关于"。
- 原文中的"efficacious"意思是"有效的"。
- "manuscript composition（文稿创作）"是对论文的一种比较复杂的说法。
- 原文中的"lexicon"意思是"词汇"。
- 原文中的"precipitating"意思是"突然陷入（某种状态）"。
- 总的来说，这句话非常长也非常复杂，需要多读几遍才能理解。

总之，例 2 太复杂也太正式了。图 6.2 对其所处的位置进行了标注。

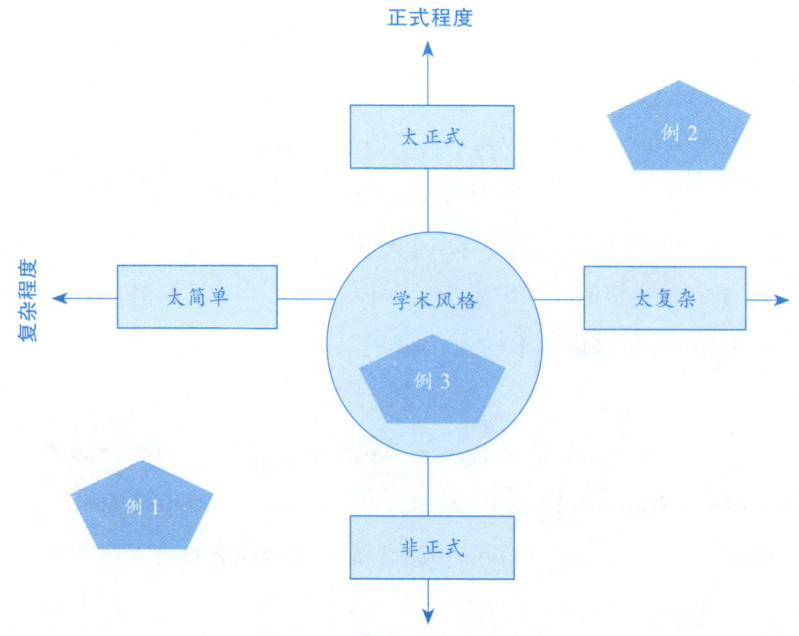

图 6.2　不同的写作风格举例

> **例 3**
>
> New university students often experience a knowledge gap relating to effective essay writing styles and acceptable academic vocabulary. This means that they can sometimes feel lost.（大学新生通常会在论文写作风格和学术词汇方面体会到差距和不足。也就是说他们有时会感到很迷茫。）

这是一种很好的学术风格——正式但又不会太过，不简单但又不会太复杂。句子表达清晰、直接，让人第一次读就很容易理解。图 6.2 也对其所处的位置进行了标注——在最中间，满足学术风格的目标。

在一开始练习这种写作风格时是不可能一下子就达到目标的。因此，最好先专注于横轴，即复杂程度，从简单慢慢过渡到复杂，不要一下子就跨越到非常复杂的程度。在这一过程中，正式程度会慢慢提上来。也就是说，随着我们写作的风格越来越复杂，我们的语言也会自然而然地变得更加正式。

实操练习 6.1　学术写作风格

任务 1：画一个学术写作风格图，在图中标出下面的句子所处的位置。

1. 简·奥斯汀笔下的男性角色要么自大，要么愚蠢。
2. 如今，有很多事情会引起犯罪。
3. 作为一直以来的热点话题，民主理想现在正处于较为危险的境地，舆论对选举流程或结果的真实性和可靠性提出了质疑。
4. 他们说一套做一套，你并不知道他们要做什么。他们会按照自己所想去做吗？或他们通常会怎么做？
5. 因此，可以认为大学存在于社会这个大环境中。
6. 澳大利亚的白人殖民史包含了对原住民的多轮压迫。
7. 互联网的出现使信息像野火一样传播。

任务 2：重写你觉得没有达到学术写作风格目标的句子。

学术写作规范

除学术写作风格外，我们还需要了解一些学术写作规范。这些规范有的与表达有直接关系，有的则属于学术规范。此外，与写作风格相比，学术写作规范的学科差异更大。不过，我们在这里只探讨一般性的规范。

1. 使用主题句

学者用"陈述清晰"来描述读者理解了我们的整个论点或论文，比如可以说论文读起来"很流畅"或很容易"跟上"。而读者说我们的论文"陈述不清"或读起来"不够流畅"则会让我们很头疼——这到底是什么意思？更重要的是，我们应如何改善？

一个重要的方法是使用主题句，告诉读者每一段的主要内容。主题句通常是每段话的第一句（不过也不总是这样），它不仅告诉读者这一段的大意，还能够指出本段与下一段、起始段或整个论点之间的关系。我们可能会用实际问题中的语句作为主题句来表达出这种关系。我们可以把主题句当成指示牌，让读者知道他们所在的位置，理解论点的展开方式。最后，恰当使用结构清晰的主题句能够让陈述更加清晰。缺乏主题句会使你之前做的很多准备工作在落到纸面上时都失去意义。下文"论文的要素与结构"中会再举例说明。

2. 使用统一的说法

有的人或许认为，在同一段或整篇论文中使用不同的说法来描述同一件事，有助于避免重复，能够保持读者的阅读兴趣。的确，在创造性写作中，这样做是很吸引人的。但如果写作的目的是表达清楚某个论点和证据，那么使用统一的说法就非常重要了，主要有两个原因。第一，我们需要读者理解依据和主张之间的关系，因此不能给读者造成不必要的混乱，不要让读者去解读我们字面之下的意思。第二，我们通常会对术语进行定义。更换术语会改变我们的意思，从而严重影响论点的质量。这一点很重要，因为我们既希望读者能够理解我们的论点，也希望让读者知道我们自己对此也是清楚的。也许使用统一的说法会让人感觉有些重复，但重复能够保证准确和清晰，不失为一件好事。

例如：

> 商业有助于社会发展。这就是为什么应重视企业的价值。政府有服务公众的责任。因此，政府应为公司提供支持。

这个例子用了三个互有交叉的说法：商业、企业和公司。但其实这三个词并不是完全可以互换的，因此会造成理解上的混乱。同时，这里还提到了"社会"和"公众"，这两个词之间也是有细微差别的。

对说法加以统一，可以避免这种混乱。例如，我们可以这样说：

> 商业的价值应得到重视，因为其有助于社会的发展。政府有服务公众的责任，因此其应为商业提供支持。

读者也许不同意我们的观点，但也能一下子知道我们想表达的意思。

3. 使用第一人称："我"

在学术写作中使用第一人称"我"是一个富有争议的问题（例如"我认为商业有助于社会发展"）。有的学者非常反对使用第一人称，有的学者则觉得没什么问题。如果你很想用第一人称写作，那么可以与老师确认一下。了解反对使用第一人称的原因可能会帮助我们更好地做出决定，看是否有必要使用第一人称，以及何时使用比较合适。

第一人称的问题在于它会削弱论点的独立性。论点中所含推理线的说服力本不应受作者的想法、情感或感觉影响。使用第一人称会让人觉得这篇文章与作者自身有关，或让作者置身于争论中。使用"我认为"或"我相信"这样的说法会让人感觉：是不是论点本身无法说服别人，因此需要加上自己的观点（可以回想一下 Chapter 2 中关于说服技巧的讨论）？因此，在此类场景中应避免使用第一人称。

但当第一人称的使用与实际的论点无关时，就是可以的。例如，在起始段的最后，我们通常会用一句话引出后面的内容，比如会说"下面，我将探讨……"这样的说法只是简单地指出下面要做的事情，不会直接影响论点的说服力。不过，建议换一种非人称的说法，比如"下面，本文将探讨……"

4. 使用副标题

在论文中使用副标题也富有争议。有的学者认为论文不应该使用副标题，不应点出论点的各个阶段，副标题更适用于报告等其他的写作形式。有的学者则觉得没有这么严格。重要的是听从老师的建议。不过，不论建议如何，我们都不应该将副标题视为陈述论点的必须手段——所有关键要素都应清晰地体现在正文中。

论文的要素与结构

探讨了学术写作风格和规范，下面让我们看一下结构问题。论文写作没有固定的"公式",就算有,实际上也有很多的学者反对这样的说法,主要有两个原因。首先,论文的结构本身是为了展示我们在确立论点时的思考过程,而套用格式会影响我们的思考过程。在大学教授多年写作课程的教育家约翰·沃纳(John Warner)对此非常反对。他的两本著作《作家的自我修炼之路:建立创作纪实文学的信心》(*The Writer's Practice: Building Confidence in Your Non-fiction Writing*,2019)、《为什么不会写作:打破五段式论文和其他的必要结构》(*Why They Can't Write: Killing the Five-paragraph Essay and Other Necessities*,2020)的观点都建立在套用论文格式(如五段式论文——本章后面会介绍)会忽略写作的艰辛这一前提之上,其中心思想主要包括:

- 写作不是一件容易的事。
- 写作基于选择,而非要求(如固定格式)。
- 套用格式来写作只是对优秀写作形式的模仿,无法真正学习到其写作技能。

他指出"五段式论文属于一种人为产物,是对变量的限制和控制,会禁锢学生的思维。这种写作方式只需要填空就行了"(沃纳,2020,29)。我同意这种说法,也赞同沃纳在书中提到的很多其他观点。然而,有一个地方我并不赞同,因此本章还是为大家提供了一个论文模板,以帮助大家实现清晰的表达。

沃纳认为,学习五段式论文(或类似的格式)会阻碍学生成为优秀的作家。也许是这样。但我认为可以将使用论文模板进行写作作为把思考过程转化为清晰表达的第一步。本章提到的论文模板不可能让学生成为伟大的作家,而这也不是我写作此书的目的。

本书提供了一些入门级的指导建议和模板,帮助大家将论点清楚地通过书面方式表达出来,但其能做到的也仅限于此。对于要想进入高级写作阶段,或对写作有很大热情,希望在写作时更有把握(掌控力)的同学,我建议大家去看一些专业的书籍,比如沃纳写的书。

论文通常具备三大要素:引言、正文、结论。本节将基于以下话题构建一篇论文:

> 对一些大学老师禁止在课堂上使用笔记本电脑进行评判。

对此,我们提供了一个论证导图(见图6.3),我们将带着大家一步步构建我们的论文。其中包含了 Chapter 5 中提到的证据的各个类型(举例说明、包含统计数据在内的研究发现、其他来源的知识)。

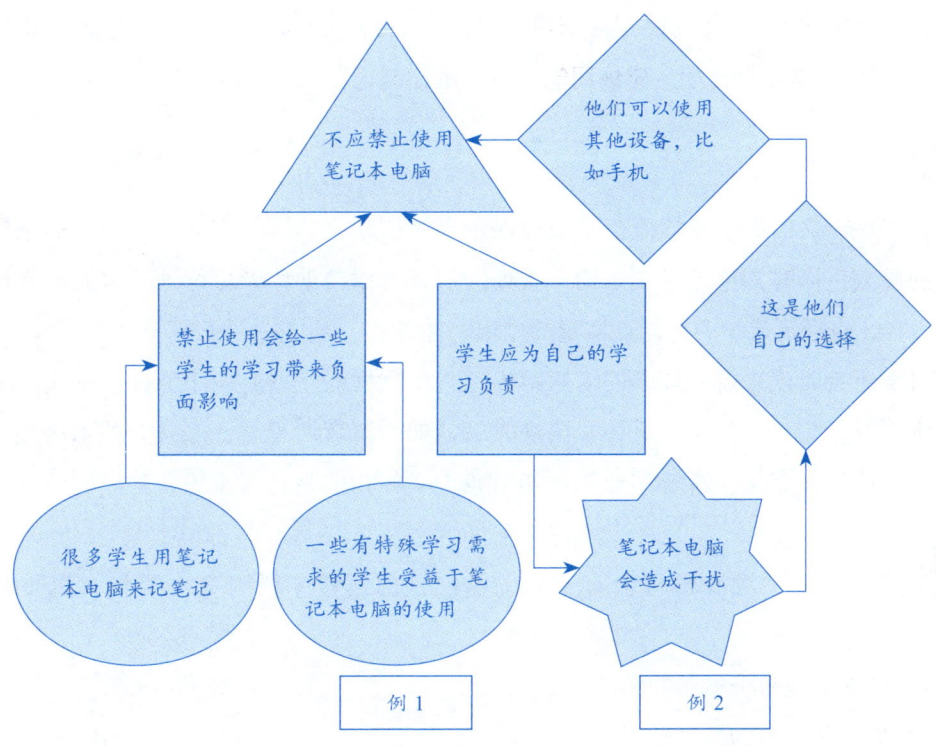

图 6.3　论证导图

可以回想 Chapter 4 中代表论点各要素的不同图形。

> **证　据**
>
> **举例说明**
>
> 　　例 1：患有失读症和书写困难症等学习障碍的人可以用笔记本电脑来辅助记笔记。关节炎等医学疾病也会影响用手记笔记。
>
> **包含统计数据在内的研究发现**
>
> 　　例 2：克劳斯哈尔（Kraushaar）和诺瓦克（Novak）（2010）发现，学生在课上有 42% 的时间在用他们的笔记本电脑做学习以外的事情。
>
> **其他来源的知识**
>
> 　　例 1：拉斯金（Raskind）（1993）、拉思（Rath）和罗耶（Royer）（2002）指出，辅助性技术（通常通过笔记本电脑来实现）对于患有学习障碍相关疾病或存在学习差距的大学生来说非常重要。
>
> 　　例 2：瓦赫迪（Vahedi）、赞内拉（Zannella）和万塔（Want）（2019）指出，课上用信息通信技术（包括笔记本电脑）做学习以外的事情会带来很多负面的后果。

在写论文之前需要注意一点：不要弄错了主张。我们的主张是"不应该禁止使用笔记本电脑"，而不是"学生应该用笔记本电脑记笔记"。

1. 引言

引言是论文中最重要的段落，可确保论点被清楚表达。引言介绍了论文的主题和探讨的重点，同时为整篇论文定调。清晰的引言可以帮助读者更好地了解后面将要探讨的内容，也会形成读者对论点质量的"第一印象"。

引言还会对读者需要理解的术语给出定义。这样做主要有两个原因：一是想要使论点讲得通，需要让技术术语在一出现时就能够为读者所理解，二是有些术语存在多个或有争议性的定义，这就需要读者知道我们具体指的是什么意思，从而避免混淆或误解。

虽然不同的话题和学科会有不同的情况，但通常来说引言主要包含以下几个方面：

- 为什么这是一个重要的领域？
- 我们具体回答的是哪个问题。
- 对术语进行定义（需要时）。
- 论点概述（可以将我们的依据列举出来）。
- 对论文其余内容的概述。

引言的第一句应该用开门见山的形式引出论文的主题，同时描述一下为什么这个主题很重要，以引起读者的兴趣。

> 技术在学习环境中越来越广泛的应用引起了争议，有的人认为技术的应用会给学习成果带来负面影响（瓦赫迪、赞内拉和万塔，2019）。

请注意，这里引用了另一个（可信）来源的观点来提出主张。下面，应直接引出论文要回答的问题：

> 本文将对一些大学老师禁止在课堂上使用笔记本电脑进行评判。

通常来说，这是对问题的直接复述。

对于引言的下一个要素——论点概述，并不是所有人都认为有必要。有的学者赞同在一开始就点出论点，因为写论文不是为了给读者一个惊喜或"反转"。有的学者则可能不会在引言中点出论文的"答案"。对此，我们可以咨询老师来确认。如果要点出论点的话，通常会用下面这种形式：

> 有人会说，这样的禁令并没有考虑到不同的学生在学习习惯方面的差异，更重要的是会给学生带来更大的影响，使其无法对自己的学习负责。

在引言的最后，应概述一下后面将要探讨的内容。这一点很重要，可以帮助读者在读正文之前就建立一定的预期。这里有可能会与前面的论点概述出现重复，因此我们需注意避免重复的情况发生。

> 下面，本文将探讨关于禁止使用笔记本电脑的争论，并得出禁止使用笔记本电脑并不能消除技术所带来的负面影响的结论。

2. 正文

论文的正文部分与我们的论点、论文的篇幅以及学科规范有很大的关系。下面会介绍一些比较简单的一般性原则，我们可以以此作为出发点做好正文段落的规划。当然，现实情况可能会更复杂，特别是当一段话不足以将依据表达清楚时，因此先从简单的概述开始会很有帮助。随着不断的练习和持续获得老师的反馈，我们会日益累积更多个性化的以及与学科相关的原则，并用以表达清楚自己的想法。

我们可以将每一段看作一个依据。就论证导图（图6.3）而言，每一段代表了一个直接依据（矩形）及与其相关的支撑依据或反证。

每一段的内容主要包括：
- 主题句。
- 直接依据及其支撑依据。
- 可能还有反证和反驳（在论点较为复杂时可能需要自成一段）。
- 分论，代表主张的一方面。
- 与下一个直接依据之间的关联（酌情使用）。

就上述例子而言，我们的正文部分可以由两段话组成。

> **正文段 1**
>
> **主题句**：数字时代，学生的学习方式各有不同。
>
> **直接依据及其支撑依据**：很多学生会选择用笔记本电脑作为其主要的记笔记工具，因为使用起来很便捷，也便于归档和查阅。此外，对于有特殊学习需求或习惯的学生而言，笔记本电脑也非常有帮助（拉斯金，1993；拉思和罗耶，2002），比如患有失读症和书写困难症等存在学习障碍、或患有关节炎等身体疾病而无法用手记笔记的人。
>
> **分论**：因此，禁止使用笔记本电脑可能会给他们的学习潜力带来负面影响。
>
> **与下一个直接依据之间的关联**：然而，在思考是否应该禁止使用笔记本电脑时，还应考虑另一个更大的问题。

> **正文段 2**
>
> **主题句**：大学标志着从学生向成年学习者的巨大转变。
>
> **直接依据及其支撑依据**：学生应对自己的学习有决定权。
>
> **反证与反驳**：禁止使用笔记本电脑的主要理由是，上网或使用社交媒体会给学生带来干扰，使其无法专心听课，即分散他们的注意力，让他们无法融入课堂。克劳斯哈尔与诺瓦克（2010）发现，学生在课上有42%的时间在用他们的笔记本电脑做学习以外的事情。这带来的后果就是影响其学习效果，还可能会影响成绩（瓦赫迪、赞内拉和万塔，2019）。然而，就算没有笔记本电脑，学生仍然会无法集中注意力，比如使用手机等其他的设备。此外，这是学生自己的选择，因此也就需要他们自己承受这样做所带来的后果。
>
> **分论**：因此，禁止使用笔记本电脑会让学生觉得他们还是在中小学的课堂，否定了他们在寻求转变方面的努力。

仔细看正文段 2，就会发现与之前的论证导图相比，我们似乎有所偏离。这在写作过程中很正常。论证导图只是一个工具，帮助我们确立优质的论点及清晰的逻辑线。然而，在论点的表达（如写作）过程中，我们可能会发现论点发生了变化。如果愿意的话，我们可以回过头去对论证导图做相应的修改。但只要我们确信这种变化不会影响论点的质量或逻辑线，那么也可以不用改。

3. 结论

如果引言是最重要的，那么次重要的就是结论——这是向读者传达论点的最后机会。对于读者错过的或没有理解的任何点,我们都可以通过一个有力的结论予以弥补。不过,也有很多内容是不应体现在结论中的,包括新的证据、依据或其他论点要素,这些都应在正文中交待清楚。同时,也不能把我们所有的观点都写在结论中,因为这样做除了会造成篇幅太长,还会造成重复,使读者丧失兴趣。

结论应包括如下内容:

- 对问题的重述。
- 对依据(分论)的重述。
- 对主要主张的重述。
- 主要主张可能带来的影响。
- 可能存在的不足以及进一步的研究。

> **结 论**
>
> **对问题的重述**:本文探讨了大学老师禁止在课堂上使用笔记本电脑。
>
> **对依据(分论)的重述**:本文认为学生应对其选择和因此而造成的后果负责,而禁止在课堂上使用笔记本电脑会给某些学生的学习需求或偏好带来负面影响。
>
> **对主要主张的重述**:因此,本文的结论是老师不应禁止使用笔记本电脑。
>
> **影响与进一步研究**:然而,鉴于技术的应用可能会影响课堂参与和学生的注意力,可能需要研究其他的替代性方案来解决这些问题。

图 6.4 展示的是论文写作模板。请记住,这只能作为一个指南,需要根据每次写作

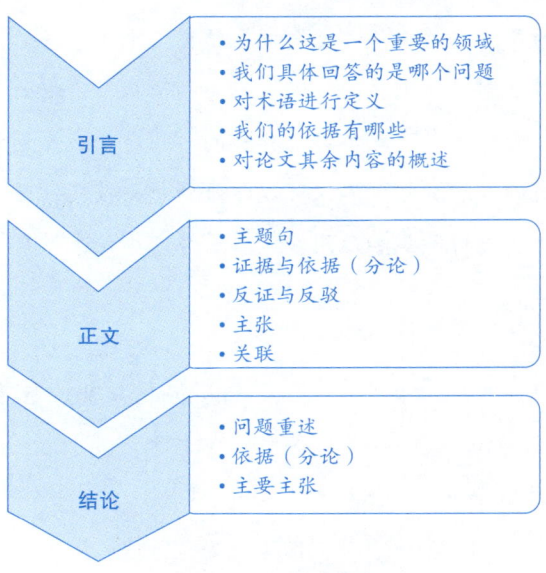

图 6.4 论文模板

的情况进行调整。此模板的好处是可以让我们专注于对论点的表达。

跟着上面的步骤一步步做下来后，你可以通过实操练习 6.2 尝试自己写一篇论文。

实操练习 6.2　写一篇论文

下面，我们将练习论证导图的绘制、结构的搭建以及论文的写作。我们从多个来源节选了一些证据，用来回答下面这个问题：

> 对大学里讲授批判性思维课程的重要性进行评判。

任务 1：利用本练习中提供的依据绘制一张论证导图，其中要包括 2~3 个针对上述问题的依据和至少一个反证。

任务 2：在论证导图基础上，套用上述模板写一篇论文。请注意，你可以根据论点对模板进行调整。

证据节选

1. 节选自爱丁堡大学萨拉·比勒尔·艾沃里（Sarah Birrell Ivory）博士 2018 年的博客《何为本科教育？》（Wherefore Art Thou Undergraduate Education?），其中介绍了一项全新的本科教育的设计过程。

然而，重要的是，我的课程还会向学生传授三个用于培养批判性思维的专业技能，且不受学科限制，即优质的论点、有力的证据、清晰的表达。这三大技能并不是"附加的"或隐含在既定学习目标中的，而是会在每周的讲座和小组技能专题会上进行专门的讲解。学生不仅可以学习到相关技能，还能得到（我助理团队的）指导并有机会进行实践和应用。课程最终通过论点的搭建、支撑和表达来教会学生如何思考。

2. 节选自丹尼尔·威林厄姆（Daniel Willingham）2017 年发表在《美国教育家》（*American Educator*）上的文章《批判性思维：为什么很难教？》（Critical Thinking: Why Is It So Hard to Teach?），第 18 页。

批判性思维教学应放在具体的场景下开展。这并不是说老师不应该教，而是说不应单纯地教批判性思维。人们不会无缘无故地去思考、考虑问题的各个方面，或是对已知的信息提出质疑等。必须为学生量身定做，并给他们练习的机会——最好能在平时的课堂上。这不仅是针对科学类话题（即主要文章中讨论的）而言的，对于其他话题也是如此。例如，对于历史学家，思考的一个很重要部分就是考虑文本的来源——是谁写的？何时写的？为什么？但如果不考虑话题的背景知识，只是问学生这样的问题，并不会产生很好的效果。比如知道信件是一位同盟列兵在维克斯堡战役后写给他远在新奥尔良的妻子的，并不会为学生解读信件内容有任何帮助，除非他对内战的历史有所了解。

3. 节选自德里克·博克的《我们的大学成绩不尽如人意：真实面对学生的学习情况，为什么应该学得更多》(*Our Underachieving Colleges: A Candid Look at How Much Students Learn and Why They Should Be Learning More*, 2018, 第八版)，第107—110页。

虽然现在充斥着对大学课程的很多争议，但让人高兴的是，大学教员一致认为培养学生的批判性思维才是本科教育的主要目标。原因很明确，单纯地积累知识对于学生来说没有一点价值。事实很快会被遗忘，而信息的爆炸式增长也让我们的教学无法涵盖所有重要的信息，甚至无法就最重要的信息达成一致。概念和理论只有在应用到新的情境中时才能够体现出价值。批判性思考的能力——提出适当的问题，发现并定义问题，从问题的各个方面确立论点，查找和使用相关数据，最后通过推理做出判断——是实现信息和知识有效应用的一种必不可少的手段，不论是出于实践考虑，还是纯粹为了思考。

4. 节选自英国商业创新与技能部（Department of Business Innovations and Skills）2016年5月发布的报告《知识经济的成功：卓越教学、社会流动性与学生选择》(*Success As a Knowledge Economy: Teaching Excellence, Social Mobility and Student Choice*)，第43页。

从宏观来看，卓越教学主要包括教学本身、教学环境、教学成果。高等教育

> 拥有精心设计的课程安排、较高的教学标准，可以为学生的学习提供支持，同时有助于学生培养就业"软技能"，做好就业的准备。这在培养学生学习能力的同时，也可促进其批判性思维能力、分析能力与团队协作能力的养成。

提高书面表达能力

本章一开始提到了在大学中经常练习写作的重要性。然而，要想提高书面沟通能力，我们还需要考虑以下三点：规划与流程、修改、获得并用好反馈。下面将逐一探讨。

1. 规划与流程

弄清论文各要素所包含的内容之后，还应思考一下我们应如何完成写作任务。关于从论文的哪一部分写起，有很多的建议。写作论文的顺序取决于我们的研究和准备的程度。假设已经有了清晰的论证导图和支撑证据，那么我们可以按照读者阅读的顺序来写论文，即从引言写起，之后是正文，最后是结论。然而，如果论证导图并不完整或还有不确定的地方，那么从正文写起可能更好一些，因为正文部分通常需要做大量的修改工作。修改的过程也有助于确立和完善论点。一旦论点确定，我们就可以写引言和结论了。

不过，要想提高书面表达能力，最好的方式还是要先有一个深思熟虑的论点以及支撑证据。虽然中途仍然需要通过修改来提升表达效果，但无须大改。在开始（论文）写作之前，我们应先花时间思考清楚这一点。

2. 修改

不论用哪种写作顺序，即使在写作之前已经有清晰的论点，我们还需要对术语、句子和段落做大量的修改。实际上，我们在写论文时所做的第一步可能无法预示出最终的结果。这不仅很正常，对于学生和学者而言也很重要。因此，虽然本章解释了实现论文目标的方法，但我们基本上不可能因为第一步或一句话就影响结果。我们应首先尝试把想法落诸笔端。之后在表达的清晰程度、正式程度以及陈述内容等方面进行修改（修改，再修改）。这就引出这样一个问题：如何知道哪些内容需要修改？

3. 获得并用好反馈

当沉浸在论文的写作过程中时，我们很难意识到语句方面存在问题、段落缺乏逻辑性，或陈述毫无意义。这是因为我们离论点和整个论文太"近"了。这时，我们需要从一些反馈意见中获得提醒。文件（如论文）起草时主要有三种反馈来源。

（1）自己的反馈

自我反馈的最好方式是在写完论文后等待一段时间，也就是说把论文搁置一天或一周，再拿起来重读。不可思议的是，即使是这么短的时间也可以让我们发现问题，比如哪里写得不够清楚或哪里没有跟上自己的思路。搁置的时间长短可能取决于很多因素（如截稿日期），但对于篇幅较短的论文来说，理想情况是一周的时间，虽然一两天也可以。当然，很多学生可能没有这个时间，他们基本是在截稿日期前才完成论文的。这样的话，论文很可能收到这样的反馈："论述似乎不够流畅。"

（2）同学的反馈

我们也可以听听朋友或同学的意见。我们可以和同学互换论文，相互提意见。如果觉得这样太麻烦别人的话，可以只请别人就引言段或结论段提意见，这也是很有用的。这样做的难点是，很多学生觉得他们在提意见时应该表现得谦虚，要鼓励对方。然而，完全正面的反馈是没有用的。解决此问题的一种方法是具体提出我们想要得到什么样的反馈。以下列出了我们可以向对方提出的问题（但需要根据论文的具体情况或我们关心的问题具体对待）：

- 我的主要论点是什么？
- 我给出了哪些证据来支撑论点？
- 请找出你觉得写得很清楚的三个地方。
- 请找出你觉得写得不清楚的三个地方。
- 你是如何被我的论点说服的？
- 你心中还有哪些疑问？

直接提出以上问题能够让我们的读者进行批判性思考，因此也就（应该）能够给出我们想要的答案。本章"学生说"中对此有进一步的阐释。

学生说　你的论点似乎不够连贯

丹尼尔·陶勒（Daniel Towler），南安普顿大学（University of Southampton）政治学与国际关系专业学生

写论文时，论文的展现方式非常重要。大学第一年时，我得到的

反馈是我的论点似乎不够连贯。一开始,这确实让我很难接受,尤其是在自我感觉良好的时候。不过这个问题与论点的展现方式有关。当时,我认为一篇优秀论文所使用的词汇应与我读过的材料中的词汇差不多。但其实不是这样的。写得简明清晰会使论点更容易理解。我在没有使用太多学术术语时写的论文反而收到了不错的效果。

刚开始,我还很纠结于论点的结构和各部分(依据)的最佳顺序。我发现很有用的一种解决方法是将其当作一场口语演讲。不过,有时即使论文的展现方式和各部分顺序都很具有逻辑性,论点陈述可能也不会像你想象的那样流畅,可能最后得到的反馈意见让你很头疼。为此,我的方法是寻求同学的帮助。得到同学对于你论文内容的建议可以让你获得一些有建设性的批判意见,从而做出修改,这会对你的论文写作真正起到帮助。同学发现的问题可能五花八门,从上述较为复杂的问题到一个简单的标点符号都有,但如果你想提高的话,任何一条建议都是非常重要的。总之,你在论文上投入的精力越多,结果就越令人满意。

(3)老师的反馈

我们还可以从老师那里获得反馈,不过并不是在提交论文之前。请记住,在大学里,老师很少会对我们的论文草稿提出修改意见:大学是一个独立的学习环境(详见 Chapter 3)。然而,我们写的每一篇论文都是大学学习的一部分。因此,虽然大多数学生关心的是某篇论文得到的分数,但论文的书面反馈意见同样(如果不是"更")重要。

我们可以通过这些反馈意见来了解自己论文的优势和不足,便于下次改进。为了最大程度地发挥反馈意见的作用,我们不能只看反馈意见,还要带着这些反馈意见重读自己的论文。如果有时间的话,还可以带着这些反馈意见对论文进行修改。这种利用反馈意见来改进未来我们所做事情的过程通常叫作"前馈"。将反馈转变为前馈取决于我们自己,即改善我们的方法,提升书面表达能力。

口头表达

口头表达的使用场合

除书面表达之外,我们也可以在口头上表达想法,比如说服朋友们接受我们的观点,或向学生会申请经费。对于我们学习批判性思维而言，口头表达主要用于以下三个场合。

1. 日常交流

在日常生活中，我们会在事先没有准备的情况下与别人交流想法和可能的论点（主张和依据），主要是为了将想法说出来。这样的表达可以发生在教室里，也可以在咖啡馆里、饭桌旁，或任何我们与家人、朋友、同事产生讨论的场合中。不要忽视此类场景的重要性，它们有助于我们思考和想法的表达。

2. 非正式发言

非正式发言主要发生在课堂上（或学习小组中），比如在预习完后回答问题，再比如就某个问题询问别人的观点或别人对我们答案的看法。我们可以做一些准备和笔记，但不会做排练预演。

3. 正式演讲

在正式场合中进行演讲，可能需要站在老师或同学面前，且通常是会被评判的，这需要我们做大量的研究和精心构思，并进行排练预演。

这里，我们将主要探讨在正式场合的口头表达。Chapter 10 会介绍在非正式场合中的发言，包括"说话即思考"的理念。

提升口头表达技能

口头表达与书面表达有很大的差异。但说到底，口头表达也只是一项技能，就像其他任何技能一样，是可以学习的。也许有的人觉得这不是一件难事，但这并不意味着他们天生就有"表达基因"，而其他人没有。每个人都可以通过学习并获取一些相应的指导来掌握这一技能。然而，仅靠阅读本书（或其他书籍）是无法实现这个目标的。与本书中探讨的其他目标或技能相比，有效的口头表达更需要花费大量时间，在反复练习中总结失败的教训和成功的经验，在观察他人和获得反馈的基础上改善精进。我们可能（从来都）不喜欢表达，但这并不意味着我们无法有效地表达。

总的来说，受众要先理解我们表达的想法，才能进一步做出评判。对于书面表达来说，读者通过阅读来了解我们的想法。对于口头表达来说，听众通过聆听来了解我们的想法（见图 6.5）。两者之间的差距看似不大，实际却对我们想法和论点的表达有着巨大的影响。

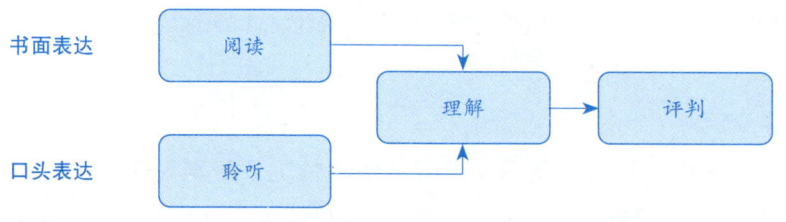

图 6.5　书面表达和口头表达

在书面表达时，我们会假设读者具备阅读能力。只要我们写得相对比较清楚，他们就应该能够理解。即使他们在第一次读的时候没有理解，后续还有机会再读第二遍（甚至更多遍）。因此，使用书面表达，我们大概率可以获得读者的评判。

然而，口头表达不是如此。为了让听众能够做出评判，我们必须确保他们听到并理解我们所说的内容。因此，口头表达往往注重于内容的解释，以确保听众能够理解。

有很多因素会影响听众的聆听和理解能力。下面会就其中的某些因素进行探讨，首先是让听众听到，然后是让听众理解。

1. 让听众听到

为了让听众听到，我们需要在声音、语速、语气语调及与听众的互动上下功夫。

（1）声音

我们需要知道如何用好自己的声音。正式的口头表达与平时的对话不同，虽然我们在这两种场合都会说话，但说话的方式不同。在正式的口头表达中（以及任何我们希望自己的想法能够被别人听到的时候），我们需要声音洪亮、口齿清晰。尤其是当有口音或发音问题时，我们需要确保自己的音量足够大，让听众能够听到（Chapter 9 会进行阐述）。在说话时，我们需要考虑可能影响声音传达效果的因素，需要根据周围的环境调整我们的声音。比如是否有噪音或房间是否存在回音？好的发言人会时常对听众的反应进行解读，看看他们是否听到了自己所说的内容。

（2）语速

除了要声音洪亮、口齿清晰，还需要降低语速，中间要有沉默或停顿。对于书面表达而言，读者可以用自己的速度来"消化"我们的论点，可以停下来思考或再读一遍，甚至可以暂时离开去查询相关材料。但在口头表达时，我们需要确定一个听众能够接受的语速。此外，还需要确定哪些依据、关联或主张需要进一步强调、重申，或需要视觉辅助（比如幻灯片）。

在口头表达中，听众是没有机会"停下来，倒回去，再听一遍"的，因此需要确保听众第一次就听到并理解我们所说的内容，或在听的过程中一步步加强理解（详见"让别人理解"一节中对结构的探讨）。尤其需要给予听众思考的时间，因为停顿对于听众能够听到特别是能够理解非常重要。在说完一个关键点后稍微停顿一下，能够让听众的大脑有一个处理、思考和判断的时间。停顿能够将发言的重点从我们自己和我们知道的内容转移至我们的听众及其是否听到和理解上。与再用更多的话语加以解释或使用一些表示最高程度的词相比，在适当的地方停顿一下会收到更好的效果——沉默代表强调。

（3）语气语调

语气也是我们需要加以考虑的。如果某个人的发言听上去很无聊，话题也很无趣，那么没有人会觉得："哇！太棒了！"相对的，即使对话题不感兴趣，但人们会被发言人轻快的语气、多变的语调和高昂的热情感染，从而对话题产生兴趣。如果我们对自己的话题都不感兴趣，又怎么能让别人感兴趣呢？有人会把"专业的"语气（好的）误认为是单调乏味的（坏的）。专业的语气会使用比较正式的学术语言，但这并不意味着就一定乏味。我们应在发言时一直保持对话题的热情。

（4）与听众的联系互动

这一点与声音和语气类似，但还包含其他因素。与听众之间的联系互动能够让听众专注于我们所说的内容，否则他们一走神就听不到我们在说什么，更别提理解了。与听众产生联系互动有几种不同的方式。

首先是我们在环境中所处的位置。我们应该面对所有听众，并在可能的情况下与每一个人有眼神交流，比如可以左右走走，或在发言中让目光顾及各个方向。有眼神交流会让听众产生一种"带入感"。如果我们回头看幻灯片、看向听众的后方（一种常见的应对紧张情绪的策略），或只看其中的某一个人，比如老师，那么就很容易让听众觉得自己像是局外人。一旦无法融入，听众也就不再想听我们说话了。

其次，我们可以通过一些语言来与听众产生并保持联系和互动。比如可以讲一些自己的故事，与听众产生共情，不过不要占用太多时间，也不要用故事代替论点、依据或证据（详见 Chapter 5 中有关逸事的探讨）。使用幽默的语言也是一种有用的办法，但要谨慎，要根据语境（比如专业场合）确定是否合适，不要让其成为内容的主角。还可以通过一些互动的方式促使听众思考和融入："请大家举手，看看有多少人认为……""有人能说出……""请给出一个理由来解释……"——我们会发现老师常常使用以上手段。

最后，在与听众产生并保持联系和互动的过程中，很重要的一点是要考虑论点的内容。虽然 Chapter 4 已有详细阐述，但这里还是值得一提。我们只有对听众非常了解，才能知道需要说什么内容：需要交代多少背景，哪些隐含的依据会产生争议而需要言明，哪些依据是听众已知的而可能导致其走神……此外，在提出一个全新的或富有争议的主张时，我们可能需要指出这一点，并让听众对我们的论点保持开放的态度，而不是强迫他们改变自己的想法。

2. 让听众理解

光让听众听到了还不够，还需要确保他们理解了。前面已经涉及了一些方法，下面让我们进一步探讨三个要素：简明易懂、结构合理、视觉辅助。

（1）简明易懂

在口头表达中，将重点放在理解上会带来更多的问题。与书面表达相比，口头表达涵盖的内容通常会少一些。但不要因此而放松警惕：这样反而更难，而非更容易。特别是当我们需要通过非常简单明了的方式来表达一些复杂、深入的想法时。这就需要对语言和论点进行简化，并利用视觉辅助等工具来让表达更加清楚——本章"从业者说"中的萨拉·罗纳德给我们讲了一个很有意思的例子。因此，我们需要做很多的准备工作来确保自己对论点有清晰的把握。此外，与书面表达相比，我们更不可能把自己知道的所有内容或论点的整个推理线都表达出来（可以回想一下本章一开始的"学者说"）。因此，我们需要挑出恰当的重点，确保自己能流畅地表达出论点。

想要表达一些复杂的内容，可以提出多个依据或主张，之后再解释一下自己只会详细地探讨其中的一些。这样做一方面可以展示出知识的广度，另一方面可以确保有时间对其中的某些依据和主张进行深度探讨。听众如果想要了解更多的话，后续可以再单独询问。

此外，当我们在口头表达中引用证据时，听众是看不到参考文献列表的，也无法查看证据并提出自己的观点。因此，我们需要说清楚为什么所引用的证据是可靠且可信的，并指出其与论点的关系。这不仅仅是为了让听众理解，也是为了告诉听众我们自己也是理解的。

最后，口头表达需要做更多的准备工作，因为在问答环节，听众可能会提出很多问题，之后通常还会对我们的表现打分。我们需要对话题非常熟悉，以便在听众提出一些意料之外的反证时能够予以回应。在回答问题方面，通常有两点需要注意。第一，不应太过于死守自己的观点。在此类场合收到批评意见是很正常的。实际上，如果是在评判打分的场合，那么评分者提出批评意见只是为了测试我们对某个话题的了解程度，并不是真的在对我们的论点加以批判。我们应保持冷静，控制住自己的语气来回答问题。第二，如果不知道该怎么回答，也不要觉得世界末日到了，我们可以回答"之前没有考虑过这个问题"，然后巧妙地引出其他可能相关的内容，或者直接解释一下自己为什么没有考虑过这个问题。虽然我们不应太过于死守自己的观点，但也不要一下子就改变主意。在论点有力且有证据支撑的情况下，还是应坚守自己的看法。

从业者说　确保你的信息能够清晰落地

萨拉·罗纳德，那埃尔公司创始人

作为一名企业家兼设计师，我所有的工作都有赖于有效且有意义的表达。我们每天的日常工作，如项目推广或招募人才，都离不开表达。

在团队协作中，表达尤其重要。我的同事背景各不相同——毕业于不同的专业，拥有不同行业的知识、技能和经验。鉴于这种多样性，我发现将不同的表达方式融合起来非常有效，有助于大家在项目或流程的关键阶段达成一致和促成谅解。所谓的表达并不局限于使用书面文字，有很多其他富有创意且有用的方式能够表达同样的意思。

比如曾经在某一个项目上，在解释一项新服务的运作方式时，我没有用标准的技术图表和书面描述，而是决定采用连环画这种可视化且娱乐性较强的形式来展示客户体验。与标准的技术图表和书面描述相比，这种形式能够传达出同样的内容，但给观众的体验是更加丰富有趣的。我认为很重要的一点是，要让自己的观点能够传达给观众，并能够引起其联想，不论其技术能力如何，也不论其对阅读长篇大论是否有热情。

不管你要表达什么样的信息，最重要的都是确保清晰地传递给对方。如果对方感到费解，那么他就很难同意你所说的内容，最终可能也不会给予你支持。这在商界是非常重要的一条经验，对于我们的生活更是如此。

（2）结构合理

正式口头表达的结构与书面表达的结构同样重要，甚至更重要。这是因为听众无法退回去确认自己是否理解正确，或重听一遍以确保自己理解了。我们只有一次机会。在这样的情况下，我们可以通过合理的结构来帮助听众理解——

- 告诉他们你将要说什么。
- 说出你想要说的。
- 告诉他们你刚刚说了什么。

这类似于开头、中间和结尾（相当于论文结构中的引言段、正文和结论段）。这种方式强调了表达主要论点的重要性——重复强调。下面将主要探讨口头表达的第一和第三部分，因为这两个部分是最容易给予大家指导和帮助的。

①**告诉他们你将要说什么**

口头表达不是童话或电影，不需要有离奇的结尾。我们应在一开始就摆明自己的话题和主张，还可以简单地提一下用于支撑主张的关键依据。这样做有两个目的：一是表明我们愿意有"站位"和立场，这是自信的表现；二是听众如果在一开始就知道我们的主张，那么之后就可以专注于具体的依据和推理线，可以直接进行评判，而不会有意或无意地问自己"这是要到哪儿？"

②**说出你想要说的**

表达的主体部分用于对论点的确立和解释，这在前面已经提到了。每一点都需要表达清楚，并有充分的证据支撑。

③**告诉他们你刚刚说了什么**

表达的结论部分会再次提及主张以及主要的支撑依据，基本上是对开头的重复，但也不能完全一致。可以重复一下问题以及我们的主张，再简单地介绍一下支撑主张的依据，最后还应感谢听众的聆听和提问。

我们已经探讨了如何进行口头表达，尤其是演讲，下面可以做一下实操练习 6.3。

实操练习 6.3　起草发言稿

请练习起草一份用于正式口头演讲的发言稿，仅起草开头和结尾部分。

鉴于技术已经使远程学习变为现实，我们需要考虑一下"现场"教学对于大学学习的好处。

> 在数字时代，大学"现场"教学还有存在的现实意义吗？

任务 1：确立一个简单的论点（比如三至四条依据和一个主要主张）来回答上面的问题。就此画一幅论证导图来描述你的论点。

任务 2：起草一份正式口头发言稿的开场部分，时间为 1 分钟。给自己计时，确保不会超时。

任务 3：起草一份正式口头发言稿的结论部分，时间为 30 秒。

任务 4：找一位朋友、同学或家人听一下你的开场和结论部分（最好是面对面的，不过视频通话或语音通话也可以）。说完后，让他们总结一下你的论点。他们能够在第一次就听到并理解你的论点吗？还是需要你做进一步的解释？

（3）视觉辅助（如幻灯片）

利用视觉辅助工具，也可以帮助听众更好地理解。视觉辅助通常以幻灯片的形式，通过使用 PowerPoint、Keynote 或 Prezi 等软件来实现。视觉辅助是对发言内容的支撑，不能代替发言的内容。基于此，视觉辅助材料的设计和使用是口头表达中一个非常重要的方面。

我们要注意，不要被一些学者在课上使用幻灯片的方式影响。有的学者用不好幻灯片——文字太多、太复杂，解释不清楚。不过，这些学者这样做可能是因为他们的幻灯片并不只用于在课上表达想法，也是课后学生可以参考的书面资料，尤其是在复习的时候。因此，尽管可能辅以一张树的图片就能够很好地通过口头方式解释光合作用，但加入一些解释性的文字和文献资料可以让学生将幻灯片作为一种学习资料，使之在几个月之后仍然可以用上。但是，我们的发言内容不需要形成学习资料，因此我们使用幻灯片的目的比较纯粹——支撑我们的口头表达，确保听众理解我们的想法和论点。

要想设计好并用好幻灯片，我们需要注意以下几点：

- 尽可能用表格或图片来代替文字，因为听众在读的时候，是没办法听的。我们不希望他们读文字，而是希望他们能够听我们讲的内容并进行思考。加入一些文字是可以的，尤其是对于"视觉型学习者"，我们或那些可能听不清的听众（尽管我们应尽可能地避免这样的情况发生）可以对一些复杂的或重要的词句进行定义，但应只写一些能够帮助听众理解的关键语句。

- 在使用图表时，确保所有的文字和数字都足够大，让听众看得清。没有什么比听到发言人说"可能你看不太清，但这里主要是说……"更糟糕的了。要么确保听众看清，要么就别写。
- 使用编号或符号来帮助听众区分不同的概念。
- 无需完整的句子，不需要语法正确，只要意思清楚就可以了。
- 使用统一的、清晰的字体。字号要足够大，能够让听众看清。各条目之间保持一定的间距也很重要，可以帮助听众区分各知识点。
- 确保背景色与文字颜色有一定的对比。请记住，在电脑屏幕上看着还不错的页面可能在大显示屏上效果并不是很好。最好是在白色背景上用深色的（如黑色的）文字。
- 确保幻灯片中的设计元素保持一致。如果用的是 PowerPoint，那么可以学一下"母版"的使用，这样可以很容易、很快速地调整所有的幻灯片页面。
- 避免使用花里胡哨的文字"飞入"动画，它们会产生干扰。我们需要掌控发言的节奏，加入动画会让我们为了等动画停下来而有一些不必要的加速或停顿。此外，一定要使用"点击出现下一页"的功能，这样文字或图片就会在我们刚好讲到它们的时候出现。你也不希望在还没讲到某一内容的时候听众已经提前看到它了吧？
- 一定要备好两份电子版本的幻灯片——一份在存储设备上，另一份在云/电子邮箱中，可以通过互联网获取——以及一份纸质版。但也要做最坏的打算：在没有电子幻灯片或幻灯片播放不了的情况下也能够演讲。实际上，在一些学术会议上，论文作者是不允许使用幻灯片的，因为组织者希望发言人在没有数字设备辅助的情况下也能够讲清楚其论点。我们应该对自己的话题永远保持自信，相信自己能够讲得清楚、明白。

如何克服紧张情绪

在口头表达中，"观众（即听众）"的概念就是其字面的意思。虽然书面表达也有"观众"，但当我们口头发言的时候，听众就坐在或站在我们面前，这是一种非常直接、非常私人的情景。此外，当听众当面提出批判性意见时，我们本来想要得到批判性意见的意愿可能也会受到考验。我们可以在自己的房间里阅读别人对自己论文的反馈意见。但在口头发言中，我们立即就能感觉到自己的表达是否清晰、论点是否有说服力，可能之后会收到听众明确的反馈意见。听众可能会非常支持我们，尤其是在刚上大学时，他们几乎都会站在我们这边，希望我们能够成功。然而，之后就不一定了。有时，可能会有个别听众想要"刁难"我们。此外，虽然老师通常都会对学生的口头演讲表示支持，但也有一些老师认为能够接受别人的批评也是大学学习的一部分。以上原因就引出口头表达的另外一个重要内容：克服紧张情绪。

对于很多人来说，是否能够用清晰的口头语言表达出自己的论点与紧张与否有重要关联，不论是正式演讲，还是非正式场合的发言，比如在课上回答问题。在发言时感到紧张是非常常见的，尤其对于刚上大学的学生而言。Chapter 10 将对此有更加详细的阐述。不过，有一些问题是专门针对正式演讲的，下面我们就此进行探讨。

紧张的情绪通常会在演讲一开始达到峰值。因此，我们最容易在一开始出现犹豫不决、不知道自己在说什么，或听上去不够肯定的情况。这些情况会影响我们的表达以及听众对我们观点的理解。

克服初始紧张情绪的一种方法是要展现出自信。可以微笑，并让自己的声音听上去（或最好是真的）富有活力。即"成功从假装开始"。虽然可能不一定是这样，因为我们有非常有力的论点和证据，所以不能说是"假装"。可能应该这样说：成功从假装开始，直到有力的论点和证据能够不言自喻。

最好不要带稿发言。有的学科可能不允许带稿，因此需提前确认好。不过，能够有一些笔记做辅助还是很有用的，既可以作为提示，也可以帮助我们缓解紧张的情绪——仅靠手里拿着一些东西就可以让演讲显得不那么可怕了。如果要带笔记的话，最好能够小一些（比如 A5 或更小），可以的话最好用比较厚的纸张。拿 A4 纸会造成一定的干扰：如果我们紧张到手抖的话，拿着 A4 这么大的纸会让我们把注意力都集中在自己的手上，也会造成比较大的噪音，还可能让我们不能自已地想要读纸上的内容。建议做成小一点的卡片。

不论我们是否使用笔记，演讲中有两个部分可以记（背诵）下来——尤其是在我们很紧张的情况下：开始的几句和最后的几句。背下开始的几句话能够起到三方面的作用：一是能够缓解紧张情绪，让我们沉浸到演讲过程中；二是让我们听上去更加自信，也可以增强论点的说服力；三是让我们在不受紧张情绪影响的情况下准确地表达（"告诉他们我们将要说什么"）。这样一来，听众也更容易理解我们的正文部分。背下最后的几句话有助于回顾演讲的重点，能够给演讲一个清晰且精心设计的结尾。最后的几句话也是听众在提问前听到的最后内容，是我们加强论点的最后机会（"告诉他们我们刚刚说了什么"）。

本章小结

- 我们的想法主要有两种表达方式：书面和口头。由于没有可套用的"公式"，因此这两种方式都需要通过不断的练习加以提升。
- 书面表达最常见于论文写作，需要符合一定的学术写作风格：既不能太简单，也不能太复杂，既不能太随意，也不能太正式。
- 不同的学科有不同的学术规范，但总的来说，应在每一段的开头使用主题句以确保陈述清晰流畅，使用统一的术语，避免使用第一人称和副标题。
- 引言段与结论段是论文最重要的两个部分，可以确保论点表达清晰。
- 为了提升书面表达水平，应在写作之前对论点做好规划，还需要做大量的修改。
- 每写一篇论文都是在学习，因此我们需要将反馈转变为前馈，改善未来我们对书面表达的做法。
- 在正式演讲中，需要关注听众是否能听清楚以及是否能理解我们的论点，要注意演讲时的声音、语速、语气语调，要保持与听众的联系互动，要采用简单的方式和合理的复杂结构来描述内容，要适当使用视觉辅助工具来强化效果。
- 紧张的情绪会影响口头表达的效果，因此应通过一些方法将其影响降至最低。

延伸阅读

- 正如本章提到的，约翰·沃纳是一位经验丰富的美国学者，在大学教了很多年的写作课。他很可能不赞同本章中提出的一些建议。对于对他的观点感兴趣且想成为一名伟大的作家的读者，我非常建议读一下他写的两本书《作家的自我修炼之路：建立创作纪实文学的信心》《为什么不会写作：打破五段式论文和其他的必要结构》。
- 在本书的 Chapter 4 和 Chapter 5 中，都提到了大卫·莫罗和安东尼·韦斯顿的《高效论证：美国大学最实用的逻辑训练课》一书，以及韦斯顿较为简明的《论证是一门学问》一书。后者的第八部分介绍了论证式论文（其附件 2 中对其中用到的概念进行了探讨），第九部分介绍了口头论点。

- TED 演讲创始人克里斯·安德森（Chris Anderson）曾这样问道："作为发言人，你的首要任务是什么？"在仅有 8 分钟的演讲中，他分享了 TED 优秀演讲的秘密以及可以效仿的六大公众演讲小技巧。在听的时候，可以把他说的"想法"一词替换为"论点"，从而建立与大学生正式演讲之间的联系。

Part 3
批判性思维的五大工具

任何一个问题都存在很多可能的答案,我必须运用批判性思维评判不同的答案以及各答案与问题之间的联系……一开始确实不容易,但随着不断地练习,我渐渐熟悉了这种新的思考方式,也得出了更多更有趣的结论。

——卡伦·史密斯(Calum Smith),利物浦大学(University of Liverpool)创业与创新管理专业学生

Chapter 7
写

课前思考

1. 写作只能发生在思考之后吗?
2. 你需要写得多好才能达到有用的程度?
3. 是什么阻碍了你写下自己的想法?

学习目标

阅读完本章,你应能做到以下几点:
○ 不再从结果的角度看待写作,而更加注重其促进思考的过程。
○ 了解写作即思考,将写作作为一种研究工具,促进思考,激发好奇心,探究想法。
○ 区分作者与评论者、重新构思与重写之间的区别,了解如何实现写作即思考。
○ 使用两种写作即思考的策略:自由写作与定向写作。
○ 找到并克服写作即思考的障碍。
○ 从专业的角度理解写作的作用。
○ 将写作即反思视为另外一种写作形式,促进思考。

Chapter 7 写

学者说　没有灵光乍现

当我年幼的时候,我曾思考过伟大的思想家是如何产生那些深刻的、具有启发性的想法,以至于能够如此考究地探讨甚至回答一些重要问题的。我曾幻想过有这样一位哲学家,他孤独地坐在房间里,周围都是书。他有时在贪婪地阅读,有时坐在火光面前沉思,之后在某个时刻,他突然站起来,脑中形成了一个完美的、复杂的论点,诠释生命的意义。

孩子们通常会认为伟大的思想就是这么来的——突然灵光乍现。

当然,这纯粹是胡编乱造。

我用了非常长的时间才摒除了这样的想法,意识到复杂的思想不是靠几个小时、几天甚至几年的沉思和思考就能形成的,也不可能因为多读了几本书和多听了很多信息(包括理解别人的想法)就形成了。伟大的思想来自长时间不间断的尝试和失败,包括口头发言(讨论、辩论、聊天,这部分在后面有单独的章节进行阐述)。重要的是,写作并不是只能发生在思考之后,而是促成思考的工具。没有看到我写的内容,怎么能知道我想什么呢?

现在,我几乎每天都会写作,通过写作来验证我脑中"跳出来的"那些想法。我不会等到想法成熟后再写下来,而是会记录下一些碎片化的想法、孤立的观点,以及可能的论点和推理线,哪怕它们没有证据支撑。有时我可能会舍弃它们,也可能在某一天回过头来看看自己当时都写了些什么,而有时这些想法会再次出现。不论结果如何,写作的过程是非常有用的,可以让我进一步探究自己的观点和想法。这样做的好处就是,每次写作都是一次改进和提升的机会。

批判性思维的五大工具

本书的 Part 1 探讨了大学教育的目的,Part 2 介绍了批判性思维的三大目标:优质的论点、有力的证据、清晰的表达。Part 3 将阐述成为批判型思考者所需的五大基本工具:写、读、听、说、思。

想赢得温布尔登（Wimbledon）网球比赛，我们只需要做两件事：通过正选赛，然后打败所有对手。但事实上真的如此吗？我们是否能赢得比赛取决于我们发球、击触地球、扣球、挑球的技术，即让我们有机会赢的工具。同样，成为批判型思考者需要能够确立优质的论点、找到有力的证据并清晰地表达出来，而具体实现离不开工具。在大学里用到的工具会有很多，这里将要介绍的五种工具常用于各个阶段和各类学习。它们都是我们在大学里会做的事情，可能会与语言技能有很多重复的地方。语言——听、说、读、写——毕竟是我们知识和认知行为的出口，有助于形成有条理且复杂的思想。

我们将其称为"工具"，是因为主要会利用其实现更宏大的目标。就像锤子一样，我们掌握锤子的用法并不是为了锤东西，而是为了盖房子。虽然大多数人已经从某种程度上掌握了这些工具的用法（大家正在阅读本书就是一个很好的例子），但要想完全掌握它们，特别是用它们来帮助自己更好地思考，我们还离不开指导、练习和应用。实际上，利用这些工具来培养批判性思维意味着要改变我们惯常的理解方式和应用方式。

此类工具可基于以下两个因素进行分类：时间敏感度和声音表达对象。

时间敏感度指工具的即时性。时间敏感度较高的工具通常需要当场使用，使用者几乎没有回想或思考的机会。时间敏感度较低的工具则不具有即时性，使用者可以按照自己的节奏来处理，想停顿的时候停顿，想思考的时候思考。

声音表达对象指我们用这样的工具主要是为了表达谁的观点。有时是用于表达我们自己的观点，有时是为了了解别人的观点。也就是说，有的工具是用来表达我们自己的想法和观点的，有的工具是用来接收别人的想法和观点的。

根据以上两个因素，我们可以画一幅批判性思维工具矩阵图（见图7.1），然后将工具放置在矩阵图中。

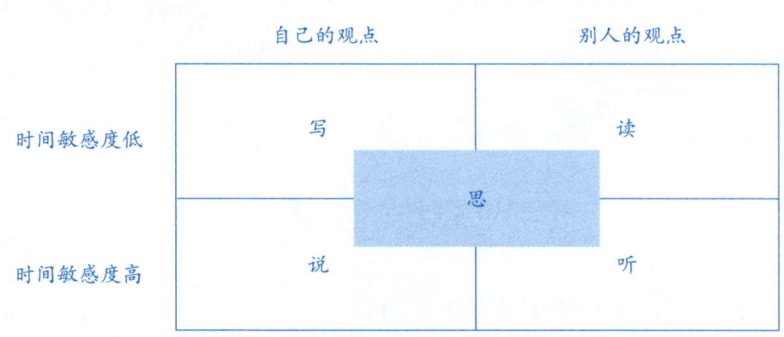

图7.1 批判性思维工具矩阵图

请注意，思考是一件无所不在的工具：我们在运用其他四个工具时也需要思考。也就是说，我们在听、说、读、写时，也需要进入思考区。然而，思考这一工具也可以单独使用，Chapter 11 会介绍专门的思考环节。

并不是所有的听、说、读、写都会明显含有思考的过程——也不应这样。当我在读我喜欢的小说、听我喜欢的音乐、写短篇故事或跟我的朋友聊天时，我不会主动、刻意地去思考或提升自己的思考能力。我做这些只是觉得开心。

然而，当我把以上工具用在大学学习上时，我的目标就是既要主动思考，也要不断提升自己的思考能力。我们将使用其他四个工具时所做的有意识的思考称为"主动式倾听""表达即思考""主动式阅读""写作即思考"。如果发现自己在听、说、读、写时没有思考，那么就需要解决这一问题。在每次使用这些工具时，让自己进入思考区，这就是 Chapter 3 中讨论的有效努力。

在深入探讨这些工具之前，我们先简要地介绍一下以上矩阵的两个维度：时间敏感度和声音表达对象。

可以按照自己的节奏来使用的工具有较低的时间敏感度，而需要即时使用的工具则具有较高的时间敏感度。

时间敏感度较低的工具为读和写。我们可以按照自己的节奏来阅读和写作，中途可以停下来思考、反思或查看其他材料。时间敏感度较高的工具为听和说。在听讲座、老师讲课或其他学生发言时，我们需要实时思考和处理别人所说的内容。当然，录制工具的出现对此有一定的影响，我们会在 Chapter 9 "听"中进行讨论。然而，在大学里以及我们的日常生活和职业生涯中，大多数的聆听都需要我们立即处理和思考听到的信息。同样，我们也需要现场思考来决定自己要说什么，且通常说与听有紧密的联系——一般我们会就听到的内容进行口头答复。

声音表达对象可以分为两种：表达自己的观点和了解别人的观点。写和说是用于表达自己观点的工具。请注意，这里的写并不是指写论文或做考卷，而是把想法雏形写下来，再慢慢形成自己的观点（后续会详细探讨）。在读和听的时候，我们是去了解和学习别人对某个话题的观点和看法。

虽然了解别人的观点是大学学习的根本，但表达自己的观点也很关键，且随着学习的深入会显得更加重要。对于很多学生而言，其在大学里可能更多是在学习别人的观点，很少会发出自己的声音。有人说数字革命带来的信息大爆炸加剧了这样的不平衡。我们有大量的机会听到别人的声音：真的是把我们自己的声音都淹没了。在这样一个被困在别人观点里的世界中，我们很容易回避自己内心的想法。这也就使得能够发出自己声音的人，即批判型思考者，显得非常稀有和特别。在这种情况下，不同工具间的平衡问题很值得探讨。我们需要在时间敏感性较低的工具（读和写）和时间敏感性较高的工具（听和说）之间寻求平衡。前者让我们有时间和空间去深度思考并形成自己的想法，后者锻炼了我们即时思考的能力并对我们直觉阐述的想法和回应进行验证。两者相互补充、相互促进，通过不同的方式提升我们思考的能力。此外，虽然了解别人的观点对于大学学习很重要，但如果不能将其转化为自己的观点，那我们就只能是知识的消费者，无法成为知识的创造者。

我们一旦掌握了这些工具的用法——可以单独使用，也可以结合起来使用——就会发现自己能够收放自如地在需要的时候灵活运用它们。也就是说，我们可能在上第一堂课时需要提醒自己去主动倾听，但如果一直都在练习，那么等到了大学的最后一年，我们就会自然而然地做到这一点。达到这样的水平之后，我们就不再需要刻意地思考每一种工具，也可以轻松地使用它们来实现批判性思维的三大目标。

最后，值得注意的是，虽然每一个工具在批判性思维中都发挥着重要的作用，但通常把这几个工具结合起来一起使用会更加有用、有效。介绍这些工具的章节会探讨一些最常见且最有效的组合方式。确实，在五个工具之间找到平衡并将其结合起来使用（专注思考作为其中单独的一个工具），能让我们在批判性思维方面获得最佳的效果。

初识写作

我们不会将写作仅视为思考的结果或产物，而是将其看作另外一个单独的工具——就像读或听那样——来促进我们思考。因此，本章不会像 Chapter 6 那样探讨某个作品的结构、要素或形式，而是展示写作的过程是如何让我们成为更具批判性思维的思考者的。这里，我们将这种工具叫作"写作即思考"。

让我们再回顾一下批判性思维工具矩阵图（见图 7.2）。

写作即思考既具有较低的时间敏感度，也需要形成自己的观点。由于时间敏感度较低，所以写作即思考让我们有机会去验证和尝试自己的想法和论点，而无须像说话那样做出即时判断。然而，要想将写作作为一种能够有效促进思考的工具，需确保我们表达的是自己的观点（虽然与此同时，也需要参考别人的观点和想法）。也就是说，不能仅仅是对别人观点的简单复制或总结。对一堂课或一篇文章进行总结不需要我们有自己的观点，确切地说，那都是别人的观点。为了做到写作即思考，重点在于要形

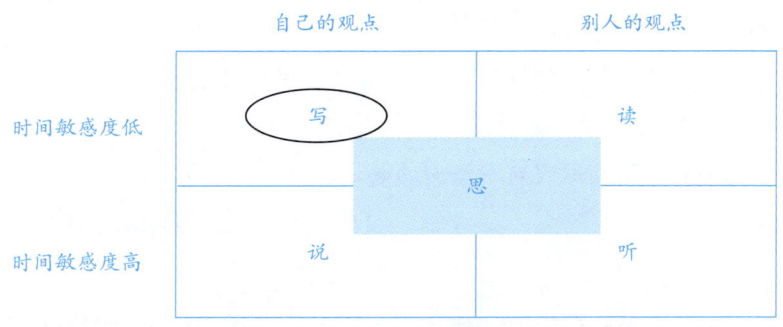

图7.2　批判性思维工具矩阵图——写

成自己的想法并写下来，通过写作来活跃思维，形成自己的想法、关联和论点。在这种情况下，写作本身并不是产出，不需要很完美或有多好，也不需要语法正确，更不需要让别人理解，只要我们自己看得懂就行了。

什么是写作

写作是一系列字母、文字或符号在物体表面的呈现，是能够使口头表述永久记录下来的首个技术。所有写作的目的都是让别人能够"读到"并理解其中的意思，其形式可以是胡乱的涂鸦、图画，也可以是描述性文字，这里的"别人"也包括作者本人。

我们可以用英文字母来书写，也可以用法语、瑞典语、阿拉伯语、希伯来语、汉语、日语或古埃及象形文字来书写；可以通过其他书面符号来表达意思，还可以用数学公式、密码或表情符号来描述。

你能从下面这些书面信息中理解其想要表达的意思吗？

- Writing is a key tool for thinking.

- 写是思考的关键工具。

-

- Etoyomh od s lru ypp; gpt yjomlomh.

母语是英语或汉语的人，以及学习过这两种语言的人都能理解第一条和第二条的意思。我们中的很多人还可能理解第三条的意思——这一条用的是表情符号。但对于不太熟悉这种语言的老一辈人来说，他们是不是可能理解不了？一些比较敏锐和质疑心比较强的学生也许还能理解第四条的意思，这一条是用密码语言写的。

然而，写作作为一种工具，不仅可以表达意思，还可以做得更多。

> 在想法出现时捕捉、记录下来，并及时进行梳理、检查、修改、补充、删减、纠正，从而形成清晰的逻辑和深刻的想法，否则想法是无法实现的。
>
> ——施曼特 – 贝塞特（Schmandt-Besserat），1996，1

也就是说，写作作为一种手段，让我们可以思考得更加深入、更加复杂。这就引出了我们下一个将要详细探讨的话题：为什么要写作？在此之前，请大家先完成实操练习 7.1，后面的章节也会用到这一练习。

 实操练习 7.1 写与思

准备一张纸和一支笔（不要用电脑）。阅读下面这段话，其节选自森奇（Senge）等人的《必要的变革：个人与机构如何携手创建一个可持续的世界》（*The Necessary Revolution: How Individuals and Organisations Are Working Together to Create a Sustainable World*，2010）一书。之后完成下面的任务。

> 但在工业时代的最后阶段，更重大的事情发生了，改变了我们的过去：全球化将国家和地区之间的相互依存程度推向一个全新的水平，并带来了前所未有的全球性问题，包括垃圾和有毒物质的不断增加（常常从一个国家蔓延到另一个国家）、对有限资源的无限攫取等环境危机，以及贫富差距扩大和由此产生的全球恐怖主义。就像铁器时代并不是因为没有铁才结束的，工业时代也不会因为无法继续在工业方面扩张而结束。一个时代的结束是因为个人、公司和政府意识到其副作用不可持续。

任务 1：把上面这段话的最后一句一字不差地抄下来，从"一个时代的结束……"开始。抄完后，用 1~10 的分值给完成这个任务所需的精力打分，1 代表一点都不需要精力思考，10 代表需要非常多的精力思考。

任务 2：用两句话对这段话做简要的总结。做完后，用 1~10 的分值给完成这个任务所需的精力打分，1 代表一点都不需要精力思考，10 代表需要非常多的精力思考。

任务 3：在这段话的基础上，加上一些你知道的其他东西，并对工业时代的未来提出自己的观点。不要思考得太久，几分钟就可以了。之后，写下构成你观点的前三句话（不要修改）。写完后，用 1~10 的分值给完成这个任务所需的精力打分，1 代表一点都不需要精力思考，10 代表需要非常多的精力思考。

后面，我们还会回来再探讨以上任务。

大学期间为什么要写作

总的来说，写作有两大目的：
- 表达意思或信息，不论是我们自己的还是别人的（思考即写作）。
- 产生意思（写作即思考）。

在表达别人的意思或信息时，我们是在复制或总结。这虽然也是学习的一部分（比如课上记笔记），但不需要形成我们自己的观点。我们也可以通过写作来表达我们自己的意思或信息，比如在考试中。我们将其称为"思考即写作"，即思考发生在前，写作是对已经形成的想法的体现。思考即写作也叫作"呈现式写作"，即通过写作来呈现我们的想法或论点。这类写作通常是对外的，比如思考会上需要讨论的事项、起草会议议程，或思考论文问题的答案并写下来。也可以对内：思考自己要买什么，列一个购物清单。在呈现式写作或思考即写作中，产出就是写作（见表 7.1）。思考即写作不是本章的重点。下面让我们看看写作的第二大目的。

我们的重点在于写作，通过写作来产生或发现意思。也就是说，写作本身是一种工具，用来估量我们的思考、推理和论证，我们将其称为"写作即思考"，也叫作"发掘式写作"。写作是为了激发疑问、促进思考、形成并验证可能的意思或论点、汇总并处理不同的信息，以及找到论点、推理或证据中不一致的地方。此类写作几乎都是对内的，即为了我们自己。

表 7.1 思考即写作 vs 写作即思考

思考即写作	写作即思考
呈现式写作	发掘式写作
目标：表达	目标：促进思考、激发疑问、发掘想法
主要受众：别人	主要受众：自己

现在我们已经大致了解了为什么发掘式写作或写作即思考是促进思考的一种工具。接下来，我们还可以更加详细地对写作即思考的作用进行分类。

连贯地表达想法

想法通常是抽象的、模糊的、杂乱无章的、不连贯的、转瞬即逝的、无法定义的、或"触摸不到的"。写作迫使我们以连贯的方式来表达自己的想法，使之更加连贯。当我们把自己的想法写下来时，我们就可以对其加以掌控、驯服、打磨和定义。写作需要具象的表达、定义并建立联系。具象的表达很重要，因为可以被评判和批评（即使仅仅是自我批评）。如果没有具象的表达，那么我们是很难对抽象的想法提出批评性意见的。当想法被以具象的方式写下来时，我们就可以抽离出来对其进行思考。

> 我需要写作来梳理出自己对某些事情的一些不成形的看法。句子和段落之美就在于能够迫使我们将头脑中构思的想法陈述出来。动词和逻辑衔接词可以对模糊意思加以清楚呈现。
>
> ——雷切尔·凯利（Rachel Cayley），2014

促进更加深入的思考

将想法付诸文字也可以改变我们的想法。写作迫使我们专注于最重要的内容，找出可能的联系以及可能产生的主题。关于这一点，米格尔·塞勒玛（Miguel Salema）在本章的"学生说"中进行了详细的解释。通常来说，写作即思考不是回答问题——有时纯粹是提出问题。但此过程可以帮助我们更加深入地思考某个问题。当我们被迫写东西的时候，我们需要问自己这样的问题：这真的值得写下来吗？有时答案是肯定的，其他情况下则是否定的。两种答案都是成功的，因为这个过程就是在帮助我们打磨自己的想法。

形成自己的观点

写作的一个重要目的是形成自己的观点。写作的时间敏感度较低，可以单独进行。也就是说，我们可以尽情地尝试自己的各种想法，面前不会有人听我们说话，也不会有人立刻（或想要）对我们的观点进行批判。写作是我们想法和观点的最终测试台，让我们之后能够自信地向别人口头表达自己的观点。由于我们可以按照自己的节奏来写，还可以回过头去更加深入地思考写下的内容，所以我们有机会对自己的观点进行打磨，这在口头发言中是无法实现的。写作还给了我们思考关联和关系的空间与自由，不会被正式的论点结构或写作规范束缚。

做出有效努力

写作并不简单。事实上，写作真的很难，比读和听难得多，甚至对于大多数人来说，比说还要难。这就意味着我们要花大量的精力在写作上。不论写什么内容，写作都是一种有效努力。回想一下 Chapter 3 中对有效努力及其对学习的重要性的探讨。然后思考一下实操练习 7.1：抄写、总结、表达自己的观点。对于每一个任务，你需要花多少精力去完成呢？看看你打的分数。对于大多数人来说，所需要的精力是递增的。大多数学生可能会觉得最后一个任务最具挑战性，最后一个任务算是一个写作即思考的任务。也就是，他们在做有效努力。也有的人可能会觉得第二个任务更难，因为他们试图找出正确的答案。由此，我们可以得出两点：一是形成自己的观点和想法实际上很具有挑战性，但也正是如此，才让这个过程富有价值；二是写作即思考虽然很难，但也很自由，没有人会检查练习答案，我们可以尽情地尝试和失败——这一点对于学习来说很重要，Chapter 3 中有相关的阐述。

做好研究准备

写作即思考可以帮助我们认识到自己对于某话题知识的了解程度，以及我们现阶段的观点或论点。其好处有三点。首先，让我们找到自己在基础知识方面存在的不足。其次，让影响我们思考的、存在于潜意识中的偏见浮出水面。最后，让我们更好地开展研究和调查，因为我们已经（通过写作）想过了。请注意，这与 Chapter 4 中的"头脑风暴"有一定的重叠。

提升写作水平

写作即思考可以增加我们的写作量，使我们更好地掌握和运用书面语言。除了能够促进思考之外，它还能提高我们的写作水平，因此对于论文和考试等更加正式的写作任务也是有益的。

图 7.3 对以上作用进行了总结。

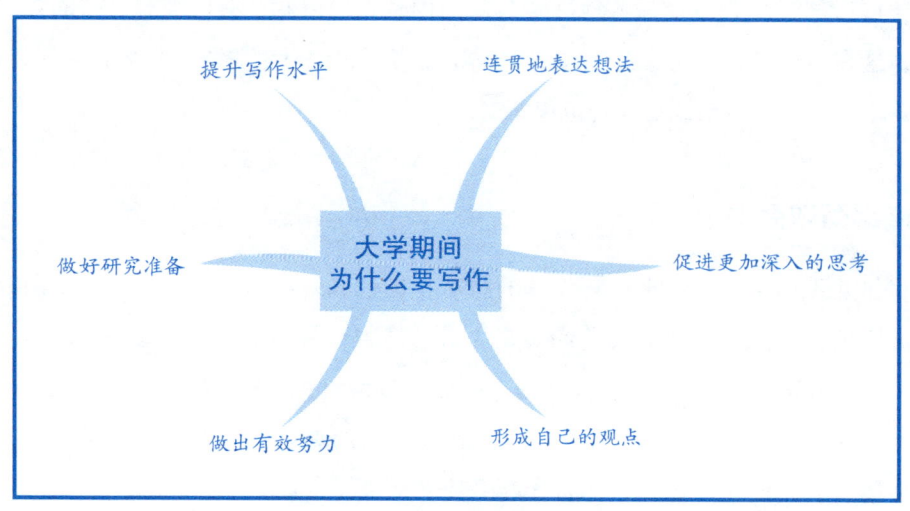

图 7.3　大学期间为什么要写作

我们可以在米格尔·塞勒玛的思考过程中发现运用写作即思考工具的不同原因，包括其最后一句话。读完后，请完成思考练习，看看你与写作之间有什么样的联系。

学生说　我是通过写作学会思考的

米格尔·塞勒玛，里斯本大学学院（ISCTE-University Institute of Lisbon）经济学专业学生

　　在大学期间，我发现写作是一种非常有用的整理想法的方式。作为学生，我们需要同时上好几门课，脑中经常充满了不同领域的各种想法，感到压力巨大，尤其是那些想法还非常复杂或相互矛盾！此外，要想保持清晰的思路并进一步丰富完善这些想法更是难上加难，除非能够将它们写下来，之后在完成其他任务的过程中见缝插针地对其修改、打磨和完善。理解论点的所有含义也是如此，有时论点会变得极为复杂，而写作即思考可以让我们自由但可控地去思考论点的各个方面。

　　写作即思考让我们分辨出哪些想法不够完善或说服力不够强，有哪些更新、更好的想法有助于学习或有效努力。过去，在没有通过写作来打磨想法的情况下直接写论文或作业，我会思绪不够连贯，随意进行删减，或纳入一大堆不需要的基础知识。是写作帮助了我，也希望写作也能够帮助你克服这些问题。

具体而言，动笔写作主要有以下三个原因。

首先，我们需要了解的知识非常复杂，量非常大，大脑无法承受。利用这些写作策略能够使我们组织好想法，这对于批判性思维至关重要。将脑中的想法写到纸上，就像是在向别人解释一样。通过这种个性化的写作手段，我能够把自己的各个想法更好地串联起来。写作是一件私人的事情，不需要与别人分享。我指的是写下来只给自己看的一些高质量的笔记。

其次，写作的过程迫使你保持清晰的头脑，可以让你了解之前不了解的事情。

最后，为了未来。哪怕是在看完一个视频后，你也可以在手机上把这个视频的主要话题记录下来，并据此回答本章中列出的思考问题。后续你肯定还会再读一遍的，那时你就可以进一步完善这些想法了。

我的主要观点：写作不仅是一种好的表达方式，也可以教会我们如何思考。

思考练习 你与写作的关系

在本练习中，你将完成以下两个不同的写作任务，其中一个需要用笔和纸手写完成，另一个需要打字完成，因此你要准备一台台式电脑或平板电脑，或是其他类似的设备。如果只有手机的话，用手机也可以。不过，为了集中注意力，请关闭无线网络或将设备调至飞行模式。后面你就会知道为什么我们要这样做了。

任务 1：拿出笔和纸，列出你认为写作对你生活很重要的所有原因。从中选出三个最重要的，将纸张平均分为三栏，把这三个原因逐一填写在每一栏的最上方。之后问"为什么"或"我是怎么知道这一点的"，看看为什么写作对你如此重要。

任务 2：现在，在电子设备上新建一个文档，用键盘输入你觉得别人的作品对你生活很重要的所有原因。从中选出三个最重要的，将文档平均分为三栏或插入一个表格，把这三个原因逐一填写在每一栏的最上方。之后问"为什么"或"我是怎么知道这一点的"，看看为什么别人的作品对你如此重要。

如何写作

写作即思考可以用到两种不同的方法,即自由写作与定向写作。在介绍它们之前,我们要先引入两种能使上述方法更加有效的思维模式,即区分作者与评论者、重新构思而不是重写。

写作即思考的思维模式

1. 区分作者与评论者

要想有效地实现写作即思考,需引入两种身份:作者与评论者。我们应将这两种身份区分开,不能同时承担这两种身份。坐在桌子前,我们需要决定自己是作者还是评论者。说法很重要,因为能看出时态的不同。作者(the writer of our thinking)是现在时,表明我们正在将想法写下来。评论者(the critic of our thoughts)是过去时,表明在写下自己的想法后才能做出评论。可以把它们想象成两顶帽子。作者不在乎评论者会说什么或怎么想,只关心是否能将想法写下来。戴着作者的帽子时,我们就只需要写。就像康纳·尼尔(Conor Neill)说的,"先吐出一个烂初稿"(2017)。只有在写完后,我们才会把作者的帽子摘下来,换上评论者的帽子。评论者会对想法的质量进行评判,不在乎作者的感受,只专注于想法和观点,并给出诚实、真诚的评判意见和反馈。还有一项帽子我们可能很想戴上,即文字编辑的帽子。文字编辑关注的是文字的拼写、语法和格式。这些与写作即思考的练习没有什么关系,只要我们写出的东西能够将我们的想法(向自己)表达清楚即可。因此,在写作即思考练习中,不要戴上文字编辑的帽子(见图 7.4)。

图 7.4　在写作即思考练习中,不要戴上文字编辑的帽子

表 7.2 列出了一些写作即思考的示例,帮我们将作者的思想与评论者的评判区分开。最后一列是我对这些写作/评论的类型在写作即思考练习中是否常见的一些思考。

表 7.2　区分作者的想法与评论者的评判

作者的想法	评论者的评判	解决方法	在初期的思考练习中是否常见
痴呆症属于疾病，但这种疾病不会"传染"，只会影响大脑功能，也就意味着其在老年群体中比较常见。老年人更有可能对音乐做出反应，因为这是他们年轻时唯一的娱乐活动	背后的观点不够清晰。无相关性，存在逻辑跳跃或缺乏证据支持。"传染性"疾病与你的观点有何关联？似乎不存在相关性。需要证据来证明音乐的重要性，因为如果说音乐是他们年轻时所有的娱乐活动，似乎不太可能	摒弃不相关性，寻找证据，修改想法/观点	这在写作即思考的练习中非常常见，也是增强思考能力的第一步。请注意，由于我们既是作者也是评论者，因此这并不代表着失败，而是思考水平的提升
痴呆症会给老年人的大脑造成损害，但音乐可以对此进行修复并将年轻时的记忆提取出来	背后的观点清晰。应再改进一下语言表达，并需要证据支撑	完善语言，补充证据	这在初期的写作即思考练习中不常见。我们不会一开始就有这么清晰的观点，需要后续增加对话题的了解
音乐对痴呆症患者的有效治疗作用对于了解痴呆症的认知表现以及记忆的提取方式非常重要	背后的观点清晰，语言表达清楚、老练	做得好	在写作即思考练习中几乎不会出现。这更像是前期做了很多思考、阅读、证据收集以及练习的结果

值得注意的最后一点是，作者与评论者之间的差异以及将文字编辑剔除出去，就是我和其他很多人提倡手写的原因，我们认为手写是实现写作即思考的最佳方式。虽然这种观点可能仍存在争议，但据研究显示，我们在手写而不是打字时，能够更好地处理想法，更具创新性，更容易理解正在探讨的问题［米勒（Mueller）和奥本海默（Oppenheimer），2014］。我们在打字时，很难不注意文档里出现的有语法或拼写错误提示的红色或蓝色的曲线。此外，整齐的线条和段落排布会限制大脑的表达欲，让我们有意无意地认为写作是一种产出。而如果用纸和笔的话，那么我们的大脑与文字的意思之间几乎没有距离，能够让我们轻松地将想法"吐到纸上"。在手写时，我们更容易专注于自己的想法和作者这一身份，不会偏离到评论者那边（或更糟糕的是偏离到文字编辑那边）。思考成为我们的重点。写作就像我们手中的笔一样，仅仅是一种工具。回想一下前面的思考练习"你与写作的关系"。思考一下你手写和打字之间的区别。重要的是，考虑一下哪种方式更加自然、有用，更有利于观点和想法的自由流动。想一下，在完成打字任务时，你是否遇到过对想法的干扰，比如停下来修改句子结构，纠正拼写、格式或整个文档的样式？也就是说，你是否成为评论者（或文字编辑）了？

2. 重新构思而不是重写

写完后，通常别人会告诉我们应"再修改一下"。这是把写作看作一种产出——通过修改来完善文字语言，更好地表达我们的论点，使文字符合语法和学科规范，让意思更加清晰且易于理解。这并没有将写作视为提升思考水平的工具——写作即思考。我们不应该对语言或论点做修改，而应重新构思观点和想法。

写下自己的想法后，我们可以离得远些，带着批判性的眼光再读一遍（即戴上评论者的帽子）。我们可以认为这些初步的想法很合理，或者有形成连贯观点或想法的可能性，也可以不这样认为。两者都是成功的，因为写作的过程帮助我们了解到了这一点。对于前者而言，我们可以对这种可能性进行重新构思，从不同的角度去考虑，摒弃其中无关的内容，使表达更加清晰。对于后者而言，我们可以选择放弃，同时要明白为什么放弃，带着这个问题重新构思。

探讨完写作即思考的两大思维模式，下面将介绍一下练习过程中可以使用的两种方法，以及每一种方法有哪些独特的优势。

查阅清单：写作即思考的思维模式

☐ 区分作者与评论者，不要同时承担两种身份。

☐ 在写作即思考练习中永远不要做文字编辑。

☐ 重新构思自己的观点和想法，不要修改语言或结构。

实现写作即思考的方法

1. 自由写作

当赛马参加比赛时，它并没有终点线的概念，也无法想到中途可能会遇到的弯道或要想赢得比赛须跳过的障碍。它在看到前面有障碍时就会跳起，在骑师拉紧缰绳时会停下。在自由写作时，我们就像赛马一样，无须思考要去哪里、前面有什么样的弯道、需要通过哪些障碍才能成功，只需要向前奔跑，面对将要遇到的各种情况。其实就是把笔拿在手中，把自己的手想象为一匹赛马，把自己想到的都写下来。我们甚至可以有自己的骑师来让自己停下，比如在手机上设置计时器，然后开始写作。让赛马自由地奔跑，直到计时器到时提醒。这就是自由写作。自由写作的优势在于我们不会受到任何方向、边界或规范的限制。

2. 定向写作

定向写作是指利用一系列问题来帮助我们写作。与自由写作相比，这样做主要有两个好处。首先，有的学生会觉得自由写作太过于开放，不知道该从哪里着手。而定向写作则可以提供一些方向，但不会手把手地告诉你该做什么。不过对于喜欢自由写作的人来说，这也是很有益的。定向写作可能会提出我们之前没有想到的、未来须努力解决的问题。也就是说，可以让我们进入有效努力状态，这是培养批判性思维的关键。其次，定向写作可以让我们保持专注，不会跑题。

（1）定向写作的核心

定向写作主要涉及七大核心问题：

- 谁（调查性）。
- 什么（描述性）。
- 何时（时间性/历史性）。
- 哪里（空间性/地理性）。
- 如何（过程性）。
- 为什么（判断性）。
- 能/应如何（猜测性/规范性）。

每一类问题都有其目的或重点：

- 关于"谁"的问题属于调查性问题，重点在于与话题有关的关键人物、机构、组织、国家或文化。
- 关于"什么"的问题属于描述性问题，通常是为了达到理解的目的而提供的一些必要的背景信息。
- 关于"何时"的问题涉及相关的时间、历史背景或因素。
- 关于"哪里"的问题探讨的是话题的空间或地理特性。
- 关于"如何"的问题针对的是过程，即一件事或一个步骤如何与另外一个相关联。
- 关于"为什么"的问题属于判断性问题，即试图理解背后的原因。这是培养批判性思维的一个关键问题，因为它能够形成原因或推理线。请注意，我们在本书的思考练习中也应用了该问题。
- 关于"能/应如何"的问题属于猜测性问题或规范性问题。猜测性问题是对过去或未来情况的预测（有怎样的不同，未来如何改变）。规范性问题是通过引入规范或价值观来实现教化的目的（他们应如何回应，未来他们应如何行动）。

（2）定向写作的步骤

定向写作主要有三个步骤（见图7.5）。

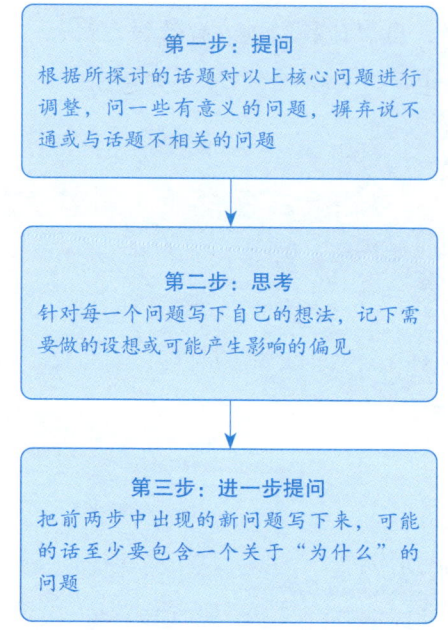

图7.5　定向写作的三个步骤

第一步，根据我们探讨的话题对以上核心问题进行调整，问一些有意义的问题，摒弃说不通或与话题不相关的问题。仅仅是这样一个提问题的过程就能够帮助我们打开思路、拓展思维。而且由于在这一步中，我们并不是为了回答问题，所以也就不会有压力，从而能够自由地思考和提问。

第二步，针对每一个问题写下自己的想法。关键在于，这是与问题有关的想法，而不是问题的答案。我们练习不是为了回答问题，而是为了探究自己的想法、可能的答案和设想。练习也给了我们发现任何可能存在的偏见的机会，不管这些偏见是有意识的还是无意识的，它们都可能对前述想法产生影响。请记住，我们的目标不仅仅是思考，而是批判性思考。重要的是，不要用搜索引擎或通过翻书来增加对话题的了解或寻找"答案"——这不是研究练习，而是思考练习。

第三步，把在研究以上问题过程中出现的新问题写下来，这是思维或推理拓展的过程。因此，通常至少要包含一个关于"为什么"的问题，因为这会激发我们的判断性思维或帮助我们找出原因，也就是确立（可能的）论点。

查阅清单：写作即思考的方法

- ☐ 自由写作，不要受任何限制或规范的束缚。
- ☐ 定向写作，帮助找到着手的方向，并提出一些较难的问题。
- ☐ 请记住，对以上七大核心问题进行调整，需要具备批判性思维。
- ☐ 不要回答问题，而要探究自己的想法。
- ☐ 把新问题都记下来，因为这是你的新想法。

下面，我们通过实操练习 7.2 来实际操练一下。那些喜欢写正确答案的人可能会觉得这样做很不舒服。很多人可能想要通过搜索引擎来增加对话题的理解或寻找答案。请忍住，不要这样做。这不是对我们知识的测试，而是关于工具的练习。把自己的想法写在纸上，做好（可能）犯错的准备。单纯地做一名作者。我们所写下的内容能够帮助我们进一步探究自己的想法。几乎可以肯定的是，将这些想法变成类似答案一样的产出需要更多的思考和信息，但这不是我们练习的目的。

 **实操练习 7.2**　写作即思考练习

从以下五个话题中选择一个，或自己想一个话题。

1. 大学在线教育。
2. 高等教育在社会中的作用。
3. 社交媒体对于青少年生活的重要性。
4. 全球对于环境变化所做的适当的回应。
5. 非洲奴隶交易的现实影响。

任务 1：自由写作。

在手机上设置一个 10 分钟的计时器，再开始将你对所选话题的看法写下来，直到计时器停止。

任务 2：定向写作。

针对你所选的话题，按照图 7.5 中的步骤进行定向写作，即提问、思考、进一步提问。

应在何时运用写作即思考这个工具

虽然本节主要探讨的是写作即思考的思维模式及方法，但还有一点值得思考，那

就是在大学期间何时使用该工具会比较有效。总的来说，它在任何我们想要提升思考水平的时候都很有用，不论是针对某一特殊话题，还是针对一般性的话题。此外，在另一些情况下做这样的练习，对大学学习的其他方面也会很有益。

1. 讲座或课前预习

如果老师要求我们在讲座前或课前思考某个问题以用于小组讨论，那么写作即思考这个方法（即使非常简单）能够帮助我们打磨想法，提前形成自己的观点。对于很害怕在讲座上发言的学生而言，这样做很有用，可以使之有机会根据自己的节奏来探究其想法并提前练习。

2. 提前研究

对话题开展研究是一项宏大且艰巨的任务：我们应该从哪里着手？写作即思考练习，特别是定向写作，一方面可以帮助我们探究自己现有的知识体系，另一方面可以拓展我们的思考范围，以此为我们的研究任务指明方向，帮助我们提前确立论点。

3. 课后

我们可能会在课上记笔记。课后可以在这些笔记的基础上做写作即思考练习，探究自己的观点。这样做可以帮助我们构建一个更具整体性的画面，提出更多的问题，或发现自己在知识储备方面的不足。同时也提醒了我们形成自己观点并创造知识的重要性，而不要只做知识的消费者。

克服障碍，实现写作即思考

到目前为止，本章就写作即思考的过程提出了很好的建议和很实用的指南。接下来讲一讲写作即思考可能存在的障碍以及我们如何克服这些障碍。

写作即思考的障碍主要来自三个方面：时间、自信心与批评意见、写作与语言能力。

时间不够

在大学里，我们需要上课、读书、做小组作业、参加考试，还有很多其他学习之外的重要的事情，那么还有时间做写作即思考练习吗？虽然本书的目的并不是帮你节省时间，但写作即思考确实可以做到这一点，因为写作即思考需要整合我们的知识和想法，这样我们就不用再读一遍了，还可以帮助我们确立研究目标，作为练习或考试的第一步。我们可以每周安排一次写作即思考的练习，可以是在每天的通勤路上，也可以与课程或研究任务一起进行。

查阅清单：找时间

☐ 整合知识、专注研究，通过写作即思考来节省时间。
☐ 定期做练习或利用每天的通勤时间。

缺乏自信，害怕批评意见

不自信是一种障碍，因为学生通常会觉得自己缺乏相关的知识（"但我还没有学过呢"）或自己的知识水平与别人相比还存在一定的差距（"但别人知道的比我多"）。写作即思考可能会使某些学生感到不舒适，因为在动笔写东西时，我们会觉得自己的上述缺失是确有其事的。如果不太确定自己写的内容是否"正确"，那么我们就会觉得自己犯了错误或是弄错了。即使读者只有我们自己，但一旦开始动笔，我们就会觉得有被别人批评的可能，于是对自己写的内容更加苛刻，也会更加不愿意把自己的想法写下来。

虽然这种情况很常见，但它并没有抓住写作即思考的重点。写作不是为了找出正确答案或立即将严谨的推理过程记录下来，而是为了拓展我们的思维，找出与问题和话题有关的各种可能性。重要的是，若想发挥出该工具的最大潜力，我们需要克服这种不舒适性，将不成熟的想法和观点写下来。为此，虽然我们可能会觉得自己还无法回答问题，但我们完全有资格去思考，之后把想法写下来。

查阅清单：树立自信心

☐ 没有人会对你的写作即思考练习提出批评意见。
☐ 我们的目标不是找出正确答案。
☐ 自信地思考，之后将想法写下来。

写作和语言能力不足

写得好并不是做写作即思考练习的必需技能。写作即思考的唯一读者就是我们自己，因此无须担心拼写或语法。产出也不是写作，而是思考，因此永远不要被对自己写作能力的担忧影响到自信心，进而放弃使用该工具。甚至应该经常使用该工具，因为它除了能够促进思考之外，也是一种没有压力的写作练习方式。

对于很多学生而言，英语是教学语言，其母语是另外一种语言。鉴于此，我们在写作即思考时应该用哪种语言呢？是教学语言，还是我们运用更加熟练的母语？这个问题不容易回答，每位学生都应该在做出决定之前考虑一下各自的优缺点。其中要考虑的一点是，虽然写作即思考是为了提升思考水平，但附带着也能够提高写作能力。这对于大学教育来说尤其有用，特别是在考试时。此外，如果你是在一个英语学校攻读学位，以便提高自己的英语水平或未来能够在英语国家找到一份工作，那么你更要抓住这个练习和提升的机会。尽管如此，如果你觉得用母语来做写作即思考练习能够提升自己的思考水平，但用英语则不会的话，那么你就需要决定一下哪个更重要。

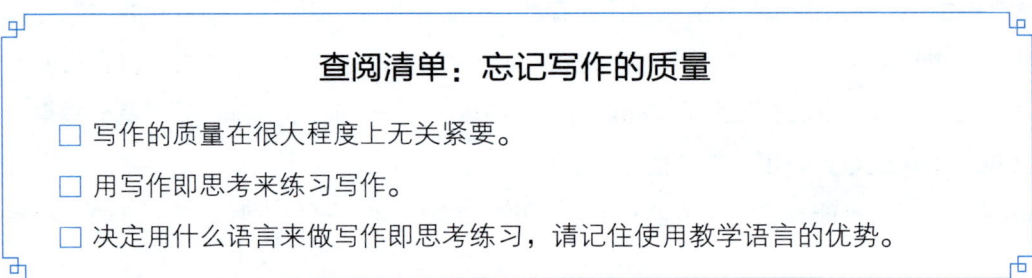

查阅清单：忘记写作的质量

- ☐ 写作的质量在很大程度上无关紧要。
- ☐ 用写作即思考来练习写作。
- ☐ 决定用什么语言来做写作即思考练习，请记住使用教学语言的优势。

图 7.6 对写作即思考的障碍进行了总结。

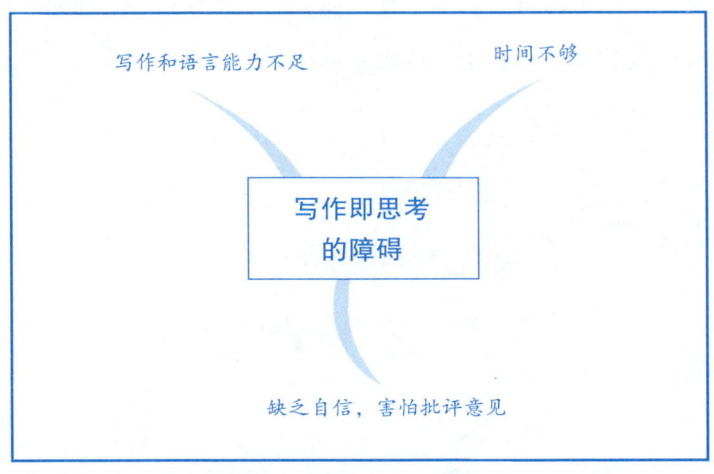

图 7.6　写作即思考的障碍

写作与其他工具的结合

虽然我们可以在某种程度上将写作与读、听、说结合起来，但该工具还是离其他工具比较远的。读和写可以结合起来，但要与写总结区分开，即在读完后我们写作即思考的对象是自己的想法和观点。写总结是总结别人的观点，写作即思考是梳理自己对阅读材料的想法，并形成自己的观点。

写作即思考同样可以用在课后，以更好地理解自己对于某个活动或练习（比如讨论或辩论）的想法。还可以用在发言之前（比如我们预计课上可能会有辩论或讨论环节），来梳理自己的想法，为自己的发言内容提供更有力的支撑。请记住，这并不是指写下我们想说的内容，而是利用写作来梳理思考过程。这样，我们在开始发言时，大脑里已经有自己的想法了，我们只需要将这些想法说出来即可。我自己在一些重要的发言之前也经常用这种方式。

像专业人士一样实现写作即思考

写作作为促进思考的一种工具，不仅对于学习来说很有用，还能够为职业发展提供支持。自由写作与定向写作这两大策略可以用在很多场合，包括：在可能需要发言（可能不会提前告知）的会议之前做准备、反思自己的发展以作为评估沟通或流程的一部分，或在启动一个战线较长的市场研究项目之前了解我们最终需要得到的结果。当然，工作后会很忙，因此那时的写作更多是一些流程性的工作（如回复电子邮件）或专注于产出（如报告）。然而，这就让写作即思考这种工具变得更加重要了，尤其是对于那些能够有效使用该工具的人而言。该工具还可以帮助我们以时间敏感度较低的方式在没有压力的情况下按照自己的节奏来形成自己的观点。Chapter 10 的"从业者说"中强调了发言在职场和个人发展中的重要性。写作即思考是我们整个职业生涯中一种验证自己观点的方式，可以增加发言的自信心。

写作即反思

虽然我们一直在讲写作即思考，但其实还有另外一种写作类型可能是大学里要求或鼓励我们去做的，那就是反思性写作，或为了与本章的说法保持一致，也可以叫作"写作即反思"。写作即反思是写作即思考的有力补充，可以改善思考方式，从而提升思考水平。写作即反思让我们有机会审视自己的思考方式，可能包括利用（或不用）这些工具来提升思考水平、思考其他有助于或阻碍提升思考水平的因素。写作即反思通常包括对事情——如讲座、课程、小组互动或写作即思考练习——的回顾，以及思考为什么有效或为什么无效。因此，与其他的写作类型相比，写作即反思更针对于个人，就像本章中亚历山大·麦考尔·史密斯（Alexander McCall Smith）在"从业者说"中提到的那样。通过这样的反思，我们可以找到究竟是哪些问题阻碍了我们进步，继而努力去解决它。因此，写作即反思有助于清除阻碍我们利用其他工具提升思考水平时遇到的障碍。

策划写作即反思练习

在策划写作即反思练习时，可以问这样三个问题：什么？会怎样？又会怎样？

1. 什么

这属于描述性问题，答案应简洁明了。

- 发生了什么？
- 何时？
- 在哪儿？

> 我昨天用自由写作的方法做了自己的第一个写作即思考练习。我是在咖啡馆做的，话题是我目前正在研究的全球不平等性问题。

2. 会怎样

这属于解释性问题，答案应稍微长一些。

- 为什么这件事情很重要？
- 发生了什么让我们对其进行反思？
- 为什么会发生？
- 我们对此感觉如何？
- 有什么可以改变？
- 过去有类似的事情发生吗？

> 这简直是一场灾难。我什么都写不出来，只能坐在那里盯着空空的页面，之后看向窗外，看看坐在我旁边的一家人。我又喝了一杯咖啡，以为会有用，但并没有。为什么我写不出来？我担心是因为我们什么都不知道，我甚至不知道我是否应该上大学。不知道别人是否也经历过这种情况？

3. 又会怎样

这属于结果性问题。很重要的是我们来到了写作即反思的这一阶段，没有被上一步"会怎样"的问题难倒。这一步能够让我们做出一定的了结（即使不是针对我们面临的问题，但至少是针对这个反思的过程）并采取行动，以确保下一次写出不一样的东西，也确保还有下一次。

- 从发生的事情中我们学到了什么？
- 下一次我们能怎么做（或会怎么做）？

> 我原来并不同意书中说自由写作对于一些人来说很难，但我现在深有体会。下一次，我想我会先尝试一下定向写作，至少能从一些现成的问题着手。我也会重读写作即思考这一章，并且跟想要尝试写作即思考的朋友交流，看看他遇到了什么样的障碍和困难。

下面，作家亚历山大·麦考尔·史密斯将分析如何通过写作的窗口来反映自己的想法和面临的问题，以及如何有效地写作。

从业者说　洞察心灵

亚历山大·麦考尔·史密斯，英国作家

作为作家，你会发现几乎你遇到的每一个人都想要写一本书。我遇到的很多人当听说我是作家时，都会说他也正计划写一本书。有的人甚至想要写一套系列丛书。我很少遇到连写一本书的想法都没有的人——哪里都没有。

有趣的是，这恰恰显示出文字的重要性，以及大家普遍想要通过文字与其他人沟通的愿望。当然，我们都会写点东西，不论是在中小学或大学里,还是在工作中。

　　写作是一项日常的例行工作——为我们自己,或为其他读者。或者我们可以做些改变——让写作成为一个自我发现和了解世界的过程。写作是对想法的表达,是对大脑活动的反映。并不是所有人都请得起私人心理师,可向其诉说自己内心深处的情绪,但我们都有纸和笔,或是电子设备,可以把自己的想法写出来。我们不需要老师来评判或打分——通过一张纸和一支笔,我们就能发掘(和形成)自己的想法和观点。但在这个过程中,我们必须对自己诚实,所写即所想,而不是猜测别人想听什么。诚实是优秀写作的核心。

　　写作时不要追求效果,不要炫技。就用简单的语言来写,用一个词来总结,即礼貌。想象一下你的读者和你坐在同一个房间里,相互对视。你并不想只是你一个人在大声地说,而是希望能够对话,即两个人在相互尊重的基础上理性地交流想法。这片明媚的高地是写作带给我们的。

本章小结

- 写作即思考的目标在于形成初步的想法、激发好奇心、对想法进行验证。读者只有我们自己。
- 写作有助于提升思考水平，因为写作并不容易（需要有效努力），既需要我们能够连贯、清晰地表达出自己的想法，也给我们空间和自由来验证自己的观点。
- 在做写作即思考练习时，我们须承担两种不同的身份：作者和评论者。但切记不要同时具有这两种身份。
- 一旦将自己的想法或观点落到纸面上，后续就是对想法或观点的重新构思，而非重写。
- 自由写作是在一段时间内针对某话题写下自己知道的或认为自己所知道的任何内容。
- 定向写作是在话题基础上给出七个核心问题，之后写下自己对这些问题的看法。
- 写作即思考的三大障碍是缺乏时间、不自信和不能面对批评意见，以及写作和语言能力不足。
- 写作即反思可用于发现和克服我们在使用写作或其他工具时所面临的障碍。

延伸阅读

- 雷切尔·凯利博士的博客"风格探索"（Explorations of Style）是专门针对学术写作的。除了她的文章之外，其博客上还链接了其他人关于此话题的最新文章，这是一个非常不错的信息和思考来源。
- 生物学教授尼尔·哈夫（Neil Haave）（2015）在斯坦福大学博客"明日教授"（Tomorrow's Professor Postings）的一篇文章中探讨了写作即思考的概念。其中提到了本书中的一些概念，还补充了很多参考材料供大家进一步研究。
- 康纳·尼尔（2017）的"如何让你的想法更加清晰——写作即思考"［How to Improve Your Clarity of Thought（"Writing is Thinking"）］主题演讲，3月17日。虽然只有短短的9分多钟，但很值得一看，有助于我们更好地理解写作即思考。

Chapter 8
读

课前思考

1. 我们能从阅读中获得什么?
2. 为什么阅读对于批判性思维很重要?
3. 主动式阅读面临哪些障碍?

学习目标

阅读完本章,你应能做到以下几点:
○ 探讨阅读在大学中作为培养批判性思维工具的作用。
○ 了解主动式阅读的组成要素。
○ 强调解读的重要性,以及文本的三个不同作者。
○ 了解选择性阅读,以促进主动式阅读。
○ 制定情景—广度—深度的主动式阅读策略。
○ 了解主动式阅读面临的主要障碍,知道如何克服这些障碍。
○ 理解像专业人士一样阅读的重要性。

学者说 不是阅读即了解

曾经有一位学生在课后告诉我他感到很失望,因为课上没有讨论必读文章中的某一篇文章,因此,他也就没有机会向大家展示自己不仅读过,还可以回答相关的问题。

对此,我问他:"但我们整堂课都在讨论那篇文章中所涉及的话题,你为什么不举手分享自己的看法呢?"

他很真诚地回答道:"因为我在等您说是时候讨论一下那篇文章了。"

阅读并不是固定不变的,不是像完成任务清单那样或在读完的情况下回答具体的问题,而是作为一种工具,让我们从更加宏观的角度来把握该话题,并就此进行思想讨论。在讨论过程中,我们可能会引用(或反驳)阅读材料中论点的不同方面,来对话题进行探讨并确立自己的立场。批判型思考者不会仅为了回答某个问题而阅读,也不会孤立地看待某个阅读材料,而是通过阅读来实现对某个话题的整体性思考——不是阅读即了解,而是阅读即思考。

我就此向这位学生进行了解答,并鼓励他参与到我们讨论的话题中,而不是为了证明他完成了阅读清单。我不太清楚是否真正说服了他,但正是我对以上情况的思考促使我写下了本章。

初识阅读

如果你正在读本书,那么就说明你知道如何阅读,对吗?到目前为止,你所接受的教育极为依赖你的阅读能力。在小学时,我们是学习即阅读:学习每一个字、由字组成的词句、文章等。在中学时(或其他相同级别的教育),我们学习的重点发生了变化,阅读是为了了解:理解段落和章节的意思来增加基础知识、回答问题或完成作业。到大学时,我们进入了高等教育阶段,学习的重点再次发生了改变:从阅读即了解转变为阅读即思考。详见图 8.1。

阅读即思考,也就是我们这里所说的主动式阅读,不是我们之前熟悉的那种线性"清单式"练习,而是非线性、杂乱的,有时甚至让我们在掌控自己的阅读列表时感到力不从心。对于大多数学生来说,可能既感到新鲜,又感到畏惧。

图 8.1　教育的发展进程

* "知道"一词所带有的引号非常重要。是知道"确切的"答案，还是知道"某个"答案？回想我们在 Part 1 中的讨论。

这种方式就是大学中向独立学习的转变，不将阅读视为一种要求，而是视为促进思考的工具。同时，这也是一种更加符合现实的看待阅读的方式，尤其是在我们毕业后的工作中。正如图 8.2 所示，阅读让我们探索并理解他人的观点。此外，阅读本身具

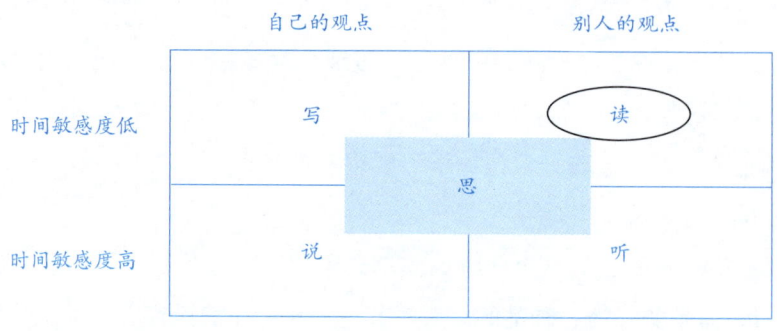

图 8.2　批判性思维工具矩阵图——读

有的低时间敏感度也有助于提高我们的阅读质量和体验。最重要的是，本章可以帮助我们理解为什么大学阅读是成为批判型思考者的必要工具、主动式阅读是什么，以及如何成为一名主动的读者。在探讨什么是阅读或如何有效阅读之前，值得我们考虑的是：我们为什么要阅读？

大学期间为什么要阅读

这个问题非常具有现实意义。在当前的数字时代，我们可以很轻易地听到专家、领导人、思想者的观点，那为什么还要阅读呢？我们既然可以看到作者的 TED 演讲，为什么还要看他的书？从表面上来说，阅读是大学学习所要求的，比如我们需要读完一些书目，其中包括重要的教材、文章或报告。然而，还有一些更加成熟的答案来回答"为什么阅读是大学学习重要的一部分"这一问题。

阅读帮我们引入他人的观点

从根本上来说，我们可以通过阅读将别人的观点引入自己的思考。我们阅读教材来增加对某个话题的基础知识，阅读期刊、报纸、网上（可信的）博客的文章来观看辩论和讨论。此外，大多数的学科都至少在某种程度上依赖于作古已久的思想家用文字传承下来的思想，他们没有留下任何的录音录像。我们无法亲耳听到亚当·斯密讲道德哲学，但我们可以读他的书和文章。因此，为了能够学到重要的学习资源，我们必须阅读。

阅读的时间敏感度低

阅读的时间敏感度低，可以从读者和作者两个角度来解释。

1. 读者角度

阅读的时间低敏感性对于读者意味着可以按照自己的节奏来阅读。与听不同，我们可以慢慢地读想读的内容，可以对书中或文章中的内容进行挑选，跳过不相关的内容。更重要的是，我们可以通过重读来加强理解，也可以把一本书中的内容与另外一篇文章做对比，看看是否存在不连贯或矛盾之处。在学期结束后，我们也很容易回顾自己做的笔记，从而得到更多的信息，加强理解，之后带着新想法或更多的基础知识再读一遍整个章节或整篇文章。

2. 作者角度

阅读的时间低敏感性对于作者意味着有时间精心构思和沟通想法。教材、报纸或期刊文章等书面文本并不是即时产生的，与上课或录制的发言相比，作者在写作时会投入更多精力。你之前是否录过自己的发言，但在回头听时却发现说得不太对或没有把意思表达清楚？我曾经有过这样的经历。但本章的内容是认真写出来的，并且经过了修改—编辑审查—修改—他人审查—再修改—编辑再审查—终版修改的过程。可能与我真正想要表达的意思仍然会有一些差距，但差距很小，因为这并不是即时写成的，所以可以通过多个层面来表达更加复杂的想法。此外，从读者角度来看，仅仅是这一篇文本，大家作为读者都可以阅读、重读、查字典、查找其他资源、再读、思考等。

主动式阅读有助于培养批判性思维

本节探讨的是大学期间为什么要阅读，但更重要的是我们为什么要主动阅读？在被动阅读时，我们会很容易脱离文本，无法真正理解阅读本身，或不知该如何与我们的话题或课程相关联。这会让人有些泄气，不想再读下去，有的学生会完全放弃，只靠上课来学习。这类学生在听到老师激情澎湃地讲解文本时可能在想：我们是否读的是同一个内容？制定主动式阅读策略主要有两大作用。首先，确保我们更好地了解话题，能跟上并参与到讨论和辩论中。其次，也是更重要的，能够激发我们的阅读动力和阅读兴趣。不夸张地说，主动式阅读既是培养批判性思维的重要步骤，也是享受大学生活的关键。

图 8.3 对上述原因进行了总结。

然而，对于从阅读即了解向阅读即思考的转变，不同的学生会有不同的回应。有的学生可能非常适应，能够轻易地完成转变，但有的学生可能做不到。阅读即了解在话题周围设置了边界，这会让人感到很安心，因为会有人确切地告诉你需要读什么材料、按什么顺序阅读，所以你知道自己最终是可以读完的。阅读即思考打破了这样的边界。在大学里，我们不可能读完与某个话题有关的所有阅读材料，也不可能知道与话题有关的一切知识。这就是现实。当然，这其实也是一个好消息，因为这说明我们可以通过很多不同的解读、论点和证据来了解我们所生活的世界。如果不是这样的话，那么培养思考能力还有什么意义呢？总之，我们在大学中阅读，不是为了记住别人写

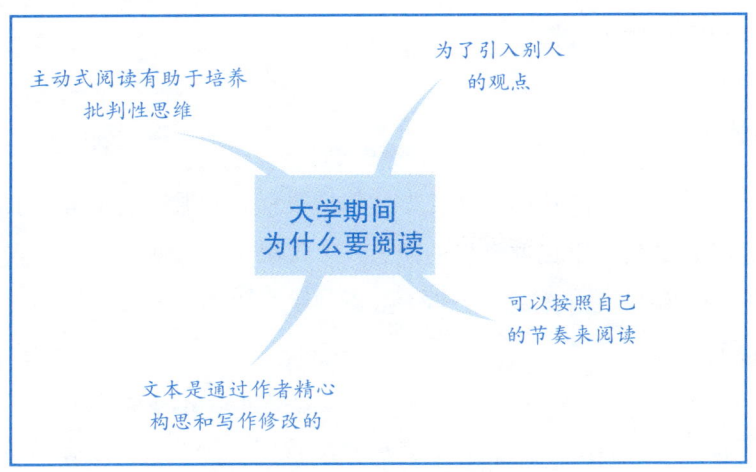

图 8.3　大学期间为什么要阅读

了什么，而是为了思考他们的意思。

在详细探讨此方法前，请先完成思考练习，思考一下阅读在日常生活和职场中有什么样的作用。

 **思考练习**　阅读对思考的作用

任务 1：思考一下大学阅读的过程。列出你在大学中需要阅读的所有材料，从中选出对你的思考最有帮助的那一个，用"此类阅读有益于我们的思考过程，因为……"开头，写一段话。

任务 2：思考一下大学之外的阅读，也许和你希望从事的职业有关。这个职业需要你读什么材料？这些材料对该职业有何重要性？之后用"阅读对于该职业非常重要，因为……"开头，写一段话。

如果你不知道答案或希望能多想一想，且你认识从事该职业的人，那么为何不给他们打个电话问问呢？

什么是阅读

下面，我们将阅读拆开，探讨一下阅读的不同要素。请注意，本节的重点是如何主动阅读一篇文本，下一节我们会探讨用主动式阅读的策略来完成阅读书目的任务，

以提高对整个话题的思考水平。

阅读过程的五大要素

你是否曾经读过一幅画？如果你觉得这句话很荒唐，那么请思考一下究竟什么是阅读。阅读是从视觉信号中提取意思的能力，不仅限于字母或文字，这就是为什么我们能够看懂地图、乐谱或身体语言（盲人或有视觉障碍的人除外，他们是通过手指触摸盲文来阅读的）。

在各类情况下——文本、地图或音乐等——阅读过程包括五大要素：看到、理解、分析、解读、评判。我们称这种阅读方法为"主动式阅读"。虽然主动式阅读的这五大要素是以线性的方式列在这里的，但评判会贯穿整个过程（后面还会探讨），而且我们并不是通过这种顺序来阅读的。这些要素之间是递进关系：看到后才能理解，理解后才能分析，分析后才能解读。然而，这既可以顺着来，也可以倒着来（见图8.4）。也就是说，并不是说只有在理解完成后才能开始分析。此外，评判是贯穿整个过程的，而且根据文本类型的不同，评判的重要性也不同。在后面探讨不同类型的阅读文本时，大家会有更加深入的了解。

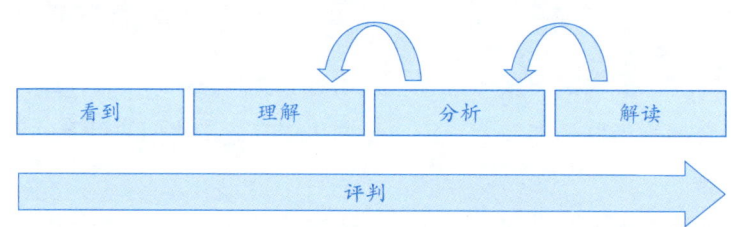

图 8.4　主动式阅读

1. 看到

看到指我们的眼睛能够通过视神经将视觉信号传到大脑。大多数人都很清楚这一点，所以这里不再多说。

2. 理解

理解包含对文字、句子和段落的阅读和理解。虽然这听上去很简单，但由于写作材料和话题变得越来越复杂，所以常常会有理解不了文字或搞不清楚概念的情况发生。这时可以借助字典来帮助我们准确、有效地理解，从而实现主动式阅读的目的。还有一点值得注意，即包括失读症和运动困难在内的一些阅读障碍会给理解带来影响。大多数大学会在此方面提供一些支持，如果你觉得可能在阅读方面存在一些困难，那么建议你做一个专业的评估，确保可以获得所需的支持。

3. 分析

与其他要素相比，分析可以说是主动式阅读的核心。分析指在主动式阅读时的认知过程。虽然重点在于内容的分析，但我们也会不可避免地需要分析自己和自己掌握的知识程度。在内容方面，我们会分析文本说了什么、没说什么，用自己现有的基础知识来看看该文本如何与我们已知的信息相关联、如何增加我们的知识、是否与我们所知道的相矛盾。这样一来，我们就必须对自己进行分析，分析自己在基础知识方面存在的差距，或者需要重新考虑哪些知识、完全丢弃哪些知识。

4. 解读

前面讲过，阅读是提取意思的过程。那么解读就是我们根据看到的、理解和分析的情况来提取意思的过程。请注意，这种解读或意思都是暂时的。随着读得更多、理解得更深，以及基础知识的增加，我们可能需要对解读到的意思做一些调整或一些大的改动，甚至完全丢弃。

5. 评判

评判贯穿于整个主动式阅读的过程，主要分为两部分。一是对论点的质量和证据的力度进行评判（Chapter 4 和 Chapter 5 对此有详细的介绍）。考虑论点是否推理严谨、是否存在逻辑瑕疵或逻辑跳跃。从知识的可靠性和来源的可信度来评判证据是否可信或缺失。二是评判文本的可用性。我们可能会读到一篇可信度非常高且推理非常严谨的文本，但没有什么用，因为该文本与我们研究的话题无关，或者与我们的学习水平相比太简单或太难。我们是否需要主动评判每一篇文本？不一定。后面讲到阅读不同类型的文本时会再详细探讨。

总之，主动式阅读包括看到文本、理解文字和段落、带着话题和基础知识开展分析、解读意思，并在整个过程中对文本的可靠性、可信度和可用性进行评判。

介绍完主动式阅读的五大要素，下面看一下另外两个相关的问题：一是要根据不同类型的文本对阅读方法进行调整；二是解读的重要性，可能这对于学生来说很难理解和把握。

阅读不同类型的文本

虽然我们这里介绍的阅读方法是通用的，适用于所有主动式阅读，但不同类型的文本可能需要不同的阅读方式。明白了这一点，我们在阅读某些文本时就可以节省时间和精力。此外，一些与学科有关的文本——例如一些历史性的文本或正式的法律文书——有时会有其规定的阅读方式。虽然通用的阅读方法对它们可能仍然适用，但我们还是需要老师的指导与帮助。下面将分类别介绍如何阅读大学中一些常见的文本，以及在培养批判性思维方面它们各自发挥了怎样的作用。

1. 学术教材

学术教材通常在大学初期就已经指定好了，读它们主要是为了增加基础知识储备。正如 Part 1 中所说，较广的基础知识储备非常有利于培养批判性思维。此类文本的可信度也非常高，因此在主动阅读学术教材时，我们基本不需要做评判。

2. 学术期刊文章

正如 Chapter 5 中所说，学术期刊文章经过了作为知识捍卫者的期刊编辑的评判，是可信且可靠的。因此，这里所说的评判主要是评判其可用性。此外，对文章的不同部分有不同的评判方式。例如，研究方法那部分对于我们来说可能没有什么用，除非阅读的目的是学习研究方法。

3. 字典

字典（包括学科专业词典）也基本不需要评判，甚至不需要做大量的分析或解读。字典中说的就是其想要表达的，因此只要能理解就够了。

4. 其他文本

除了以上几种类型之外，大多数其他类型的文本都需要用到主动式阅读的所有要素，这些文本包括声誉较好的机构报告、权威的 / 著名的新闻媒体的报道，以及非政府组织、智库和咨询公司发布的报告（Chapter 5 中有相关阐述）。不过，其来源的可信度越低（详见 Chapter 5 中的图 5.5），就越需要我们认真评判。

解读的重要性

除文本的不同类型之外，解读别人的文本（对其赋予意义）也是需要我们探讨的一大问题。通常情况下，大多数学生都忽视了这一点，可能是因为他们并没有意识到有解读的必要，也可能是因为他们缺乏从分析跨越到解读的自信。很多学生认为自己没有权利或能力对某一个文本做出自己的解读，因为作者知道的比他们多。这是不是听上去很熟悉呢？

有两种方法可以消除以上常见的担忧，帮助我们找回自信，进行有效的主动式阅读，能够对文本进行解读。

1. 了解老师为什么要指定教材

让我们先想一下为什么老师要在一开始就把教材指定好。没错，就是为了增加我们的基础知识储备。但请记住，大学教育不仅是为了向我们传授更多知识，更是为了让我们掌握不同的（更好的）思考方式（详见 Part 1）。而解读是提高思考水平的关键。老师不指定教材，就可能会为学生提出的全新解读而感到震惊，这是他们从未考虑到的。这样也可以鼓励我们看到、理解、分析和解读，从而进一步提高自己的思考水平。我们可以通过（任何）解读说明自己正在进行主动式阅读。此外，老师既可以对我们的解读提出批评意见（来帮助我们进一步提高），也可以在其觉得我们的解读可以令人信服时向我们表示祝贺。这两者都是成功的，前者是因为我们正在学习更好地思考，后者是因为能够说明我们目前所学对于思考来说是值得的。

2. 理解意思

第二种能够打消学生担忧的方式是对意思加以思考。主动式阅读不是为了读文字，而是为了理解、分析和解读意思。这就需要我们更加认真地思考意思。很多人认为文本表达的就是作者想要说的，也就是说，不需要对文本进行分析和解读，因为只要理解了就算是结束了。

丹·库兰（Dan Kurland）在自己的网站（本章"延伸阅读"中有链接）上说，每一个文本都有三个不同的作者（见图 8.5）。最明显的就是文本的作者本身。第二个是想象中的作者，这是读者想象出来的，是意图和目的的源头。因为很少有读者会认识作者，所以读者通常只能对作者写作的目的加以设想，这样的设想可能对，也可能不对。最后，读者本身也是作者，因为其对（原）作者所说的内容还有自己的解读，这种解读会受到读者基础知识以及偏见的影响。也就是说，读者会成为自己理解的作者。这就是为什么两个学生或两位学者可能会在同一个文本的理解上有不同的见解。当出现这样的情况时，需要回想一下在 Chapter 2 中我们是如何看待知识的。在初级阶段，当面对不同的观点时，可能会求助老师来寻找"答案"。到了中级阶段，会认识到每一种解读都是有价值的。等到了高级阶段，就会对论点和每一种解读的支撑证据进行分析，找出其中最有力的。

原作者　　　　　　想象中的作者　　　　　　读者即作者

图 8.5　三个不同的作者

对于读者即作者而言，需注意的是偏见可能会影响解读，因此应尽可能避免偏见。我们在解读文本时都会希望离作者的原意越近越好，而不是把自己的想法强加上去，因此应尽可能做到客观。我们的目标是主动式阅读，而非带着偏见去阅读。Chapter 11 会对偏见的概念进行更加详细的阐述。

读出意思

让我们回到一开始的那个问题：你是否曾经读过一幅画？很多画作都充满了可以"读出"的意思。有的很明显，有的则可能被艺术家用象征性符号隐藏起来了，甚至更多的意思可能是由观看者解读出来的，可能艺术家自己都没有想到。这就引出了这样一个问题：意思究竟应该由谁来决定？我们是否可以为画作强加一个意思，即使艺术家自己都不曾想过？我们是无意的（没有依据地设想艺术家想要表达的意思）还是有意的（认为画作的意思可能是艺术家之前没有预料到的）？也就是说，画作的意思是如何由原艺术家、想象中的艺术家和我们自己确定的？

让我们找一幅画作，比如墨西哥画家弗里达·卡罗（Frida Kahlo）的《与猴子一起的自画像》(*Self Portrait With Monkeys*，1943）。想象我们正在探讨艺术中的"迷失"这一话题。

认真看看这幅画，不要往下看，就只"读"这幅画。虽然这并不是实操练习，但在做练习之前先做一些尝试可以巩固我们的理解。参考图 8.4，从每个要素的角度去考虑：看到画作，理解画作想要"说"什么，分析画作的意思，解读画作——究竟想要表达什么意思，并在整个过程中对画作的可靠性、可信度和可用性加以评判。

1. 一个例子

下面会通过这个例子来展示该如何完成这项任务。请注意，这只是一种建议，一种解读。

（1）看到

这一要素不言自明，就是首先要看这幅画作。不过，还需考虑一下盲人或有视觉障碍的人，他们看不到或和我们看到的不一样。

（2）理解

这一要素考虑的是画作"说了"什么。这是弗里达·卡罗的自画像。里面有四只猴子，其中两只抱着她。艺术家表现的是自己不笑的状态，用了夸张的眉毛和浓重的体毛。背景中的植物是天堂鸟花。她的脖子上挂着一个有黄色与红色图案的东西。

在这个阶段，我们理解了这幅画作都"说了"些什么，还没有开始解读其含义。

（3）分析

这一要素指思考画作想要表达的意思。我们可以借助自己掌握的基础知识来分析。弗里达·卡罗是墨西哥的一名艺术家。在阿兹特克文明（现代墨西哥由此而生）中，猴子通常象征着生育力和家庭。卡罗在年幼时出过一次非常严重的车祸，导致她后来多次流产且终生无法生育。猴子是否代表她没有生下来的孩子呢？

在创作这幅画的时候，卡罗刚刚搬了她的工作室，只带了她最忠实的四名学生。猴子是否代表了这些学生？

在其他的艺术品中，猴子可以用于表达进化，既可以指字面意义上的进化（如达尔文的进化论和人类的进化），也可以指象征意义上的进化（如人在一生中的变化）。这是否就是卡罗想要表达的意思？是否有其他的证据能够证明卡罗对进化的思想感兴趣？

画中的女性通常会表现得非常完美或美丽，画出女性的体毛是很少见的。而这幅画是否想要表达女性主义，因此将女性没有脱毛和修眉的形象表现了出来？

她脖子上饰物的图案是阿兹特克的一种标志，象征"地震"或"运动"。这是否能够作为证据支撑一些可能的解读方式？比如关于进化的解读，或关于女性主义运动的解读。

在此阶段，我们对画作可能的意思进行分析，借助所掌握的基础知识，来看看如何找到恰当的意思去解读。可能会发现一些需要进一步发掘的想法，也可能需要搜集更多的证据。

（4）解读

这一要素指我们要对画作想表达的意思做出决定（至少能暂时基于当前的理解和基础知识储备来做出决定）。

> 这幅画想要表达的意思与卡罗无法生育有关，画中用猴子来象征她没有出生的孩子，用植物来描绘她心中对"天堂"的想象——有孩子围绕着她。

这种解读准确吗？后面会对此进行评判。在此之前，我们先探讨一下什么是评判。

（5）评判

这一要素贯穿于主动式阅读的整个过程，指对来源的可靠性和可信度以及内容的可用性进行评估判断。

卡罗是一位享誉盛名的画家，是被专业人士公认的。画作是否"有用"与我们的话题有关。这里我们探讨的是艺术中的"迷失"。因此，从我们的解读来看，这幅画作非常切题、非常有用。这就回到了前面提出的那个问题：我们的解读准确吗？

2. 解读的准确性

我们最终"读"完了画作，也做出了解读。那么，如何才能知道我们解读的是否准确？也许她只是想把自己画在猴子的旁边，因为她喜欢猴子，把猴子当宠物养（她确实是这么做的）？答案是，我们不知道，这也不是画作的意思。这是我们自己的一种解读。回想一下前面谈到的三个作者。虽然卡罗是画作的原作者，但我们想象中的卡罗也是一位作者——一位对孩子充满渴望的女性，我们自己也是作者。或因为是我在"读"，所以我也是作者。但我有孩子且对此很感恩，那么我是否会存在偏见呢？是否会读出画作本来没有的意思？这是绝对有可能的，此类偏见也是我们要意识到并进行探讨的。如果发现此类偏见影响了我们的解读，那么我们就需要避免这样的偏见出现。此外，要在优质的论点和有力的证据基础之上进行解读，这一点很重要。这样一来，我们可以把自己的解读视为一种主张，有原因、依据和证据的支撑。

然而，可能有的人会进入评判的另一个层面，对解读的来源的可信度提出质疑，或说得更具体一些，我是否算艺术专家？答案是：不，我算不上。实际上，有很多的艺术专家会觉得我的分析和解读太过于简单，而卡罗作为一名艺术家，其社会和政治背景充满了复杂性。因此，可以回过头去看一下"分析"那一段中有关事实、事实性主张、判断与看法的阐述。你是否发现，我并没有做任何的文献引用？即使有很多内容不能被认为是常识且需要做文献引用。你是否在努力分析的过程中主动对所读材料的可靠性或可信度进行了评判？由于我一直将自己表现为在本书话题方面的专家，所以你不做评判是可以理解的，但我并没有说自己是艺术专家。等你成为批判型思考者后，你就会发现自己会经常自动提出"你怎么知道"这样的问题。为了让大家更加明白，我用于分析的期刊文章的出处为：赫兰（Helland）（1990—1991）、泽特曼（Zetterman）（2006）、拉蒂默（Latimer）（2009）。特别需要注意的是，泽特曼可能会不赞同我对画作意思的解读（可以读一下她的文章，就会知道这是为什么了）。

那我们是不是只需要将画的名称输入搜索引擎，就能查到专家的解读，就像这里提到的文章作者一样？当然可以。但我们练习不是为了找到画作想要表达的意思，而是为了体验"读"画、思考、解读画作意思的过程。最后的成果不是答案（意思是……），而是过程（通过……提高了自己读出意思的能力）。大学教育的目的不是提高我们的网上搜索能力，而是让我们能够对所读到的文本进行合理的解读。实际上，就是让我们成为"专家"，能够在证据的基础上提出论点（解读）。

3. 文本的意思

由于画中没有文字，为了能够提取出画中的意思，我们必须采取这种比较明确直接的流程。然而，文字也是要表达意思的。有些很明显，但有些可能被作者或有意或无意地隐藏起来。作者可以选择表达什么、不表达什么、如何搭建文本结构、用什么语言、用什么语气、用什么证据。所有这些都可以让我们了解到文本的意思。主动式阅读需要遵循看到、理解、分析、解读、评判这一过程。在将阅读作为工具来培养批判性思维时，了解并运用这一过程很重要。下面，我们将通过实操练习8.1中的一篇学术文本来练习主动式阅读。

实操练习 8.1　文本的主动式阅读

假设话题是帮助学生更好地融入高等教育。本练习选取了一篇学术文本的部分内容，我们会就此进行五大要素的练习——看到、理解、分析、解读、评判。这篇文本取自学校的教材，里面谈到了关于过渡进入高等教育的话题。这里，我们仅选取 Chapter 1 的第一部分。

大家都知道，高等教育学习对于未来的职业发展非常重要。对于大多数国家来说，获得一个高等教育学位既有利于个人发展，也可以提高在全球知识经济时代中的就业概率 [经济合作与发展组织（OECD），2013]。对于很多学生来说，接受高等教育也是一段重要的学习经历。根据尼科尔森（Nicholson）提出的过渡模型（1990），学生在高等教育过渡期会遇到很多的挑战。

该过渡模型包含四个阶段：准备、面对、调整、稳定。准备指在中学里以高等教育为目标而做的学习准备。面对指第一次接触高等教育的体验。调整指在过渡期间所做的改变。经过调整，达到稳定状态后，就算是完成了向高等教育的过渡（尼科尔森，1990）。

近年来，有越来越多的学生选择攻读高等教育学位。有些国家已经将高等教育完全开放，降低了入学遴选标准，因此高等教育的受教人数大幅度提高了 [范德温德（van der Wende），2003]。入学的路径也更加多样，有越来越多的学生并不是普通意义上的学生，可能已经工作了很多年。学生数量的增加以及入学背景和路径的多样化也带来了一些挑战，比如如何对待为攻读高等教育学位而做的不同的学习准备？如何解决学生在进入新的学习环境中为调整自己而可能遇到的"过渡冲击"？遗憾的是，在很多国家，有越来越多延期毕业甚至辍学的情况发生。这种低毕业率、辍学、延期毕业的现象是有问题的，会给学生、家庭和社会带来巨大的心理和经济成本（经济合作与发展组织，2013）。

对学生过渡进入高等教育的情况进行调查研究并不是一个新的话题，但这对于高等教育研究领域来说仍然非常重要。几十年来，人们通过研究来解释为什么有的学生能够比其他人更好地完成过渡。本章旨在带大家了解一下丰富多样的研究方式和实证设计，用于研究学生从中学过渡阶段到高等教育第一年直至最后一年的整个过程。在了解了 40 年来所做的实证研究基础之上，本章将首先介绍一下研究的三大方式。之后会介绍一个新兴的研究类型，其融合了本研究领域中的

> 某些研究方向。最后，本书第一部分的后续章节也会对这种新兴的研究类型进行阐述。
>
> 诺伊恩斯，D.（Noyens, D.），唐奇，V.（Donche, V.），柯尔特伊恩斯，L.（Coertjens, L.）和范佩特海姆，P.（Van Petegem, P.）（2017）。《向高等教育过渡：不只是数量》(*Transitions to Higher Education: Moving Beyond Quantity*)。E. 金德特（E. Kyndt），V. 唐奇（V. Donche），K. 特里格韦尔（K. Trigwell）和 S. 林布隆－伊兰（S. Lindblom-Ylanne）（编）。《高等教育的过渡期：理论与研究》(*Higher Education Transitions: Theory and Research*)。伦敦，纽约：劳特利奇出版社（Routledge），第 3—4 页。

任务 1：看到并理解文本。

这一步只需要阅读文本即可。如果遇到不熟悉的字词，可以使用查询工具以助理解。

任务 2：分析文本。

你可能在这个话题领域的基础知识储备非常有限，那么可以在分析文本的时候不考虑自己已有的基础知识。当然，你的基础知识储备越多，你的分析就会越深入、越复杂。

任务 3：解读文本。

在以上两个步骤的基础上，用一两句话概括出文本的意思。

任务 4：评判文本——是否是一篇有用且高质量的文本？

请将评判的依据列出来。

完成实操练习 8.1 之后，还有几个重点需要注意。首先，不是每一份阅读材料都需要像对待书面练习一样这么做。我们在练习中写下的内容只是我们思考或认知过程的一部分。其次，虽然我们把评判排在了最后，但实际上评判是贯穿于整个过程的。我们如果评判某个阅读材料不可信、不可靠或没有什么用，那么就不必再继续后面的阅读流程了，这一点尤其适用于我们自己找的、不在正式阅读书目中的阅读材料。正式的阅读书目通常是经过了老师评判的。这就引出了最后一个重点：这个流程只是针对单个文本的阅读方式。下一节将从更加整体的角度探讨阅读策略，包括如何整体考虑阅读书目来对某一话题进行全面的思考。

制定主动式阅读策略

大学学习中有很多种不同的阅读策略。这里我们主要从主动式阅读的重要性出发，目的不是孤立地理解某个阅读材料，而是结合情景来整体性地理解和思考。带着这样的目的，我们提出了情景（context）—广度（breadth）—深度（depth）的主动式阅读策略（以下简称"CBD主动式阅读策略"）。该策略借鉴了布里克（Brick）等人（2019）提出的4-S体系，该体系也是借鉴了博丁顿（Boddington）和克兰奇（Clanchy）（1999）最初的想法。CBD主动式阅读策略在考虑到学生时间有限的基础上来确保学生得到较好的阅读效果，即提升思考比重。也就是说，这种方法的重点在于在一定的阅读时间内得到最好的思考结果。因此，对于没有太多阅读时间的人，也就是我们大多数人来说，这种策略非常有用，能够让我们在情景中理解话题，从整体上把握，之后选出其中最有用、最有成效的文本或文本的部分内容进行深入研究。

可以对CBD主动式阅读策略进行如下类比：想象有人准备在一个大海湾潜水打捞扇贝。他有两种选择。一是可以将整个海湾分成5米×5米的网格，逐一潜入进去打捞（见图8.6）。二是可以先游遍整个海湾，其间不时地把头伸入水中观察，等结束后，就会对海湾不同区域的海床情况有一个整体了解（见图8.7）。虽然他一只扇贝都没有打捞上来，但这么做增加了其在给定时间内找到扇贝的概率。也就是说，现在他对海湾有了整体性的了解，因此就知道哪里可以再深入挖掘。即便是入水看了一百次或一千次，也还是可能找不到扇贝，需要在重点区域深潜下去，不过这也无法保证，有可能一个看上去很有希望的区域却什么都找不到。但他可以通过运用自己的基础知识和过去的经验来找出最有希望的区域，之后潜入下去，花更多的时间寻找。这是提高找到扇贝概率的最佳方式，也是我们找到最有用的文本或文本部分内容，从而进一步深入研究的最佳策略。

我们把上述内容转化为表格，可以更清楚地展示线性阅读策略（见表8.1）和CBD主动式阅读策略（见表8.2）的区别。

选择性阅读

在深入探讨CBD主动式阅读策略每一个阶段的各个步骤之前，我们先探讨另一个非常重要的、也让一些学生感到很苦恼的概念：选择性阅读。任何一位大学学生都不可能把阅读书目中的所有材料都深入地读完。实际上，在很多情况下也没有必要，而是可以先大致浏览一下阅读书目中的所有材料，对话题或领域有一个整体了解，之后再深入研究其中的某些方面。

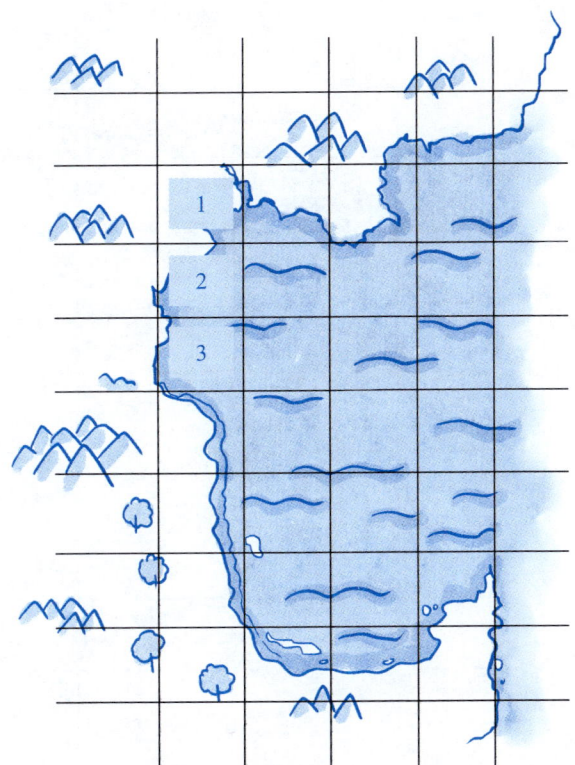

图 8.6 海湾的线性化展示

表 8.1 线性阅读策略

阅读	广度	深度
1	√	√
2	√	√
3	√	√
4		
5		
6		
7		
8		
9		

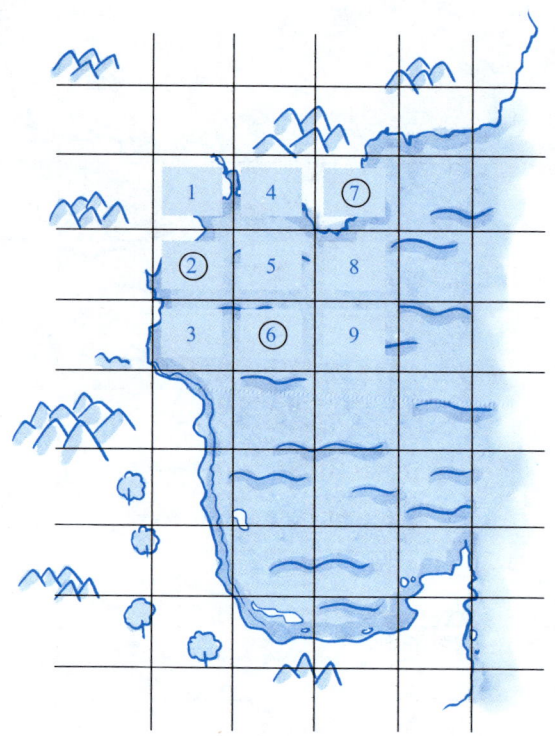

图 8.7　海湾的 CBD 化展示

表 8.2　CBD 主动式阅读策略

阅读	广度	深度
1	√	
2	√	√
3	√	
4	√	
5	√	
6	√	√
7	√	√
8	√	
9	√	

运用线性阅读策略时，我们从阅读书目的第一个材料开始，逐一读下去直到全部读完，就像在海湾的网格中逐一打捞那样，找完一个再找另一个。而选择性阅读则是在了解完全部材料的基础上选出重点的文本进行深入阅读，就像是先调查完整个海湾后再决定哪里可以深入挖掘。后一种方法可能会让学生感到恐慌——如果我们选出的文本是"错的"怎么办？如果其他人深入研究的文本恰恰是我们排除掉的怎么办？请注意，采用 CBD 主动式阅读策略不是为了读文本，而是为了培养我们的思考能力和表达能力。这样一来，我们就不会纠结于是不是漏掉了一些材料，而是将重点放在对话题的思考之上。

选择性阅读有助于节约时间吗？从最终的结果来看，是的。但不要把其视为一种节约时间的策略，它是一种利用时间的策略，可以帮助我们充分利用时间。此外，刚开始运用这种策略时可能很难节约出时间，因为所有事都需要练习，即所谓的熟能生巧。但从长远来看，CBD 主动式阅读策略是可以节约时间的，能够帮助我们有选择性、有策略性地阅读（即选择读什么和不读什么），在适当的时候（比如读到不太重要的内容时）加快阅读速度，并避免重读（当我们忘记自己读过的内容时）。

CBD 主动式阅读策略

CBD 主动式阅读策略主要分为三个阶段：情景、广度、深度。应在一个阶段完成后才能进入下一个阶段。每个阶段都有具体的步骤。情景阶段只有一个步骤：置入情景。广度阶段有三个步骤：查找关键信息、略读论证过程、挑选阅读材料。深度阶段有两个步骤：深入研究、总结看法。如图 8.8 所示。

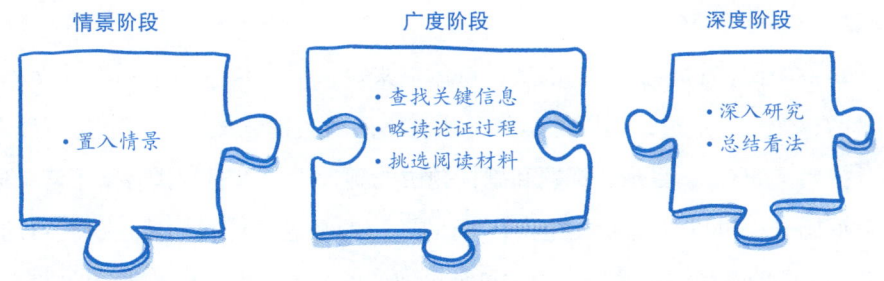

图 8.8　CBD 主动式阅读策略的三个阶段和六个步骤

下面，我们将逐一对 CBD 主动式阅读策略的步骤进行探讨。

1. 情景阶段

在情景阶段，我们要将阅读材料置入情景中，即将话题置入我们的整个研究领域，将每一个文本置入该话题。

步骤一：置入情景。

拿到阅读书目后，我们可以就整个书目采取这一步骤，在初步浏览材料的过程中逐一查看每一条文本。应集中将所有的阅读材料列出来，与之后在广度阶段做的笔记相整合（详见后续内容）。要确保引用完整（有详细的文献目录），如果之后会在评判时用到笔记的话，这样做可以便于做文献引用。

了解了材料的话题、数量和类型，我们可以考虑一下自己的时间安排，想一想有多少阅读时间。可以估算一下需要深入研究的文本数量。如果没有足够的时间来深入研究，那么可能是我们没有管理好自己的大学学习时间，这样我们肯定无法成为批判型思考者。

查阅清单：情景阶段——置入情景

☐ 了解你整个研究领域的话题，以及该话题中的每一个文本。
☐ 将你的阅读材料整合成一个总文档，要内容清晰且容易查阅。
☐ 要引用完整，便于后续的文献引用。
☐ 预估有多少阅读时间。

---

2. 广度阶段

广度阶段旨在拓展我们对话题的理解。请记住，在进入深度阶段之前，我们要对书目中的所有阅读材料做完广度阶段的三个步骤。

步骤二：查找关键信息。

查找每一个阅读材料的关键信息。总体上来说，关键信息主要包括：文档类型、主题、目的、受众。不过，不同的学科可能有不同的关键领域。这些信息可以在材料的名称、摘要（如有）、目录、标题和副标题中找到，也可以通过作者来了解（通常在学术文章或图书中可以找到）。这里的"目的"指的是老师让我们读这份材料的原因：是为了增加我们的基础知识储备，为学科辩论做准备？还是为了提高我们的批判性思考能力？

步骤三：略读论证过程。

略读每一个阅读材料（可能与"查找"同步进行）的论证过程，即找关键词、主要观点或主张、支撑证据或逻辑。那么我们如何知道一个词是否为关键词？这就需要做出判断。如果一个词被提及多次或者是句子的重点，那么这个词就很可能是关键词。这种搜索关键词的方式从短期来看可以节约时间，但会阻碍我们对概念和观点的理解与分析，影响我们对文本的主动式阅读和对话题的理解。通常情况下，这些要素会在引言和结论中写明。大多数的文本，不论是 500 页的教材还是 3 页的文章，都会有引言和结论部分对其论点进行总结，但不同类型的文本可能有不同的情况。对于期刊文章来说，我们很快就可以读完其引言和结论，但一本书的引言可能会很长。请记住，这里略读的只是论证过程。我们还可以找关键段落的主题句（Chapter 6 介绍过主题句）。最后，很多作者都会提供一些有用的标示语，用短语或词来标明其文本的关键内容，包括论点和证据。这不仅在略读阶段很重要，在深度阶段也很有用。

步骤四：挑选阅读材料。

在完成情景置入、查找关键信息和略读论证过程之后，我们已经对话题有了整体的了解。接下来要根据自己的时间多少，挑选出部分材料进行深入研究。可以根据材料的相关性、来源的可信度来挑选，或选出两个论点恰好相反的文本。请注意，也许我们在这一阶段会排除某一个文本，但可能之后又会把它找出来，可能是因为课上的某次讨论或考试涉及了它。

如果在查找和略读之后没有选出需要深入研究的文本，那么我们就很难成为批判型思考者（或给老师留下深刻印象）。因为前两个阶段的阅读重点大多数在看到和理解之上，只有非常有限的分析和解读。但要想通过主动式阅读来培养和提高批判性思维能力，需要更多的分析和解读，这就需要进入深度阶段。

查阅清单：广度阶段——查找关键信息、略读论证过程、挑选阅读材料

☐ 阅读材料的名称、摘要（如有）、目录、标题和副标题，并将关键信息整合至总文档中。

☐ 搜索关键词和标示语，对于不认识的词（特别是关键词），可以使用查询工具。

☐ 阅读材料的引言和结论部分（根据长度的不同也可以略读），了解其主要主张或论点，并整合至总文档中。

☐ 根据自己的时间多少，挑出需要深入阅读的材料。

---

3. 深度阶段

步骤五：深入研究。

选出需要深入研究的文本并不意味着一定要从头至尾一字不落地读完整个材料。对于不同类型的文本会有不同的处理方式，在这一阶段需要选择性阅读，以提高主动式阅读的效率并获得好的效果。我们可能不会以同样的速度来阅读所有章节：有的可能需要读慢一点，多一些思考；而有的则可能与核心论点没有太大的关系，因此可以略读。此外，我们还可能先读第一段，之后读下一段，然后又回到第一段，因为发现了一些存在矛盾的点，需要回过头去核实一下。也就是说，我们的阅读可能不是线性的。

步骤六：总结看法。

CBD 主动式阅读策略的最后一个步骤是对我们的看法进行总结，包括当前我们对话题的了解程度，以及需要弥补的差距或解决的问题。这就需要将我们深度研究的文本的意思记下来——尤其是分析和解读——并从整体上与其他的文本和话题一起考虑。这与后面将要探讨的"笔记与阅读"一节（特别是"归纳笔记"）会有重复，因此这里我们仅强调一下这一步的重要性——我们记录与整合的不仅是我们不断增加的知识，还有我们不断提升的思考水平。

查阅清单：深度阶段——深入研究与总结看法

☐ 要有选择地深入研究：无须对整篇文本都做深入研究。

☐ 要灵活一些：可以来回反复阅读，也可以跳过你觉得不重要的内容。

☐ 记住在此阶段中明确用到的主动式阅读要素：理解、分析、解读。

笔记与阅读

很多学生都对记笔记感到很苦恼。究竟应该记多少？多少算多？多少算少？应该记什么？我们怎么知道？可以结合 CBD 主动式阅读策略的三个阶段来思考：广度笔记、深度笔记、归纳笔记。

1. 广度笔记

在情景阶段和广度阶段，可以记广度笔记。与深度笔记（详见下文）不同，广度笔记更注重对事实与信息的记录，分析性的内容较少，虽然也会含有一些分析。表 8.3 提供了一个做广度笔记的样板，其中很多条目都来自置入情景、查找和略读步骤中提出的问题。这一样板适用于任何话题。

2. 深度笔记

在深度阶段，可以记深度笔记。与广度笔记相比，深度笔记带有分析和质疑的意味，旨在通过提问或批注的方式与作者进行讨论，并思考自己的基础知识储备是否充分，从而找出差距。此外，深度笔记也是对自己观点形成过程的一种反映，我们很少（如果不是没有的话）能一下子就形成成熟的观点，因此笔记应能反映出观点的初期样貌。

表 8.3　广度笔记

完整引用	
名称	
年份	
作者信息	
所属领域	
来源：类型与可信度	
目标读者	
阅读目的	
关键词	
主要论点	
参考证据	

深度笔记的这一性质使其与文本本身的联系更加紧密。因此，人们通常会在文字边缘的空白处做深度笔记：可以用笔在纸上记，也可以用触控笔或键盘在电子文档中记。不过，还有的人在空白纸张或文档中也可以记得很好。

为了不陷入单纯做总结的陷阱，应牢记主动式阅读的各要素，尤其是分析和解读。有一些语句可供参考：

- 我同意吗？
- 关键论点是什么？
- 证据在哪儿？
- 与前面的说法存在矛盾吗？
- 来源检查了吗？

这些问题可以让我们深入理解文本的意思，发现在自己的理解或作者的逻辑与证据之间还存在何种差距。如果不知道如何回答，也不要感到沮丧。也许我们无法及时回答这些问题，但提问本身（而不是寻找答案）就是最有助于提高我们思考水平的方式。而且之后我们有可能在同一个文本中、下一个文本中、下一次课上、课堂讨论中甚至坐公交车回家的路上想出答案。此外，如果问题比较重要，但在补充阅读或上课后仍然不太明白，那么我们可以提出来！老师不也经常会问"大家有什么问题吗？"可惜回应者总是寥寥无几。

除了提问之外，有些对于视觉方式比较敏感的人可能会用圆圈、线条或其他形状来描述观点之间的关联。如果对此不是很熟悉，那么最好能够与文字尤其是问题一起使用，来解释想到的内容。不过，用得多了，我们就会形成自己的一套速记法，用不同的形状来表示不同的意思。本章"从业者说"中的迪伦·德扬（Dylan Deyang）用的就是这种方法。

从业者说　批判性阅读对于我所在的行业而言可能是重要的技能之一

迪伦·德扬，QQ公司数字/社交平台商业新闻部职员

我是一名商业新闻记者兼编辑。目前，我主要负责撰写与中国公司和金融市场有关的文章。每天，我都要看大量来自不同渠道的信息和新闻，而且需要在很短的时间内读完。大多数情况下，有一半的信息可能与我要写的主题无关。因此，批判性阅读对于我所在的行业而言可能是重要的技能之一（甚至可能是最重要的）。

下面介绍一下我们通常是怎么进行批判性阅读的。对于我来说，首先要对渠道或来源的可信度进行评判。比如，社交媒体虽然信息时效性很高，但可信度比不上印刷媒体。当然，如果能获得类似面对面采访等一手的消息来源就更好了。我们总是会问自己一些关于作者的问题，比如作者是谁？他们是为谁写作？有经验的编辑可以基于所发现的关键信息来辨别出一篇文章中哪些信息来源更加重要，因此CBD主动式阅读策略中的步骤四"挑选"非常关键。其次，在读新闻时，我通常会找出其中的一些关键词以及各关键词之间的联系，这样就可以对这些关键词更加敏感，也能提高阅读效率。最后，在我看来，收集信息最有效的方法是将信息可视化。比如，可以在笔记本上画一些线条和圆圈，并明确这些形状之间的联系——圆圈代表公司名称，矩形代表关键事实，线条代表时间维度等。如果你还没有搞明白本章中介绍的批判性阅读的后四个阶段（理解、分析、解读、评判），那么你可以尝试把里面的关键术语、想法和论点画下来，通过可视化的方式来理解并一步一步完成阅读。

经过多年的训练，我的阅读过程已经转变为辨别结构和关键信息的过程。从不同的来源获得信息后，我会通过比较或结合的方式对其中的关键信息和结构进行批判性研究，而不是把所有的信息都读一遍。此外，将过程通过可视化的方式呈现也很有帮助，但我的建议是要有选择性地阅读。

在探讨用笔记来总结自己的想法之前，先看一下标注高亮的问题。有的人喜欢用高亮的方式来标示出文本的重点。然而，这样做会带来一些问题。如果我们做高亮的内容太多，一旦所有的内容都被标为高亮，那么也就无所谓重点了。这样做还会影响重读的效果：通常我们记不住自己当初为什么要把某个地方标为高亮，因此就需要再读一遍，重新思考一遍。从某种意义上来说，也许这是好的方法，有助于回想自己的观点，但如果我们忘记了当时是怎么想的，那么就会带来问题。此外，当我们开始用标注高亮的方式指出句子的重点时，我们有时会停止思考，甚至不再阅读后面的内容！当然，大家可能会想，之后还会回过头来再看看自己之前标为高亮的内容。但真的会吗？一种更好的方式是用笔在文字边缘处做一条垂直标记，而不是把每个词都标为高亮。不过不要画得太多。把一整页都画上垂直标记也弊大于利，既无法帮助我们找到关键的内容，也无法记录我们的想法。如果想把一些内容标为高亮的话，我建议把原因写下来。

3. 归纳笔记

当我们完成阅读后，应花一些时间把笔记和当前的理解整合起来，类似 CBD 主动式阅读策略的第六个步骤"总结看法"。但不要叫"总结笔记"，因为总结是简要地对重点内容进行再次陈述，无法反映出我们主动的分析和解读过程。而归纳笔记则是对我们当前对该话题的基本了解，以及我们思考中仍然存在的差距、问题或矛盾进行概括。归纳笔记应体现出我们的理解不断增进的过程，而不只是最后形成的结论。请再次注意，我们任何时候都可以再看一遍（可以是看这些笔记，也可以是在脑中回顾这些想法）并进行更新完善。实际上，在成为批判型思考者的知识积累和知识创造道路上，我们也要这样做！

学习了 CBD 主动式阅读策略和相关的笔记建议之后，下面请通过实操练习 8.2 来实际操作一下。我们会给定一个时间段，需要至少 30 分钟的时间（也许更长）。请注意，做任务 2 时需要上网，但做任务 3 的时候需要关闭网络（以保持专注）。

> **查阅清单：主动式阅读笔记**
>
> ☐ 情景与广度笔记更注重事实与信息，也包含总结在内。
> ☐ 深度笔记会问有关文本的问题，这是主动式阅读中一个重要的要素。
> ☐ 笔记可以潦草，可以记下自己对于文本的批注和问题，但不要总结——总结是广度阶段需要做的事。
> ☐ 归纳笔记是对我们当前对该话题的基本了解，以及我们思考中仍然存在的差距、问题或矛盾进行概括。

 实操练习 8.2 CBD 主动式阅读策略的运用

你需要至少 30 分钟的时间来完成此实操练习。如果可以的话，最好能有一个小时（或更长）的时间。

假设你正在攻读教育学位，正在学习一项名为"学习法"的课程。本周的话题是"失败在学习中的作用"。本周的阅读书目如下：

> **阅读书目**
>
> 1. 希尔珀亚，J.（Hilppöa, J.）和史蒂文斯，R.（Stevens, R.）（2020）。失败只是另一种尝试：用 FUSE 工作室方法重新定义学校中的失败（Failure is Just Another Try: Re-framing Failure in School Through the FUSE Studio Approach）。《国际教育研究》（*International Journal of Educational Research*），第 99 页。
>
> 2. 艾勒，J.（Eyler, J.）（2018）。失败（Failure）。《人类如何学习》（*How Humans Learn*）。西弗吉尼亚：西弗吉尼亚大学出版社（West Virginia University Press），第 171—173 页（完整章节为第 171—217 页）。
>
> 3. 贝内特，J.（Bennett, J.）（2017）。在校园里，失败是课程的一部分（On Campus, Failure Is on the Syllabus）。《纽约时报》（*New York Times*），6 月 24 日。

任务 1：情景阶段。

将该话题带入你的整个学习过程以及与话题有关的每一个文本中。虽然可以在脑中实现，但记一些笔记会很有帮助。在这里可以从广度笔记入手，虽然大部分的笔记都在任务2中完成。此外，考虑一下你有多少阅读时间，能够深入研究多少文本。

任务2：广度阶段。

查找关键信息、略读论点、选出一个文本（如果时间允许的话，也可以选出不止一个文本）。请填写表8.4，作为自己笔记的总文档，也可以根据实际情况对表格进行调整。请注意，虽然你可能需要上网来完成本项任务，但无须获取完整的文本。只看期刊文章的摘要部分就够了。对于图书的章节而言，网上的信息（图书概要）以及下面节选出来的内容也足够了。不过，如果你能找到完整的文本，那么也就意味着你能够获取更多的信息来丰富自己在广度阶段的理解。

表8.4 广度笔记练习

完整引用	
名称	
年份	
作者信息	
所属领域	
来源：类型与可信度	
目标读者	
阅读目的	
关键词	
主要论点	
参考证据	

完成广度阶段的阅读后，选出一个（或多个）你想要深入研究的文本。就本练习而言，我们用到的是艾勒书中的章节节选。你也可以选择另外一个文本或多个文本来练习自己的主动式阅读技能。请注意，如果有时间的话，你可以针对所有的三个文本都做一下深入研究。练习得越多，你对于话题的了解就越全面、越深入。

节选自乔舒亚·艾勒的《人类如何学习》第五章"失败"，第171—173页。

不是所有人都能像沃森（Watson）和克里克（Crick）那样做出能够改变世界的突破性成就，但要找出一个否认失败在学术研究过程中重要作用的学者也不容易。事实上，失败（不论大小）占据了通往发现之路的很大一部分。斯图尔特·法尔斯坦（Stuart Firestein）解释说这是事物发展的自然规律："根据热力学第二定律，失败是预料中的结果。与成功相比，失败的方式要多得多。从定义上来看，成功是非常有限的，而失败则是默认结果。成功是不寻常的，是多个熵增定律暂时失效事件的组合。"作为学者，我们学习如何从失败中吸取经验教训，利用每一个机会来完善自己的假设、加强自己的理解，直到我们从失败中学到的东西汇集起来让我们获得成功。

课堂上也是如此。（在理想情况下）我们会尝试一项新的教学策略或新的作业，看看是否有助于学生学习，之后不断对方法进行调整和完善，以达到更好的效果。那么，为什么我们的教育体系会对于学生犯的错误如此严格呢？我们让学生参加高风险的考试，其一旦出错，后果很严重。我们在设计课程时，也会更加看重正确答案，而不是探索和发现的过程。我们很少对没有打分的作业给出反馈意见。考虑到教育系统的发展历史以及我们有效的时间，这些也是可以理解的，但这些做法并不能减少对错误的负面看法。

这种看法由来已久。孩子们在非常小的时候，就已经把分数和答案看得非常重要。犯错误是学生必须注意并避免的，但也不一定。杰西卡·莱希（Jessica Lahey）在她的《失败的礼物》（*The Gift of Failure*）一书中描述了一种方法，推翻了这种在中小学盛行的看法："失败通常被认为是负面的：比如在数学考试中得了F或被停学。然而，所有的失望、拒绝、纠正或批判都是很小的失败，是伪装起来的机会，也是被错认为灾难的宝贵礼物。"

莱希说得没错，我们可以将其应用于高等教育。现在有很多的研究证明，失败对于学生的学习来说非常重要。最后得出的结论就是：如果我们设计的课程能够允许学生失败，并能够给予他们支持和指导，使其从失败中吸取经验教训，那么我们就可以为学生创造一个效果更好的学习环境。这样一来，我们的课程设置就需要改变。在本书涉及的所有问题中，这是我觉得最难的一个。当我还是学生时，我从没有因为我的失败而受到奖励，而我在研究生阶段做助教时也没有人跟我提过失败的价值。我甚至会对过去布置的一些以答对为目标的作业和考试而感到内疚，因为没能给学生提供从错误中学习的空间。

但我们现在认识到了失败的价值。已经有研究结果能够清楚地证明这一点，且课堂上的表现也证明学生能够从中受益。那么，我们应该如何着手将失败融入教学呢？应该从何时开始？首先，我想先解释一下什么是失败。就本章来说，学

> 生的失败就像是一个渐进的序列，从计算不准确等小的错误到影响学生知识积累能力等严重的概念性误解。从某种程度上来说，这些认知方面的失败也会影响学生最终的表现或使其获得较低的分数，但我们不应仅从这些方面来看待失败。有的错误其实早在我们布置作业之前就已经开始了，同样，有的错误在学生离开教室后还会持续很久。

任务 3：深度阶段——深入研究。

在深入研究时，要提醒自己记住本章前面建议的几种深度笔记类型。要提问，而不是总结或标记高亮。思考自己的基础知识储备以及存在的差距和矛盾。

任务 4：深度阶段——归纳自己的想法。

深入研究完所有选出的文本后，你就可以对自己的想法进行归纳了。请记住，这不是总结。如果可以的话，你想要问作者什么问题呢？你赞同什么，不赞同什么？你还存在哪些基础知识方面的差距，或你发现了什么矛盾？

克服主动式阅读的障碍

到目前为止，我们已经在本章中探讨了为什么阅读是大学学习非常重要的一部分，以及为什么主动式阅读对于培养批判性思维至关重要。我们还介绍了主动式阅读的五大要素（看到、理解、分析、解读、评判）。为了了解应该如何主动阅读，我们引入了 CBD 主动式阅读策略，并做了实操练习。除了上述这些，还有一件很重要的事，那就是了解主动式阅读的障碍，并知道应该如何预防和克服。

时间不够

如果有足够多的时间，那么几乎每一个人都能够掌握任何文本，前提是文本语言是我们会的语言（如果有更多的时间，我们也可以学会那门语言）。但对于大学学生来说，大多数课程的阅读书目都非常长，而且需要平衡阅读与课程、讲座、小组作业、考试等的时间分配，更不用说还要给大学中一些其他重要的非学习类活动，如运动、学生社团、社交和休息放松等留出时间。在 Chapter 3 中，我们提出可以将自己的非睡眠时间分为三部分，且只在其中的两个时间段工作，给大脑足够的休息时间（也让自己能在大学中有一些学习之外的体验）。在这样紧凑的日程安排中，阅读很容易被边缘化。此外，为了完成阅读任务，为了赶上进度，主动式阅读很可能会被牺牲掉。

CBD 主动式阅读策略中的选择性阅读可以解决此问题。然而，还是需要有专门的阅读时间并保护好这段时间。虽然每个人的阅读偏好和时间安排都不一样，但大家都需要设置一定的时间段专门用于阅读（其他什么都不做）。可以从 30 分钟开始，确保这一整个时间段内都在阅读，不要把前 10 分钟浪费在找阅读书目和决定读什么内容上。一开始可以先短一点，之后再慢慢延长。

等时间较长之后，可以加入一些短暂的休息时间，比如去洗手间、伸个懒腰或出去透透气（如果很容易做到且离得很近）。但如果是打开电子邮箱或查看手机的话，那么主动式阅读就算终止了。即使是片刻的注意力分散（比如我读完了这篇文章，去看一下我的社交媒体）也相当于终止了主动式阅读。

缺乏专注力

在阅读时间段内，注意力问题更加重要。我们可以关闭手机和无线网络，找一个没有干扰的地方，可以去图书馆，也可以在自己的房间里。但咖啡馆不太适合阅读。虽然多数人都很喜欢在咖啡馆里看书，但那里有很多干扰因素让我们无法集中注意力。

在阅读时间段内还有很重要的一点，那就是要一次性读完一个完整的文本。今天读半章，明天再读剩下的半章，对于主动式阅读来说没有任何好处。一次性读完能够让我们的大脑更容易将前后内容联系起来，或找出前后的矛盾之处。

查阅清单：为主动式阅读分配好时间并集中注意力

☐ 设置专门的阅读时间段。

☐ 找一个没有干扰的地方。

☐ 在阅读时间段内关闭手机和无线网络。

☐ 提前想好自己要读什么——是在广度阶段，还是在深度阶段。

☐ 可以的话，一次性读完一个完整的文本。必要的时候可以休息一下，但不要查看电子邮件或社交媒体。

☐ 采用 CBD 主动式阅读策略进行选择性阅读。

阅读能力不足,理解不准确

每个人的阅读水平都不一样,这是因为我们有着不同的受教育程度(质量和水平)、阅读经验(小的时候读过多少本书以及是否善于阅读此类型的文本),也取决于文本是否是用我们熟悉的语言写的。阅读能力不足会阻碍我们运用阅读这种工具来促进思考,让我们遇到准确性方面的问题,比如对词语或句子的理解不正确。如果这些词句是关键词或核心概念的话,可能会让我们将整个论点都理解错了。一般而言,避免理解错误的最好方式就是不断提高阅读能力。很多大学都有这样的课程,以帮助有需要的学生。不过,有两种见效更快(可能自相矛盾)的解决方式:一种关注的是整个文本,另一种关注的是细节。如果我们把注意力放在作者想要表达的整个论点上,那么我们就不太可能出现很大的理解偏差,不容易误解作者的意思。与此相反,如果我们关注的是字词,那么就不可能在词语或句子的理解上犯错,不容易曲解文意。那么哪一种才是最好的呢?可能要根据文本和我们阅读经验的不同而定。关键还是要在理解作者的整体观点和正确理解关键词之间找到一个平衡。

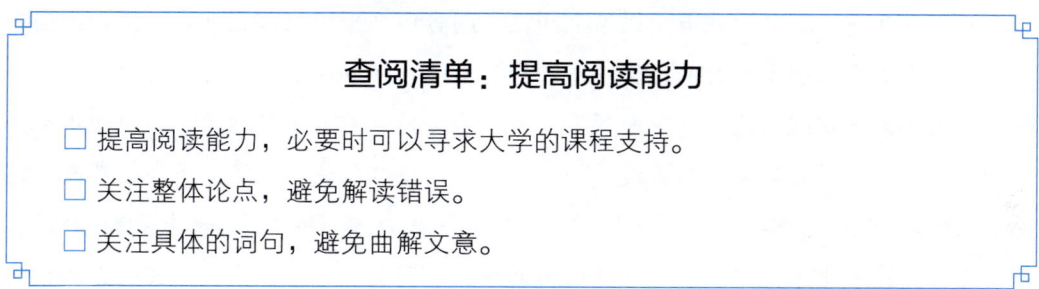

查阅清单:提高阅读能力

- ☐ 提高阅读能力,必要时可以寻求大学的课程支持。
- ☐ 关注整体论点,避免解读错误。
- ☐ 关注具体的词句,避免曲解文意。

文本复杂难懂

即使是资深的读者也会遇到有挑战性的或复杂难懂的文本。在大学里,我们需要阅读的材料可能比我们之前读过的更难、更复杂,可能有复杂的概念、隐含概念、生僻词汇、晦涩的写作风格或密度较大的文本,也可能是文本中涉及的基础知识范围超出了我们当前所了解的。我们不能因为遇到这样的困难就放弃对文本的理解。此外,学术文章通常会使用专业的学术风格和词汇。但请记住,学术文章并不是写给学生看的,而是写给其他学者看的,他们对此类写作风格有着多年的阅读经验。可能一开始会有点难——唯一的解决办法就是坚持,不要放弃。长句子通常是在表达复杂的想法时必须用到的,它不仅能够准确表达出作者想要表达的意思,也让读者能够有准确的解读。可能似乎有些反逻辑(通过长度来保证准确度),但请记住,作者的读者是其学术同仁，他们不会觉得这样的文本很长很复杂，因为他们已经习惯了。此外，我们也无须理解所有的内容。回想一下实操练习 8.2 中节选的艾勒书中的内容。有的人可能根本不知道什么是热力学第二定律，也不知道什么是熵，但我们是否需要理解了这些才能理解文本的意思呢？

查阅清单：理解复杂的文本

☐ 请记住，读者可能不是学生，而是其他学者。

☐ 不要放弃阅读，要坚持下去。

☐ 不是每一篇阅读材料都需要 100% 的理解。

☐ 请相信，慢慢会变得容易的。

电子阅读的负面影响

我们现在越来越多地在电子设备上阅读，内容包括报纸、期刊文章、报告。很多学术教材也有在线版本，有的还有一些额外的功能。在屏幕上阅读有好也有坏，这取决于各人不同的情况。这些情况包括设备的功能、是否习惯浏览网页、是否能将不在一起的不同观点关联起来。网页设计师通常会将信息"分块"以适应不同的页面，还会加入可定位到其他相关页面的超链接。这样做是很有用，特别是在查找和略读阶段，却会给深入研究带来困难。网页导航会占据我们宝贵的认知注意力，使我们无法集中在话题上。同时，这也意味着我们如果漏掉了一个（或多个）链接，就可能会错过重要的信息。

在屏幕上阅读的一个好处是可以使用搜索功能（Ctrl+F）来查找具体的信息。例如，在一份很长的政府报告中，我们输入"环境变化"一词，就可以找到整个报告中与此相关的内容，这能节省时间。然而，该查找功能只能搜索出我们输入的词，因此我们要明确自己想要找什么。如果不知道自己想要找什么或有好几个同义词，那么就有可能错过相关的内容。

如果阅读时姿势不对，那么在屏幕上阅读还会让我们的眼睛和身体感到疲惫（当然，在纸上阅读也会存在此问题）。如果在屏幕前阅读的时间很长，那么我们要有一个良好的阅读姿势，要将屏幕位置调节到合适的角度（网上有详细的指南），并定期站起来短暂地拉伸放松一下。

查阅清单：在屏幕上有效阅读

☐ 了解在屏幕上阅读的好处，比如搜索功能，又比如对高级版电子书中的关键词可以通过"点击"来查询其定义。
☐ 要意识到在屏幕上阅读会对深入研究产生影响。
☐ 阅读期间休息一下，放松放松自己的眼睛，将电子阅读设备的背景光设置到合适的水平。
☐ 保持良好的阅读姿势。

图 8.9 对主动式阅读的障碍进行了总结。

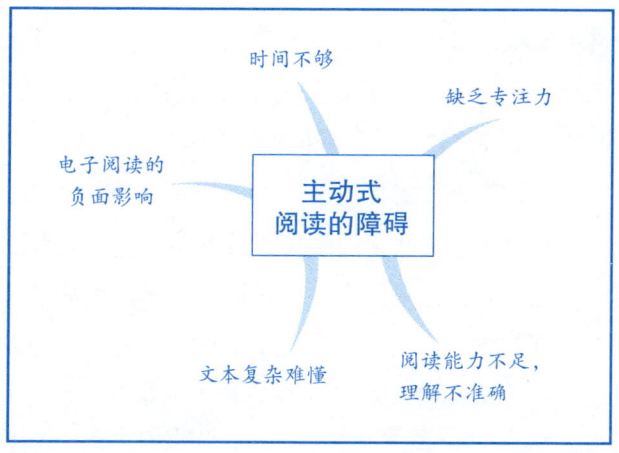

图 8.9　主动式阅读的障碍

在本章的"学生说"中，玛丽亚·路易莎·莫雷拉（Maria Luisa Moreira）介绍了她在大学中是如何阅读的。

学生说　阅读书目具有挑战性是有原因的

玛丽亚·路易莎·莫雷拉，伦敦政治经济学院（The London School of Economics and Political Science）女性、和平与安全专业硕士

作为一名硕士研究生，我有时间不断地学习、做实验和提升自己的学习技能，现在我可以与大家分享一些我觉得最有用的小窍门。在我的学术学习中，我需要应对的最大挑战包括公众演讲和阅读书

目——一开始确实非常吓人！多年后，我才意识到阅读书目具有挑战性是有原因的，这是大学阶段主要的知识来源，因此花时间找到一种适合自己的方法至关重要。（剧透：学术学习是有意设计得这么难的！）

我的第一个小窍门就是不要把阅读材料堆积得越来越多。每周需要读几百页的材料可能让人感觉很可怕，我们要对自己的时间做相应的分割，做到充分阅读，这很重要。我学会了把自己的一天分成几个时间段，每一个时间段读一篇阅读材料，这些材料通常来自同一个课程/单元，这种方式确实很有效。这意味着我可以专注于一个话题，而不是来回切换，也就更容易建立联系、记笔记，并在完成后制作思维导图。另外一种分解阅读书目的方式是在单独的笔记本上将每一篇论文的关键内容记下来或用高亮突出。由于阅读书目都经过了精心的挑选且材料之间相互关联，因此将主要的观点记录下来不仅能够帮我在期末考试或交论文时节约时间，还有助于对课程单元的理解。

最后，作为一名留学生，我的母语并不是英语，因此用英语遣词造句和表情达意对我来说确实非常困难——对于母语是英语的人来说，有时也是如此。如果语言是你的弱项，那么我建议你随身带一本字典，并充分利用它。有时在字典里查找动词或概念的意思，将对你理解整个段落和论文的整体观点带来非常大的帮助。我也一直在这么做，大大提高了学习效率！

阅读与其他工具的结合

虽然本章探讨的是通过阅读这一工具来培养批判性思维，但阅读与其他工具的结合也非常重要。这一点在我们前文"笔记与阅读"中讲读和写的结合时已经有所体现。此外，阅读还可以与其他的工具结合。首先，让我们考虑一下这个问题。

如果你只有一个小时的时间，但需要读完两篇期刊文章，那么你会采取下面哪种策略呢？

A. 每篇文章读 30 分钟。

B. 用尽可能长的时间深入阅读最重要的那一篇，剩下的时间用来读另一篇。

C. 各用 15 分钟的时间快速地阅读每一篇文章，抓住重点，之后用剩下的 30 分钟记笔记。

D. 各用 15 分钟的时间快速地阅读每一篇文章，抓住重点，之后用剩下的 30 分钟与也读过这两篇文章的同学进行交流讨论。

我的答案是 C 或 D，可能更倾向于选 D。为什么？因为这里给出的时间是无论如何都不够让我们深入阅读的（当然，也与文章的长度和复杂程度有关），因此我们需要认真地思考一下我们阅读的目的是什么，也就是说，这次我们可能只能实现一定的广度。此外，通过读、写、说以及听——在选项 D 中我们就必须聆听别人的观点——等工具的结合，我们可以实现更加深入的理解。也许与 A 或 B 相比，在完成 C 或 D 之后我们会产生更多的疑问，但在这里有更多的疑问是一件好事。知道问什么问题（并且想要知道答案）恰恰体现出知识的深度，而这在 A 或 B 下是无法实现的，因为我们只得到了一个人的观点。

总之，为了真正理解阅读材料，建议大家结合使用批判性思维的其他工具——写、说、听，但要在主动式阅读之后再做，不要同时做（或就直接不读了）。说和听可以巩固和加强我们从阅读中学到的知识，具体形式包括听讲座、与同事交流讨论，或把自己的想法说出来。实际上，我们还可以指定一个正式的流程，设立学习小组，讨论大家对于重要阅读材料的解读。不过也可以给家长、亲戚或朋友打电话，跟他们说"我刚刚读了一篇非常有意思的文章，是关于……"在 Chapter 10 中我们还会详细探讨。

像专业人士一样阅读

虽然大多数的职业不会像大学课程一样给出阅读书目，但我们在主动式阅读中学到的技能在工作后也很重要。我们需要看到、理解、分析、解读和评判电子邮件、报告、行业新闻文章、公司声明、科研论文、合同、政府政策法规、国际标准、消费者或客户反馈等很多不同类型的文字材料。假设我们要就一条重要的行业新闻做一个简短总结。通过采用 CBD 主动式阅读策略，我们可以很快找出最重要的材料，熟练、高效地记笔记，明确每一篇材料的关键论点，之后快速完成总结。同样，能够在不受干扰的情况下让自己沉浸在阅读中也是一个非常重要的技能。大多数员工会在粗浅地阅读大量文件之后做出总结,甚至会在此期间浏览一些不相关的网站或查看社交媒体。在大学里学会了主动式阅读以及专注阅读技能的人则可以定位到相关的文档并深入阅读,找出复杂的论点和关键信息,这会让他们作为批判型思考者,在职场中脱颖而出。

本章小结

- 大学阅读不再是阅读即了解,而是阅读即思考,即主动式阅读。
- 主动式阅读包括看到、理解、分析、解读、评判,从而理解文本的意思。
- 我们自己的解读很重要,因为文本有三个不同的作者:原作者、想象中的作者、读者即作者。
- 阅读是大学中至关重要的一部分,因为文本可以给予作者时间和空间,让其精心构思出复杂且严谨的论点和想法。
- 通过选择性阅读,我们既能够实现阅读的广度,又能够达到一定的深度。
- CBD 主动式阅读策略指的是情景—广度—深度,包括将文本置入情景、查找关键信息、略读论证过程、挑选阅读材料、深入研究、总结看法。
- 在不同的场合记笔记有不同的目的,但在深入研究时,应着重于就文本提出问题,而不是简单地做高亮标注或总结。
- 主动式阅读的障碍包括时间不够、缺乏专注力、阅读能力不足与理解不准确、文本复杂难懂,以及电子阅读的一些负面影响。

延伸阅读

- 丹·库兰的 www.criticalreading.com 网站上就批判性阅读给出了一些非常有用的建议。他在此方面的著作中对此也有所提及。
- 布里克,J.(Brick, J.),威尔逊,N.(Wilson, N.),王,D.(Wong, D.)和赫克,M.(Herke, M.)(2019)。《学术成功:大学生学习手册》(*Academic Success: A Student's Guide to Studying at University*)。伦敦:麦克米伦出版社(Macmillan Publishers Ltd.)。第五章详细介绍了学术环境下的主动式阅读,包括 4–S 体系以及由此衍生出的 CBD 主动式阅读策略。

Chapter 9
听

课前思考

1. 当我们倾听时，我们的大脑在做什么？
2. 是什么让倾听变得困难？
3. 是什么让倾听变得特别？

学习目标

阅读完本章，你应能做到以下几点：
- 了解主动式倾听的组成要素，而不只是听到声音或理解词语。
- 知道大学期间为什么要倾听，为什么倾听是整个社会的一个重要组成部分。
- 知道在大学中倾听的对象、目的。
- 运用倾听策略确保听到，从而能够理解；理解后要能够进行分析，分析后要能够进行解读。
- 了解主动式倾听的障碍，知道如何克服此类障碍。
- 思考其他情景下倾听的重要性，包括在职场中、在共情式倾听中。

学者说　沉默寡言的人

我的表兄在海外一家大型汽车公司做机电工程师，管理着一条生产线，有很多其他有经验的工程师与他共事。他属于那种"话少的人"或"沉默寡言的人"。在一次家庭聚会上，他接到了同事的电话——他当时带着一部工作手机，以防生产线出什么问题——说生产线出了问题，他们不知道该如何解决。

他说"把你知道的所有情况和你们已经采取的所有措施都告诉我"，然后静静地听了10分钟，中间打断对方两次，问了非常具体的问题。等同事讲完后，他想了一下，诊断出可能发生的问题，然后告诉同事应该怎么做，整个过程用了不到15分钟。即使在几千英里之外，只靠听（和思考），他就能抓住关键信息，剔除无关信息，知道哪里需要更多的信息，并结合自己已有的知识来考虑问题的各个方面，最终解决问题。

过后我问他，他在通电话时在想什么。他说："我在想可能有什么样的解决方案。然后，我就一直在思考所有可能证明我错了的原因，他们说的情况中有哪些无法支撑这个解决方案，也就是去反驳自己的想法。当我无法根据听到的内容来推翻这个解决方案时，那么这个就是当时的最优解了。"

我又问如果他错了怎么办，他耸耸肩膀说："那就可能需要更多的数据和信息才能找到更合适的解决方案。你不可能永远正确。"

就像我叔叔后来说的那样，"他可能话不多，但他一定懂得倾听"。

初识倾听

倾听指的是从声音中解读意思。有效倾听不仅是大学学习中的一个重要工具，对于我们的个人生活和职业生涯来说也是重要的能力，有助于批判性思考。本章将探讨究竟什么是倾听、如何提升主动式倾听的能力，以及如何将其应用于不同的情景中。

虽然常常被互换使用，但"倾听"与"听见"是两个不同的概念。听见是一种被动的、物理接收声音的功能——只需要一副正常的鼓膜即可，倾听则包含对听到的内容进行理解和解读。因此，虽然耳朵是非常重要的声音传导器官，且需保证其正常工作，但耳朵无法倾听。倾听是由大脑完成的，因为大脑接收到声音信号后可以将其转换为意思。我们可以从听到的很多种声音中解读出不同的意思。

回想一下批判性思维工具矩阵图，即这里的图 9.1。倾听这一工具能够让我们理解别人话中的意思。倾听是一种时间敏感度较高的工具，因此，与阅读不同，我们必须能够实时或快速地将听到的内容转化为意思。在本章中，我们将其称为"实时倾听"，这在大学学习中非常重要：为了学习与思考。不过在大学中练习使用此工具对于我们未来的个人生活和职业发展也是很有用的。

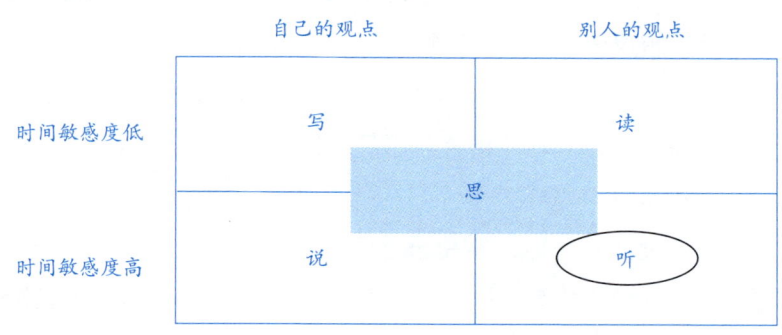

图 9.1　批判性思维工具矩阵图——听

首先，请完成实操练习 9.1，更好地理解将声音转化为意思的过程。

实操练习 9.1　将声音转化为意思

任务 1：在网上或音乐流媒体服务中搜索作曲家尼古拉·安德烈耶维奇·里姆斯基 – 科萨科夫（Nikolai Andreivitch Rimsky-Korsakov）的《野蜂飞舞》(*Flight of the Bumblebee*)一曲来听（可能会有不同的版本）。听完后，思考一下这首乐曲的意思。你觉得作曲家想通过这首曲子表达什么呢？就此写一段话。想象一下，如果别人只告诉你这首乐曲叫作"D 大调管弦乐幕间曲"，会影响你解读这首乐曲的意思吗？这首乐曲是否还表达了其他的意思？就此写下你的思考。

任务 2：走到门外或打开窗户，听听周围的声音。确保已经关闭了音乐、广播或电视。静静地听 1 分钟（可以把眼睛闭上）。按照表 9.1 的样式做一个表格，填入至少四种不同的声音。

表 9.1 将声音转化为意思

写下你听到的声音	是什么声音	表达了什么意思	你是怎么知道的	是否可能是别的
嗡嗡	汽车	有汽车快速驶过	与我听过的汽车声音很像	可能是摩托车？或关于汽车的录音？……

任务 3：认真想想，用"我通过……来解读声音的意思"开头写下一段话。

要想了解声音的意思，我们需要思考，就像实操练习 9.1 中那样。不论是阅读别人的观点还是倾听别人的声音，都是一种主动作为的过程，特别是当我们的目的是提高思考水平时。

在大学中，倾听通常指从口头的发言中解读出意思。当然，与理解乐曲相比，理解发言的意思要更容易一些。但理解发言的意思（这本身可能就很具有挑战性，后面我们会就其原因进行探讨）与理解言外之意是不一样的。而隐含的意思需要我们去破解和发现，那么仅靠理解是不行的，还需要分析和解读。因此，就像阅读那样，倾听也是一个主动解读意思的过程。也就是说，要想通过倾听来促进思考，需要做到主动式倾听，并根据所掌握的基础知识对听到的内容进行解读。就实操练习 9.1 中的表格而言，基础知识在每一栏中发挥了什么样的作用？基础知识会对意思的解读产生什么样的影响？我们以为的汽车声音可能是发动机的声音。电动车会发出什么声音？如果不知道的话，又会如何影响我们对意思的解读？

在详细探讨之前，让我们先看看究竟什么是倾听，倾听具体分为哪些类型。

什么是倾听

与主动式阅读类似，主动式倾听包含理解、分析、解读，只是第一个步骤从视觉

（看到）变成了听觉（听到）。听到之后，就需要理解词句，分析可能的意思，对意思进行解读。与主动式阅读不同的是，我们在主动式倾听时，通常需要立即完成这一过程（后面还会就录制工具进行探讨）。因此，倾听具有较高的时间敏感性。我们如果没能在话说出来时立即进行主动式倾听，那就要么完全无法理解别人的意思，要么一知半解甚至会理解错误。

倾听的类型

为什么要主动式倾听呢？要想回答此问题，我们可以先思考一下倾听的其他两种类型：机械式倾听、被动式倾听。

1. 机械式倾听

机械式倾听单纯是为了记住听到的内容，就像一台录音机。在录音机出现之前，速记员的工作就是把法庭上各人说的内容一字不差地听到（并记录下来），而不对意思做任何分析或解读。

2. 被动式倾听

被动式倾听是只理解了字面上的意思和最容易理解的意思，不做深入思考或与其他想法相联系。其追求的是简单，不会挑战自己做任何复杂的思考，因此，通常会发生一知半解的情况。

在大学里，有的学生在课上就属于机械式倾听，努力把老师讲的每一个字都记下来。其他人则可能是被动式倾听，只听到了最表面、最简单的一层意思。

以上两种类型的倾听均无益于培养批判性思维，因为其中不涉及任何认知过程（机械式倾听），也无法达到 Chapter 3 中提到的有效努力状态（被动式倾听）。

3. 主动式倾听

主动式倾听则会根据我们所掌握的基础知识以及提问的方式，将听到的内容与更加复杂的想法和意思联系起来。

如果只是重复和记下来，那么就是机械式倾听。如果记住的只是一些简单的信息，那么就是被动式倾听。如果能够就此而提出问题，那么就是主动式倾听。图 9.2 对此进行了展示。

图 9.2 倾听的不同形式

倾听即对话

主动式倾听也可以理解为两个人之间的对话，其中一人保持沉默。比如剧院表演中的独白是一个人在讲话，对话是两个（或更多的）人在讲话。然而，"对话"这个词是由"对"和"话"组成的，即对着人说话。也就是说，对话需要在人与人之间穿行流动，只存在于发言人脑中的意思不是流动的，只有当发言人表达出该意思、倾听者倾听并做出解读时，才算实现了流动。

对话指人们在一起思考的交流活动［艾萨克斯（Isaacs），1999］。当我们在主动式倾听时，不论是否开口说话，都算是在交流。因此，上课也是一种对话，老师表达意思，学生解读意思。当然，如果我们能开口分享自己的想法和解读的话（Chapter 10 会深入探讨），那么这种对话就更富有成效了。不过在现在这个阶段，我们只需要知道，主动式倾听是解读意思的一部分，而被动倾听的人则只能做旁观者。

大学期间为什么要倾听

在印刷术发明出来之前，倾听是传播知识和故事的主要方式：从父母到孩子、从师傅到徒弟、从传教士到追随者。总的来说，人类擅于倾听别人的指导、建议、警告、希望、指示和历史。虽然历史的钟摆朝向了阅读，因为阅读可以覆盖更多的受众，但随着技术的发展，钟摆又摆了回来，可以通过录音录像或直播倾听学者、专家、政治家、学生、工人——几乎是任何人的讲话。倾听机会的大爆发以及倾听对象的多样化更加突出了倾听作为一种工具的重要性。我们倾听是因为它给我们带来了大量思考、理解和学习的机会。

这也就解释了倾听在整个社会中越来越盛行的原因。不过我们还是可以问："大学期间为什么要倾听？"简单来说，就是因为在大学里需要上课和听讲座，但这样的答案太过于官方或程序化。为什么大学课程要围绕倾听来设置呢？为什么不是阅读？倾听能够给我们带来哪些阅读无法实现的优势？

回想一下批判性思维工具矩阵图，倾听与阅读之间的差异就在于倾听具有较高的时间敏感度（后面还会就录音录像式倾听展开讨论）。也就是说，在阅读时，我们可以按照自己的节奏来解读别人的观点，而且可以停下来思考、查字典或回过头再读一遍；但如果是在倾听，那么我们就需要实时也可能是立即解读出意思。此外，话一旦说完就没有了。如果恰好错过了，那么也无法回放。这种实时倾听是我们在大学、职业生涯以及人生中需要培养的一项关键技能。

图9.3对上述原因进行了总结。

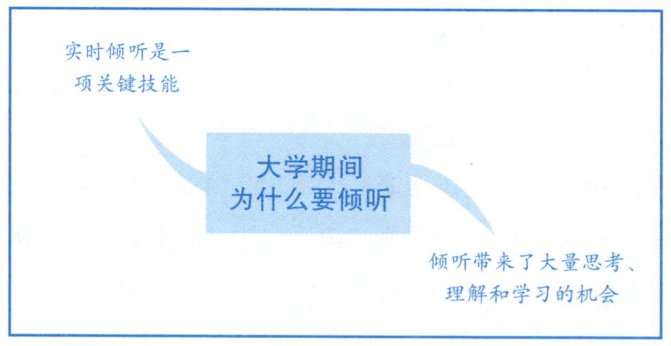

图9.3　大学期间为什么要倾听

如何主动倾听

应该听谁的

在大学里，我们应该听谁的呢？

1. 听老师的

很显然，要听老师的，但也应听听其他一些群体的。

2. 听同学的

在课堂上，我们需要听老师的，但还有另外一个重要群体需要我们主动式倾听：我们的同学。这样做的原因能够反映出倾听与思考（以及提升思考水平）之间的联系。

想象一下，老师在课上问了这样一个问题："商业为什么会存在？有人想要分享一下自己的看法吗？"

有四位同学举手，老师让他们一一作答。你会倾听他们的答案吗？是只听到了他们怎么说，还是会主动倾听？还是说你就"停下来"等老师说自己的观点（即答案）？

不主动倾听同学的回答会错过一些机会，原因有四。一是同学的回答可以带来很多不同的观点。请记住，很少有正确答案。也就是说，我们应该保持开放的态度，接纳一切可能性。二是通过主动式倾听，我们可能会发现有同学的回答和我们自己的看法非常相似，这样可以增强我们的自信心。三是通过主动式倾听，我们还可以练习自己在意思解读方面的能力，思考为什么别人和我们想的不一样，这种理解上的差异会带来深远影响。四是由于我们在这些问题上有了参与感，那么我们就更可能集中注意力，做到主动倾听。

3. 听没有说话的人的

在倾听同学的声音时，我们还应注意一下那些不发言的人。在课上，尤其是在小组讨论或其他类似的场合中，我们很容易倾听发言者的话，却很难倾听到沉默者的心声。那么这样会让我们错过什么吗？通常来说，他们是比较内向的人，不太可能主动发出自己的声音，因此我们无法倾听他们想要说什么。苏珊·凯恩（Susan Cain）在她的《安静：内向性格的竞争力》（*Quiet: The Power of Introverts in a World That Can't Stop Talking*，2013）一书中，鼓励这个世界能够给予内向的人一些空间，让其找到分享自己想法的渠道，而不是鼓励内向的人外向起来。这是因为内向的人所具有的力量，包括内省和反思性思考等，也正是我们这个世界非常需要的。知道我们在倾听谁的声音，能够让我们意识到没有说话的人的声音也很重要，要听听他们怎么说。

主动式倾听的过程

主动式倾听的过程与主动式阅读类似，毕竟两者都是为了理解别人的意思。因此，

Chapter 8 中的图 8.4 也可以用于描述主动式倾听。详见图 9.4。

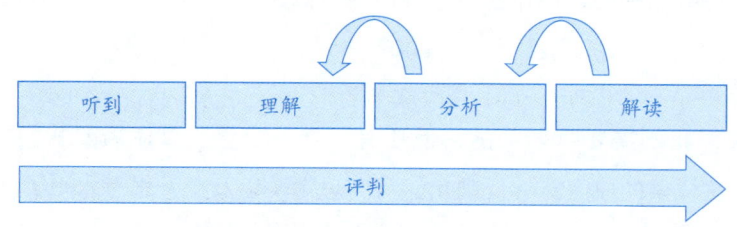

图 9.4　主动式倾听

与主动式阅读一样,这些元素虽然是递进的,但可以顺行,也可以逆行,并且对来源的评判会贯穿全过程。下面先就每一个元素进行单独探讨。

1. 听到

能够准确地听到是主动式倾听的基础。这会受到很多因素的影响,比如房间的传声效果、背景噪音的干扰、房间的回声过大、发言人的声音太小、音响系统有杂音等。如果我们听得很费劲,那么也就很难产生理解。即使是偶有一句没有听到,也可能会造成很大的影响,让主动式倾听变得更加困难。"克服主动式倾听的障碍"一节会详细探讨应如何克服以上困难。

2. 理解

理解指明白所听到的内容的字面意思。听到和理解之间存在延迟,延迟的时间长短取决于多种因素。

我们的语言能力会影响对词汇的理解。比如课上有一位说阿拉伯语的人正在讲话,我们可以听清楚他说的每一个字和音节,但如果不懂阿拉伯语的话,就无法理解他所说的内容。在不那么极端的情况下,如果我们懂这门语言但是不太熟练,那么可能需要更长的时间才能理解他所说的内容。

延迟的时间长短还会受到发言人声音的影响,尤其是口音会带来较长的延迟。此外,如果发言人说得太快,也会影响我们的理解。

3. 分析

就像 Chapter 8 中讨论阅读那样,我们将听到的内容与自己已有的基础知识相比对,就是在进行分析。这里不再重复 Chapter 8 中已经讲过的所有内容。

然而，与主动式阅读不同，倾听具有较高的时间敏感性，也就是说我们需要快速完成这一过程，不可能对听到的所有内容都进行分析和解读。因此，我们需要瞬时对所需的分析和解读程度做出决定：是否需要保留这条有价值的信息，还是因其没有价值而忽略掉呢？主动式倾听的分析阶段需要我们对无关的信息进行分类、处理和丢弃。这是非常重要的捷径，尤其当我们面对大量的信息时。不过，这也是有风险的。在进行分类或剔除无关的信息时，如果对自己所做的决定没有信心，那么我们就很难做出决定，最终往往导致机械式倾听。"克服主动式倾听的障碍"一节会探讨通过可视化方式来解决该问题。

4. 解读

与主动式阅读一样，主动式倾听也涉及解读。基于我们的分析以及获得的其他所有信息，我们对听到的内容如何解读？请记住，这里解读出的意思是暂时的，它会随着我们基础知识储备的增加而改变。

5. 评判

在整个主动式倾听的过程中，我们会对发言人所说内容的质量及其是否有用做出评判。可以参考 Chapter 5 "有力的证据"和 Chapter 8 "读"中对其进行的探讨。在运用倾听工具时，我们需要特别注意偏见对评判的影响。倾听的过程会受到我们有意无意的认知偏见的影响。当我们在看甚至只是听发言人说话时，很多与其所说内容无关的问题都可能会对我们的分析、解读和评判产生影响，包括其种族、口音、性别或着装。Chapter 11 "思"和 Chapter 6 "清晰的表达"就偏见问题展开了探讨。想要从思考中完全消除偏见几乎是不可能的，关键是要意识到我们受偏见影响的可能性，要么是我们不想再听下去，要么是我们的解读过程受到影响。我们应尽可能地关注发言人所说内容的质量（理性诉求），或其是否具有可信度（人品诉求）。

录制工具对倾听的影响

很多大学现在都提供录制好的课程，也就是说，我们可以根据自己的时间来听课。然而，不是所有的老师都允许这样做，原因有很多（详见 Chapter 3）。这里，我们主要探讨其对倾听的影响。对于录音录像来说，只要录制的质量没有什么问题，那么就可以确保听得清楚。听者如果理解上有问题，那么可以调慢播放速度，或重复播放没有理解的部分。可见，录音录像消除了实时倾听较高的时间敏感特性，有助于我们听到和理解。因此这种用法对于学生来说是有益的。

然而，录制工具只能录下所说的内容。在主动式倾听时，我们的大脑必须对内容的意思进行分析和解读，但录音录像在这方面并没有什么帮助。学生们听录好的课程是否是为了解决听到和理解的问题？是否会有自己的分析和解读？也就是说，他们是否会将录音录像作为促进自己思考的一种（辅助）工具？是把实时倾听和录音录像式倾听相结合，还是只是机械式倾听（只是为了记住）？如果是前者的话，那么录音录像就有助于我们培养批判性思维。但如果是后者，那么录音录像就是一种阻碍。

贾斯廷·特雷热（Justin Treasure）（2011）认为，录音录像的发明使人丧失了倾听的能力。当倾听是唯一的学习或了解信息的手段时，我们只有一次机会——也就是在对方说话的时候。当然，我们也可以再听别人讲一遍，或者让对方再讲一遍，但所说的内容都是实时的，说完就结束了，需要我们能够立刻理解。而现在，如果在第一次听的时候有地方没有理解，我们（通常）会倒回去再听一遍，而无须实时、准确地倾听，那么我们的大脑就可能因此有借口罢工一小会儿，造成注意力不集中。

这很重要吗？实际情况是，有很多场合都需要我们能够实时倾听和思考，没有回放的机会。比如研讨会和讲座通常是不会被录下来的，但它们却是最佳的主动式学习环境，需要我们实时倾听。大学毕业后，我们在职场和生活中也非常需要有效的实时倾听。

在本章的"学生说"中，卡迪夫大学（Cardiff University）英语专业学生奎尼尔达－罗丝·伍德豪斯（Quenilda-Rose Woodhouse）介绍了她在主动式倾听方面的经历，包括刚开始她是如何克服挑战的，以及主动式倾听给她的个人生活带来的积极影响。

学生说　倾听的艺术

奎尼尔达－罗丝·伍德豪斯，卡迪夫大学英语专业学生

众所周知，一个拥有英语文学大学学位的人必须具备阅读能力。虽然这不可否认，但我在大学学习中发现，倾听也是一项核心的学习内容。我在学习主动式倾听方面的经历不仅帮助我完成了繁重的课业，还让我能够从 50 分钟的听课中得到最大的收获。除此之外，主动式倾听也影响着我的个人生活，让我与伙伴们建立更加深入的感情和联系。

作为一项看上去很简单、很基础的技能，倾听的艺术可能比我们想象的更加精细。我常常在课上纠结于如何做到主动式倾听，尤其在大二的第一学期，由于害怕漏掉老师说的重点信息，我疯狂地记笔记，弄得手上、书包上和脸上都是墨水印。后来，我经过大量的努力才不再把所有内容都原封不动地记下来，而是去分析老师所说的话，只记下最重要的或最有价值的点。主动式倾听让我能够批判性地看待老师课上所讲的内容，并形成自己的观点。克服此障碍能够立即收获效果，那就是收获更多，且更加享受这一过程。

　　此外，在别人身上运用主动式倾听可以产生很好的效果。比如在和朋友聊天时，对方正在分享一些个人经历，与用自己类似的经历打断对方相比，耐心地倾听和理解更能够打动人。有一次，我给一个远在国外的朋友打视频电话，跟他吐露自己在情绪方面的一些负担，宣泄自己的感情。他就安静地坐着，时不时地点头、微笑，表示他在听我说话。当我说完时，他就说了四个字，"我听到了"。就这四个字却给了我巨大的影响，让我觉得自己能够被别人理解，有一种安全感。这也是我一直想努力做到的。

克服主动式倾听的障碍

　　主动式倾听对于培养批判性思维非常重要，要想做到也并不容易，尤其是在时间很长的情况下。下面，我们将探讨如何克服一些常见的主动式倾听的障碍。

能听到，也能理解

　　就像前面讲到的，如果我们什么都没有听到，那么也就无所谓倾听了。因此如果听不清楚，那么我们应该立刻向老师反映，也许他们会做一些调整，比如提高话筒的音量或说话的声音。我们也可以选择坐到前排，如果这样做有用的话。如果在很多不同的场合都遇到了这样的问题，那么你可能在听力上出现了一些问题，建议你去寻求专业帮助。

　　即使能够顺利听到，我们也可能因为发言人的声音而影响理解，比如发言人的口音、语速等。口音的问题可以通过多听来解决。人的大脑可以很好地适应不同的口音。

时间长了，大部分人就会渐渐听懂并能够理解更多的内容。如果对方说得太快，那么我们可以礼貌地告诉他们，请他们讲慢一些。如果不想当面提出此问题，那么可以等课程或讲座结束后再提。我还没有遇到过会因为此问题而感到冒犯的老师。请记住，就像 Chapter 6 所讲的那样，演讲时的语速不能像和朋友讨论时的语速那么快——这一点同样适用于老师。

查阅清单：保证听到与理解

- ☐ 礼貌地告知发言人，请他们声音大一点或讲慢一点，确保自己能够听到并理解。
- ☐ 坐得离发言人近一点。
- ☐ 对于有口音的发言人，不要放弃倾听——你的大脑会习惯的。
- ☐ 如果一直遇到听不清楚的情况，那么建议你寻求专业帮助。

集中注意力

主动式倾听需要我们保持注意力，不受干扰。注意力分散有很多原因。主动式倾听就算不至于令人疲惫不堪，也是一个很辛苦的过程。如果睡眠或休息不足，那么我们会很难集中注意力。此外，我们的注意力还可能被放到别的事情上，比如交材料的截止时间或周末的计划。更严重一些，我们还可能在个人问题上遇到非常大的情绪起伏，比如亲人生病或经济比较拮据。为了解决注意力不集中的问题，我们可以提醒自己想想当初为什么要倾听。对于倾听来说，最好的动机是内在动机（我对这个话题非常感兴趣，很想听听说了什么）。外在动机（我想得高分，我知道这个话题一定会考）在某些情况下或对于某些学生也是有用的，但可能效果没有那么好。我们还可以尝试清空自己的大脑，即使是一小会儿，把所有其他的问题都抛诸脑后，做好集中注意力的准备，之后再开始主动式倾听。然而，如果个人问题给主动式倾听造成了影响，那么我的建议是：让自己先停下来，先不要去想。所有人在大学（或生活）中都遇到过一些比我们当下"应该"做的事更重要的事情。如果这种个人问题是一时的，那么可能就不算是问题。但如果这种情况一直持续，我们就需要寻求学生支持中心（student support office）的建议和支持，还可以和老师进行讨论和沟通。

查阅清单：集中注意力

☐ 回想自己倾听的动机：是内在的还是外在的。
☐ 清空大脑，让自己可以集中注意力。
☐ 如果遇到比较严重的情况分散了注意力，让自己先停下来。

避免干扰

干扰因素也会进一步影响我们集中注意力，这通常发生于我们在倾听的同时又在做其他的事情时。很多人将其称为"多任务处理"，但专家将其描述为"多任务转换"（昂卡夫和瓦格纳，2018）。他们认为，当开始一项新任务时，我们会暂时停止原先的任务。如果我们正在倾听，那么当我们查看手机信息时，就会停止倾听，即使非常短暂。等再次倾听时，我们就会因为漏掉了一些信息而很难再跟上。在这些例子中，我们进入了另一个"空间"。过去，一次处于一个"空间"是一件很容易的事，但现在我们口袋里有手机或电脑开着，让我们同时处于多个虚拟"空间"。比如，我们可以在上课的同时在"豆瓣"小组里讨论最喜欢的乐队，在"钉钉"群里讨论另一个课程的小组作业，在微信群里决定晚餐集合的时间，在微博上就最近的娱乐圈动向发表评论。

为了解决干扰问题，有效开展主动式倾听，我们需要百分百地处于特定的时间和空间中。但问题是，我们的大脑总是充满了疑问，会不停地搜寻可能的干扰因素。即使这样的干扰因素并没有发生，但这个不停搜寻的过程也会影响我们的主动式倾听——请记住，我们用耳朵听到，用大脑倾听。因此，我们需要向大脑证明，这些干扰因素不会影响到我们，可以停止搜寻了。可以关闭手机，这样新消息的提示声音就不会影响到我们——即使我们不看手机，一旦新消息的提示声音响起，大脑就会思考这条新消息会说什么内容。还可以关闭无线网络，这样我们的眼睛就不会不时地往邮件的标志那里看，看看是否有新邮件。

总之，要努力在特定的情景下集中注意力，彻底避免干扰因素的影响。

查阅清单：避免干扰

☐ 确保自己百分百地处于特定的空间和时间中。
☐ 关闭手机和无线网络，消除干扰因素，让大脑停止搜索。

延长集中注意力的时间

我们可以在短时间内集中注意力、避免干扰，进行主动式倾听，但如果时间长了，这也是有一定难度的。老师们对此都非常清楚。因此，好的老师不会只让我们在课上倾听（和思考），也很重视说（可以和同学说，也可以向这个班级说）、写（回答老师提出的问题，不要只记录老师讲的内容）、读（如"请大家阅读引用的亚里士多德的这段话，之后告诉我他的话与我们正在探讨的话题有什么关联"）。也就是说，好的老师只会安排一小段时间专门用于主动式倾听。不过，主动式倾听的能力会随着我们的练习而逐渐增强，如果我们坚持练习的话，主动式倾听的时间是会逐渐变长的。因此，坚持运用以上策略来集中注意力和避免干扰，我们就可以很轻易地逐渐延长集中注意力的时间了。

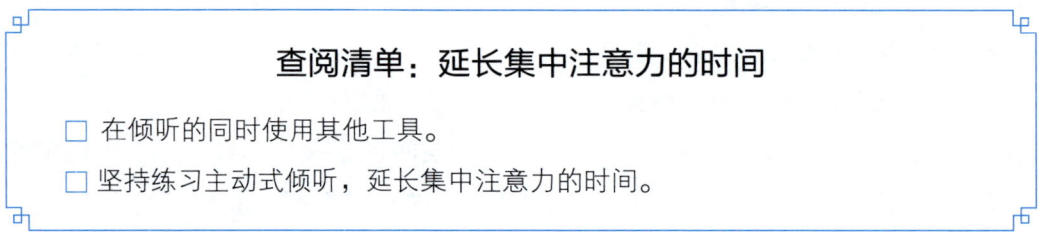

选择性分析，避免超负荷工作

如果内容太多的话，主动式倾听的难度就会增大——我们的大脑会超负荷工作。我们常常会想要把课上讲的所有内容都记下来，而缺乏选择性记录的信心，比如哪些需要记、哪些可以舍弃。与选择性阅读类似，选择性倾听需要我们有信心并能够接受自己可能会漏掉重要内容的情况。因为，我们如果超负荷工作的话，就会停止主动式倾听，最终也肯定会漏掉重要信息。我们不可能对所有的内容都进行分析，因此需要挑出值得深入分析的内容。有三种选择性分析的方法，可以避免超负荷工作。

1. 正确地记笔记

对于有的人来说，不记笔记反而更好，他们仍然可以主动倾听很长的时间。而有的人则可能觉得记一些笔记有助于集中注意力。然而，如果我们笔记记得太多，就会发现自己进入了机械式倾听，很容易超负荷工作。所以，要学会正确地记笔记（就像"学生说：倾听的艺术"中讨论的那样）。

2. 寻找标示语及身体语言

与作者在写作中引入标示语一样，发言人也可以使用标示语，常见的有"这很重要，因为……（this is important because... ）""可以将辩论双方描述为……（the two sides of the debate can be described as... ）""回想一下……（recall that... ）"，这样做有助于激活我们的记忆，回忆起之前学过的内容，引导大脑找出观点或话题之间的关联。我们还可以利用身体语言等非词语性的符号线索来进行分析。比如，用手指数数、将手上下挥动来表示论点之间的关系。重要的是，我们的眼睛可以捕捉这些动作，作为耳朵收集信息的辅助，帮助自己解读完整的意思。

3. 增强选择性倾听的信心

我们还可以使用可视化的手段，来提醒自己选择性分析的重要性，并给予自己信心。

想象一下我们正在淘金。在这一场景下，"金子"就是我们要选择性分析的信息和知识。有两种不同的淘金方式。一种是露天开采，即把底下所有的东西都挖出来，然后放到别处，不管其是否有价值。另外一种是保护层开采，只把含有金子的岩层挖出来，其他的留在原处。采用露天开采的方式，也许开采时很容易，因为我们不需要做选择，但之后就会比较困难，因为有一大堆的岩石需要处理。采用保护层开采的方式，在开采时可能比较困难，我们也可能会漏掉一些金子，但之后处理起来会更容易一些。

在上课的时候，我们的目标是主动式倾听，以促进思考。如果试图倾听一切的话，我们就会陷入机械式倾听，不会进行任何思考，而且之后面对如山的笔记，处理起来会更困难。但如果能选择性记录重要的内容，我们就有更多的时间进行思考，之后处理起来也会更容易一些。我们可以用上面的淘金方法作类比。如果发现自己的大脑正在露天开采，那么我们可以调整为选择性开采：不要把整个洞都挖出来，只挖出有价值的部分。

查阅清单：选择性分析，避免超负荷工作

☐ 利用笔记来集中注意力，但不要把听到的所有内容都记下来。
☐ 搜寻标示语以及身体语言等非词语性的符号，来解读所听到内容的完整意思。
☐ 对选择倾听的内容要有信心，以方便后续的处理和分析。

为快速理解做准备

如果能够快速、轻松地理解所听到的内容，我们就可以直接进行分析和解读了。

鉴于这些元素最有助于促进思考，且倾听是一种时间敏感度较高的工具（与阅读不同，在阅读时我们可以花很多时间用于理解），因此能够快速理解是关键。然而，在大学里，我们碰到的复杂词汇和语句越来越多。如果听到的内容比自己习惯的更加复杂，那么我们如何才能做到快速理解呢？这就体现出了提前阅读和预习的重要性。

假设我们在课上听到了如下内容：

> 最近有关潮水冰川退缩的研究显示，由于冰川融化和崩解等因素，其退缩速度比我们之前想象的要快 100 倍。

如果这是我们第一次听到"潮水冰川退缩"这一概念，我们可能会专注于理解其含义，并因此漏掉句子中的其他信息。等回过神来再仔细听的时候，可能就听到了"崩解"这个词，这时我们就会不知道老师说的是什么了。当然，老师可以再补充更多的信息，来帮助我们理解：

> 最近有关海洋冰川的研究发现，冰川正在退缩或消失，且退缩或消失的速度比之前想象的要快 100 倍，部分原因是冰川正在融化、冰架正在崩解或断裂。

然而，考虑到大学是一个独立学习的环境，我们可以认为大部分的学习是在教室之外进行的。因此，如果让我们做了提前阅读，那么老师就会认为我们已经对话题和一些语句很熟悉了。此外，这样也可以让我们从理解快速进入到分析和解读阶段。

这里主要谈的是某一堂课。如果从整个课程的角度来看，我们在前面几周所掌握的语句和概念将有助于我们在后面几周的理解。如果经过整个学期的积累，我们在倾听时已经对相关情况有所了解，那么也能够更好地进行分析。

查阅清单：为快速理解做准备

- ☐ 通过提前阅读和预习来了解关键的语句和概念，以便在之后听到的时候能够更容易理解。
- ☐ 在整个学期中多积累基础知识，以便在之后听到更加复杂的内容时能够快速分析和解读。

保持开放的态度

有时,学生倾听就是为了"获胜"。尤其是那些在辩论方面有经验的学生,甚至只是单纯地喜欢辩论的学生,他们在倾听时往往将注意力放在找出对方的破绽、矛盾或问题上。然而,这是一种封闭式的思考方式,即选择性倾听只是为了争辩或提出反证。而开放式的思考方式则是为了能够最好地解读出发言人想表达的意思,目标是促进思考。当然,我们需要找出对方话中的矛盾所在,但不应该只把注意力放在这上面。

> 要抱以尊重的态度来倾听他人的话,确立并说出自己的观点,停止对他人产生看法——这些都能够将我们最深处的智慧激发出来。当我们能够对周围的可能性都保持开放的态度、能够有全新的思考方式时,这样的智慧就会产生。
>
> ——艾萨克斯,1999

查阅清单:保持开放的态度

☐ 以开放的态度来倾听,而不是只为了找出破绽。

图 9.5 对如何克服主动式倾听的障碍进行了总结。

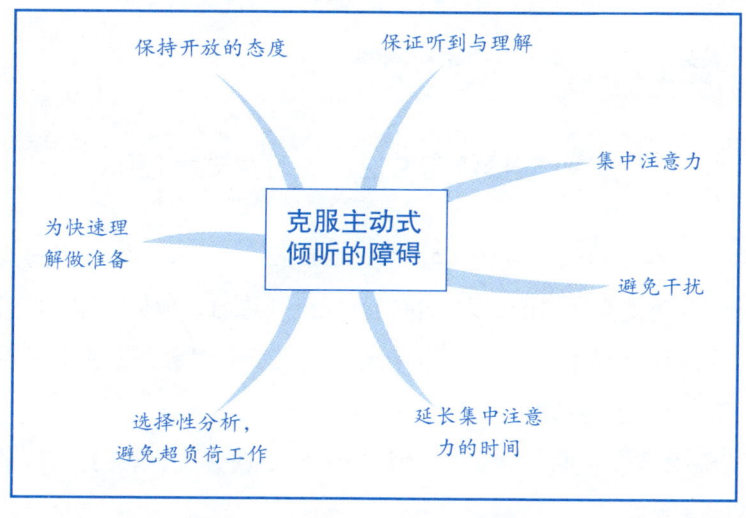

图 9.5 克服主动式倾听的障碍

倾听与其他工具的结合

随着小组讨论和以问题为导向的协作式学习不断增多,实时倾听变得更加重要,听到、理解和分析的能力已成为有能力做出回应的一个重要前提。也就是说,与其他工具之间的关系相比,听与说之间的关联更加重要。如果某些原因影响了我们的倾听——听不到或无法理解,那么就会产生连锁反应。这是因为,对于在课堂或研讨会中的讨论部分,我们如果无法主动倾听,也就不知道该如何发言了。在小组讨论中,这一点更加明显,因为小组讨论的进程通常很快,如果在听到、理解和分析上花的时间太长,那么我们就会觉得自己被边缘化了。这也就意味着,有些观点(有时包括一些分析水平很高的观点)可能无法被组内成员理解,因为他们无法跟上倾听的节奏,因此也无法表达出什么。

然而,对于在听到或理解方面存在问题但又不得不发言的学生而言,还会出现另外一种情况。那就是他们可能最终只关注自己应该在发言时说什么,从而停止倾听,因为他们没有办法在倾听的同时又去准备发言。在这种情况下要认真地思考一下什么样的工具在什么样的情景中最重要。如果就是为了倾听(比如在课堂上),发言虽然有助于更好地倾听,但会给我们制造一些压力,影响倾听效果,那么我们在一开始就不要有发言的压力。不过,如果在整个大学期间都不发言的话,我们也会错失这样一个有助于培养批判性思维的重要工具。因此,我们需要寻找或创造一些机会,可以练习倾听、理解和分析,并在此基础上发言。Chapter 10 对此进行了阐述。

下面请完成实操练习 9.2 来练习主动式倾听。

 实操练习 9.2 练习主动式倾听

此练习主要有两个目的,一是练习主动式倾听,二是认识到将不同工具结合起来使用的重要性。你可能需要亲朋好友的帮助来完成此练习。他们只需要听你说就行了。

任务 1: 上网找一些 TED 演讲,运用主动式倾听来观看,也就是说你的目的是听到、理解、分析、解读、评判。

任务 2: 下面,随机选择其中的一段演讲(不要选你最喜欢的),给亲朋好友们讲讲这段演讲的主要意思。

任务 3: 等过一天后(可以在手机上设一个闹钟,提醒自己第二天完成此任务),用三句话写出每一段演讲的主要内容,但不要重听,也不要看任何笔记。看看哪一段你写下的内容更多,思考一下原因。

最后,回想一下我们前面有关倾听特别是理解的讨论,其中提到了语言流利程度、发言人的口音或语速可能造成的影响。让我们换一个角度,看看别人听我们讲话时的情况,这样做可以鼓励我们对自己在说话时的行为进行思考,不管是在课堂上、小组讨论中,还是在职场中,使别人能够听到并理解。这包括降低说话语速、使用不那么口语化的语言,以及增加等待的时间,让别人有时间理解、分析和回答等。为什么要这么做呢?一方面是出于对他人的尊重;另一方面,从更加自我的角度来看,给别人更多的倾听(和回应)空间是给自己一个了解其想法的机会,以获得其对自己想法的反馈。在日益多样化的世界中,在日益全球化的工作环境中,这一点也越来越重要。

其他情况下的倾听

像专业人士一样倾听

很多研究[比如珀迪(Purdy)和鲍里索夫(Borisoff),1997]发现,倾听是机构中各级别员工最重要的技能之一。这并不是指反复听一段录音来了解其含义,而是在会议中,在面对客户、员工、同事或社群利益攸关方时,能够做到实时倾听。我们需要在第一次听到时就明白对方的意思,然后做出适当的回应。比如在面试时就需要倾听面试官提出的问题,并在思考后当场做出回应,以获得工作机会。大学就是一个练习主动式倾听的完美场合,不仅对找工作至关重要,还有助于我们理解和回应对方(我们的老板、公司客户、同事)提出的问题,从而赢得尊重和好评。让我们看看"从业者说"中约克郡建房互助协会(Yorkshire Building Society)首席运营官斯蒂芬·怀特(Stephen White)为什么会认为倾听是职场中一项重要技能的。

从业者说 **先了解对方**

斯蒂芬·怀特,约克郡建房互助协会首席运营官

不论在哪个行业、哪家单位,领导的作用就是实现指数级的变革。

我们生活在一个充满变化、不确定性、复杂性和模糊性的世界中,因此领导必须提出愿景,激励下属,带领团队应对各行各业复杂且模糊的情况。作为一家市值450亿英镑企业的首席运营官，我所面对的挑战是外人无法想象的——不断变化的技术、人口、消费习惯、政治和经济不确定性，等等。要想应对这些挑战，通过传统的自上而下的方式由单位高层来解决已经行不通了，而是越来越需要企业中每一个人的参与和努力。不过，有一项关键的基础技能对于我的职业发展非常重要，帮助我在这样一个瞬息万变的时代成为一名很好的领导者，这就是倾听。

倾听是领导者的一项关键技能，要先了解对方。听听团队的想法、一线员工的想法、客户的想法——客户与你做生意总是有原因的。我每个月至少会花一天的时间到业务部门或客服中心去真正倾听业务的心跳。我领导的团队拥有认知多样性，我们想法不一样，会相互挑战，形色各异，这让我们能共同做出更好的决策。

我记得2017年，有一位管理人员加入了公司，他叫萨姆（Sam）。萨姆刚来时充满了热情和点子，想实现其所在部门和整个企业的彻底变革。萨姆所在的团队中有很多经验丰富的高级领导者，对业务及其职责都非常熟悉。但他并没有选择遵循"先了解对方"这一条非常简单的规则，而是立即发号施令，开始在不了解背景或影响的情况下大刀阔斧地进行改革。他没有倾听团队或同事的建议，觉得自己知道所有的答案，自己的方案才是最好的，他将把团队从无知中解救出来。最终，他彻底失败，不到六个月就离职了。他没有听取周围人的知识和建议，不知道企业需要的是什么，不了解团队的需求，也没有倾听企业的节奏和文化。

未来属于那些有先见之明的人，他们在事情发生之前就看到了各种可能性。要想应对世界给我们的各种各样的挑战，唯一的方法就是倾听，先去了解对方——答案常常存在于机构或社会的边缘，而不是上层。

共情式倾听

在本章的最后，让我们简单地介绍一下另外一种倾听。这种倾听虽然并不属于大学的正式学习内容，但在我们的生活中占据着一席之地，那就是共情式倾听。共情式倾听通常发生在一对一的情况下，比如某个朋友或同事遇到了困难（回想一下"学生说：倾听的艺术"中提到的与朋友聊天的情况）。在这样的情景下，我们若想为对方提供最好的支持和结果，就需要运用共情式倾听。作为老师，这种情况通常发生在学生来找我倾诉感情或个人问题时。这时我需要从主动式倾听（听到、理解、分析、解读、评判）转变为主动共情式倾听（听到、理解、分析、解读、关心）。

在共情式倾听时，我们应将注意力放在对方身上，与其保持眼神交流，并要保持耐心。如果情况比较严重，还可以把手机放在一边（或者甚至关闭手机），表示我们在认真听。听的时候，不要想应该如何回应、如何解决问题或分享自己的故事，而是可以不时地以沉默来回应，无须说话，表明我们正在思考且有耐心。这也并不意味着一直不说话，可以适当地重复对方的话或把对方所说的内容换一种说法，让对方知道我们很认真地在听，鼓励他们继续敞开心扉。既要集中注意力，也不要太紧张，要放松一些。最后，在对方表达自己的情感之后，我们也给予一些温柔的回应："你在描述自己的遭遇时，听上去有些愤怒。""你在这样描述未来时，听上去心存恐惧。"

曾经有一位学生来找我诉说，当时她觉得全世界的压力都在她肩膀上。她在大学里的成绩不是很好，因此压力很大，担心自己无法满足父母的期望，无法做弟弟妹妹的榜样。我一直听她诉说，只是温柔地重复一些她所说的内容，而不是对她进行评判或给予解决方案。其间，我曾提到一些可以帮助人们走出焦虑的方法，比如接受心理咨询，但她表现出了犹豫。之后，我带她去喝热巧克力。我们一起坐下来，很长时间都没有说话，她也并没有喝，而是一直盯着那杯饮料。最后，她终于用一个微弱但非常坚定的声音说"我想我需要别人的帮助"。后来，我们就一起去寻求了心理咨询师的帮助。

我为什么要告诉你这些呢？因为我们有时需要成为共情式倾听者，而不是主动式倾听者，即使是在学术环境中。比如，你可能正在牵头一个小组项目，这时有人来与你聊一些个人问题。此外，与专家相比，我从学生身上学到的更多——他们的纠结以及他们如何通过交流来解决困难。除了正式的学习环境以外，我们可以在很多其他情景中学到东西。我们可以通过调整倾听方式来接纳这种学习方式。但更重要的是，我们可以让对方知道，我们是在乎他的。

本章小结

- 被动式倾听只理解了字面上的意思和最容易理解的意思，机械式倾听是对所听到内容的重复，而主动式倾听则会促进和提升我们思考的认知过程。
- 主动式倾听包含听到声音，以及对所听内容的理解、分析、解读和评判。
- 虽然录音录像现在越来越常见，也是一种非常有用的工具，但我们必须掌握实时倾听的技能，来提高我们的思考水平，它也有助于我们大学毕业后的职业发展。
- 我们应该听老师的，但倾听同学以及那些没有发言的人的想法也很重要。
- 要克服主动式倾听的障碍，我们需要保证听到和理解、集中注意力、避免干扰和延长集中注意力的时间、进行选择性分析、为快速理解做准备、保持开放的态度。
- 并不是所有的倾听都是主动式倾听，即使是在大学里。共情式倾听也很重要，特别是在人际关系中。

延伸阅读

- 特鲁迪·默卡多–沙巴（Trudi Mercadal-Sabbagh）与迈克尔·珀迪（Michael Purdy）写过有关倾听的指南：《倾听："丧失"的沟通技能》(*Listening: The "Lost" Communication Skill*)。虽然其中讲到的一些话题与本章中的内容有重复，但这两位学者介绍得更加深入，且有些话题是本章中没有涉及的。书中还给出了一个清单，帮助我们将优秀的倾听者与低效的倾听者区分开。同时，还提供了大量的参考文献和资源。
- 苏珊·凯恩的《安静：内向性格的竞争力》一书值得一读。
- 贾斯廷·特雷热 2011 年的 TED 演讲"有效倾听的五种方法"(*Five Ways to Listen Better*) 对本章中提到的观点有更加详细的阐述，也解释了为什么我们丧失了倾听的能力。他还有很多其他的演讲和资源是专门针对如何提升倾听能力的，可以去搜搜看。

◇◇◆

Chapter 10
说

课前思考

1. 思考对于我们所说的内容起到了多大作用？
2. 为什么说话对于有的人来说非常难？
3. 在大学里我们应该何时开口说话？

学习目标

阅读完本章，你应能做到以下几点：
○ 了解提升思考水平的另一个工具——说话即思考。
○ 了解为什么说话有助于整合想法、提出批判、获得反馈、建立联系等。
○ 通过考虑想要说的内容、方式和时机，了解如何说话。
○ 探讨反馈与批评意见对说话方面的核心作用，以及如何运用它们。
○ 了解说话即思考的障碍，以及如何克服它们。

学者说　从未被压制的声音

在本书的 Chapter 3 中，我们谈到了大学生要想成为批判型思考者，需要像出色的运动员那样付出大量的努力。为了在课上进行讲解，我站在 350 名学生面前问了这样一个问题："有没有人在运动方面表现得很出色，或者为了成为出色的运动员而正在训练？"有几名学生举起了手，我指了指坐在前排的一位女生，她露出了开心自信的笑容。我也冲她笑了笑，并问道："你从事的是什么运动？"

我本来的计划是，等她回答之后，请她到讲台上来（一般我会在觉得学生不会因此而吓到的情况下让他们上台），然后再问她几个问题：在训练的过程中，你多久查看一次邮件或在社交软件上发布动态？在听教练讲解时，你每隔多久查看一次信息以确定之后在哪里和朋友见面？在我的想象中，她可能会回答"从不"，这样我就可以在课上证明我的观点，然后她就可以回座位了。

然而，她的回答让我不得不重新审视我的计划，因为她回答得结结巴巴。我需要做出决定：还要把她叫到台上来吗？我不知道她结巴的原因——也许是害怕在公共场合讲话？我是否要给她如此大的压力，让她面对更多的问题？这对她公平吗？我应该怎么做？

后来，我没有请她上台，而是只让她在座位上回答了一个问题，之后就继续讲后面的内容了。但在后续的课程中，我对她有了更深的了解，因为她经常举手表达自己的观点和建议，或回答问题。每次她都相信我（和她的同学）会给她足够的时间来表达自己的观点，即使她结结巴巴。我从没有遇到过她没有表达清楚的情况。也就是说，她本有可以选择不发言的合理理由，却并没有以此为借口而压制自己的声音。因此，每次她表达自己的观点、回答问题或给出可能的解释，都是对自己思考水平的一次提升。

感谢这名学生让我分享她的故事。

初识说话

培养学生有效、恰当说话的能力是老师面临的最大挑战之一。很多学生，尤其是刚刚进入大学的学生，不相信自己能够说出什么观点，或可能觉得自己没有说话的权利——暂时没有。人们常常有这样的误解，觉得只有重要的、接受过良好教育的、有经验的人才有权利说话。也许我们看到过一些别的学生说话，但会认为他们更聪明、能力更强、更有自信——因此更有权利说话。本章将告诉大家，所有的学生都有说话的权利。

那么，说话重要吗？与 Chapter 7 中提到的写作有助于提高思考水平类似，（口头）描述观点的能力也能够帮助我们更好地理解。也就是说，说话有助于促进思考，而并不是思考的结果。定期进行说话练习是培养批判性思维的一个重要方式。

在本书中讲到的有助于培养批判性思维的五大工具中，说话是最被忽视的，可能也是练习起来最难的工具，因为说话会让我们立刻得到反馈，且有可能是负面反馈。在说话时，我们会把自己暴露给别人，可能还会暴露自己的无知、准备不足、误解、弱点。此外，由于现在我们多是通过文字的方式来沟通的，尤其是在网上，所以我们已经习惯在发送邮件、微信、微博或回复之前好好编辑和检查一番，而不太习惯大声说出自己的想法。因此大多数学生，尤其是刚上大学的学生，在说话方面的练习是比较少的。然而，正是因为说话的主动性和即时性，以及人们对说话的恐惧，使其成为我们提升思考水平的绝佳机会。

在本章中，说话主要作为一种工具来验证观点、形成不成熟的想法、进行实时的思考，而不是那些精心构思且经过排练的正式发言或公众演讲（Chapter 6 对此进行了阐述）。也就是说，本章探讨的说话类型更具即时性，比如在课上回答问题、在研讨会上参与讨论，或与同事沟通想法。我们把这种类型的说话称为"说话即思考"。

回想一下批判性思维工具矩阵图（见图 10.1）。

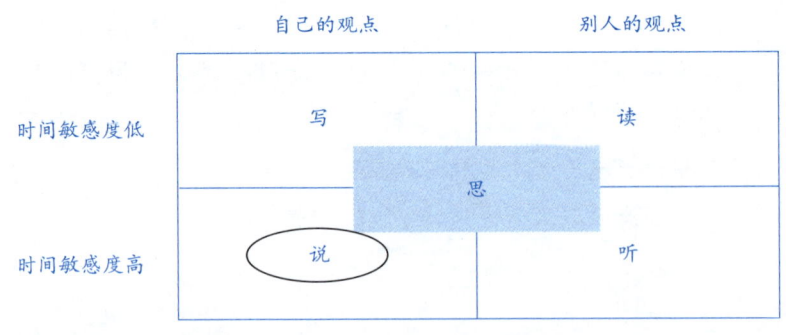

图 10.1　批判性思维工具矩阵图——说

说话即思考是在时间敏感度较高的情况下表达自我观点的工具。时间敏感度高会带来一定的压力，有压力是好的，因此增强我们的抗压能力是非常重要的。然而，压力过大则不是一件好事，在极端情况下，甚至会影响我们的思考。因此，寻求压力的平衡、把握恰当的时机是练习说话的关键。

让我们从基础概念谈起，看看究竟什么是说话。请大家先完成思考练习，看看自己对说话的一些想法。

 **思考练习　说话舒适区**

任务 1：想一想让你感到最舒适的说话场合是什么，把它们都列出来。从中选出三个，将纸张平均分为三栏，将选出的这三个分别写在这三栏的最上方。之后问自己"为什么"或"我是怎么知道这一点的"，看看为什么你会在这些场合中感到舒适。考虑一下这三个场合，看看它们都有哪些共同点。在每一栏中写下自己的看法。

任务 2：想一想让你感到最不舒适的说话场合是什么，把它们都列出来。从中选出三个，将纸张平均分为三栏，将选出的这三个分别写在这三栏的最上方。之后问自己"为什么"或"我是怎么知道这一点的"，看看为什么你会在这些场合中感到不舒适。考虑一下这三个场合，看看它们都有哪些共同点。在每一栏中写下自己的看法。

什么是说话

说话是指用声带发出声音。通常，这些发音形成字，字会组成词语，词语再组成句子。说话的目的是沟通想法、观点或指令，即表达意思。然而，还需记住（就像 Chapter 9 中探讨的那样），除了字词句，还有其他表达意思的方式，比如语气、身体语言，以及没有被说出的内容。因此，说话通常被定义为"说的内容"和"说的方式"。

有的人认为说话的有效性取决于我们想要表达的信息是否被对方接收到，以及对方在必要时是否因此而采取行动。然而，这种看法认为说话是为了发出命令或指令。而说话即思考主要关注想法、观点或论点的表达，部分原因是考虑到表达本身的价值——这样我们就可以进行自我批判，也可以得到他人的回应或反馈。因此，虽然说的内容和方式对于理解说话很重要，但在说话即思考中，说的时机也很重要。后面会对此进行详细阐述。接下来看看为什么我们要在大学中经常说话。

大学期间为什么要说话

通过说话，我们可以在最初阶段来验证并确立自己的想法及其思考过程。由于处于初期阶段，所以这时的想法可能在逻辑推理上并不完美。但说话即思考并不是为了实现完美的沟通，而是为了学习和发展，特别是在思考方面。每一次说出自己的观点，都是对想法、论点和逻辑推理的打磨和完善，要么是借助他人的反馈，要么是因为说话的过程能够帮助讲话人进行自我批判和提高思考水平。

说话帮我们在无人反馈的情况下打磨观点

说出想法和观点的同时也是在整合想法和观点。也就是说，它迫使我们将抽象或模糊的想法转换为实实在在的文字。因此，说话本身就是有价值的。哪怕没有任何人听或回应，说出自己想法的这一行为也是有价值的。因为在此过程中，我们对想要表达的意思进行了打磨和完善。总之，说话本身能够促进思考。当说出自己的观点时，我们可以通过自我批判立刻确定自己想法的质量如何。也许说完后会发现这并不是我们想要表达的意思，然后会再试一次，这就是一种成功。这个过程帮助我们对想法、论点和逻辑推理进行打磨和完善。

说话激发反馈

当我们跟别人说话时，我们也能从对方的回应、反馈或观点中获益。这就是为什么说话即思考对于培养批判性思维来说很重要，但这一点常常被学生忽略或逃避，这很让人苦恼。说话让我们有机会通过与别人积极、直接的互动来即时表达出自己的想法。这意味着当说话即思考时，我们应主动寻求别人的反馈，以帮助自己进一步完善观点和想法。后面会探讨我们应如何对待别人的反馈和批评意见。

说话有助于增进小组感情

在高效的小组讨论中，观点通常是由大家一起形成并改善的，没有人会觉得自己是观点的唯一所有者。在这样的情景中，将说话描述为"讨论"可能更合适，因为这是一种双向（或三向、四向、多向）对话，可以促进思考。在小组中说话有助于增进小组成员之间（在职场和个人方面）的感情。在小组会议中保持沉默可能会让其他成员觉得我们不够投入，不愿意一起完成任务。

说话为大学毕业后的生活做准备

说话是大部分职业的重要组成部分，也是我们生活中很多重要交流场合的核心。我们在这些场合说话是为了让别人听我们说。大学为我们提供了一个相对安全的环境来练习说话即思考，尤其是为我们进入职场做准备。曾经有一位雇主跟我说，每年他都会收到非常多的简历，拿到简历后，他首先会看求职者在上大学期间是否做过兼职或是否有在暑假工作的经历。"是因为这能体现出他们的努力吗？"我问道。"不是，"他回答道，"是因为大多数的工作都需要你和客户或大众沟通交流——比如在酒店当服务生、在超市打工、做保姆——现在有太多的求职者缺乏说话的自信或能力。"

图 10.2 对在大学里说话的理由进行了总结。

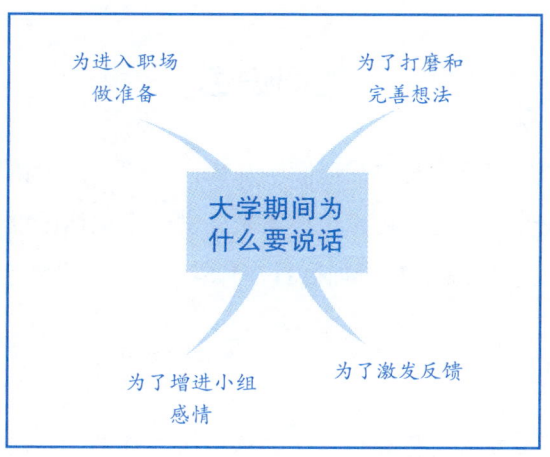

图 10.2　大学期间为什么要说话

完成实操练习 10.1 将使你有机会在没有听众的情况下练习说话，并思考自己在说话时遇到了什么样的挑战。

 **实操练习 10.1**　在没有听众的情况下练习说话

此练习旨在通过倾听自己的声音来帮助你习惯说话。用大学的授课语言来练习，这样就可以像别人听到你的声音那样听到自己的声音，也就更愿意在大学里发出自己的声音。

任务 1：登录某一新闻网站，阅读其中的一篇文章。找一篇你觉得自己会有强烈看法的文章，通读一遍，之后思考几分钟。

任务 2：打开手机的录音功能，说出自己同意文章中的哪些观点、不同意哪些观点，并录下来。想说多久就说多久，不过至少要说 2 分钟。专注于文章中提出的问题，不要涉及其他话题。

任务 3：下面到了最难的部分。听几次自己的录音。没有人会喜欢自己的声音，这是因为我们在听过自己的录音之前，都不算真正"听过"自己的声音。你不需要对自己所说的内容进行批判，单纯听自己的声音即可。

任务 4：下面思考一下，在有听众的情况下，比如在大学课堂讨论时面对你的老师和同学，是什么让说话变得更难？把你想到的答案写下来，可以从"我发现此练习……"开始，之后写"这在大学里会有所不同，因为……"

如何说话

老师会教我们如何阅读和写作，但倾听和说话这两个更为精妙的工具则常常需要我们自学。这里，我们将通过探讨四个要素来提供一下说话（说话即思考）方面的指导：说什么、如何说、何时说，以及如何看待和应对反馈与批评意见。

说什么

很显然，本书不可能告诉你要说什么，这取决于你的学习阶段、学科、话题，以及你的想法。当然，还是有一些有用的建议可以提供一些指导和帮助。

1. 说话不是为了炫耀

有时，学生说话是为了引起同学或老师的注意。他们说话不是为了促进思考，而是为了用"正确"答案来向别人炫耀。在这种情况下，学生所说的内容可能非常拙劣或与讨论的话题毫不相干，但其仍然可以自信、肯定地表达出来。他们这样做可能是因为有些傲慢自大，但也可能是想用自信来掩盖自己的不安全感。一名好的老师会用问题来激励学生挖掘出自己思考的基础，确保其专注于思考和话题，而不是自己的形象。

2. 说话时不要胡乱应付

在表达一些不成熟的初步想法时，我们可能不知道该如何停下来。我们开始（可以很好地）表达自己的想法，但后来觉得自己所说的内容似乎不够充分，便继续说，希望能用数量来弥补（已经意识到的）质量上的不足。也就是说，我们在胡乱应付。意识到这一点就是解决该问题的最佳方式。要有结束想法的信心，知道哪里还不够完美，这一点很重要，这样就可以让别人给我们一些反馈和批评意见。

3. 说话时不要考虑是否流利

我们说话的效果可能也与我们的自信心或语言的流利程度有关——既在倾听方面，也在说话方面。然而，重点还是不要因对流利程度的担心而压制了自己的声音。虽然我们可能会意识到自己无法用"足够好的"语句来表达出自己的观点，但我们都有让别人听到的权利，让我们的观点得到验证、批评和完善。此外，说得不够流利也可能是因为语言问题。现在大多数的大学和老师都很欢迎留学生带来的多样性，因为可以有很多不同的观点、方法和角度，但这样的声音只有被听到了才会发挥它的作用。还有的学生可能正在大学里学习这门语言来提高自己的流利程度，最好的方式就是练习，即练习说话。

4. 相信老师

最后，我们应将想法用自己所掌握的文字表达出来，目标是促进思考。在听我们说话时，老师的工作就是帮助我们以更好的方式呈现出自己的想法，或是挖掘出我们想说但没有说出来的想法。所有好的老师都可以发现潜在的想法来帮助学生改进和完善，这是他们的职责。伊娃·布兰（Eva Brann）教授将此描述为努力"听出讲话人想要我们听到的内容，甚至需要挖掘出其文字背后想要真正表达的意思"（2013）。

> **查阅清单：说什么**
>
> ☐ 说话应该是为了促进思考，而不是为了美化自己的形象。
> ☐ 集中注意力，即使想法不够成熟，也要自信地说出来。
> ☐ 用好你所掌握的语言，不要受到流利程度的约束。
> ☐ 在老师的帮助下改进和完善。

如何说

说话即思考主要目的是让别人倾听。别人听到后就可以给我们以回应，帮助我们进一步完善观点和逻辑推理。Chapter 9 对此进行了详细的阐述。尤其是倾听需要对方听到、理解、分析、解读和评判。我们的目标是让他们进入评判阶段，就我们的想法或观点给出反馈意见。因此，我们在说话时，需要确保对方听到并理解了我们所说的内容，进而分析、解读、评判，然后回应。我们在 Chapter 6 中讲正式的演讲时介绍了一些，这里将更加详细地探讨在无排练预演的情况下应该如何说话。

1. 音量

要想被听到，我们就需要注意说话的音量。如果是在报告厅，我们需要扩音设备。如果是在课堂上，我们需要适当地调整一下音量，确保所有人都能听到。

2. 发音

发音问题最常见的有两种：口齿不清和有口音。如果我们口齿不清，就需要意识到这一点并尽量避免：张开嘴巴，说慢一些，不要连读。很多学生说话时嘴唇几乎不动，这会大大影响发音的清晰度。如果我们有口音，可以说慢一些，抬起下巴，面向整个房间。也许这一点都不像与朋友之间流利的讨论，但这才是重点：高质量思想的产生是一种有意识的活动，它也应以这种方式表达出来。

3. 语速与停顿

确保说话语速适中。不要说得太快，不要有压力，要给自己一定的时间和空间来用文字打磨自己的观点。如果观点比较复杂，可以利用停顿来对不同的方面加以强调。说话一方面是让自己的大脑思考我们所说的内容（看看是否还有完善的空间），另一方面是让听众思考我们所说的内容，并有分析、解读和评判的时间。停顿则让每个人的大脑都有机会处理这些信息。当一群人正在讨论各种观点时，如果他们是为了尽可能地打磨和完善，那么这期间就会有很多停顿，让参与者有机会思考所听到的内容，之后考虑一下自己应该怎么说。

4. 措辞

较短的语句——用较少的词语来表达观点——是好的，只要这些词语足以准确地表达出复杂的观点。直切重点的短句尤其有用。然而，能做到这一点并不容易，因为从定义上来看，说话即思考就是要将一些不成熟的想法表达出来。此外，应避免使用俚语，因为拥有不同背景的学生、老师可能理解不了。听众如果无法理解听到的内容，那么分析、解读、评判也就无从谈起了。

5. 参与感

在说话时，我们应与听众保持眼神交流。如果是在小组讨论中，那么应看向小组中的每一位成员。这样做可以让听众有参与感，感觉自己融入进来了，这样就创造了好的条件，使讨论和辩论富有成效。在适当的时候（取决于所谈论的话题）还应向听众微笑，来保持其参与感，同时鼓励其给予反馈。

6. 坚定程度

如果我们说的话听上去太过于坚定、自信或肯定，那么别人就可能不愿意提出建议了。尤其是同学可能会觉得其观点没有我们的那么成熟，因此不愿与我们分享其看法。在一个鼓励人们自信说话的社会中，这是一个问题。因为，对于大学生而言，几乎可以肯定的是我们的想法需要通过讨论和辩论来不断打磨和完善。我们希望得到对方的反馈，因此要以一种鼓励对方反馈的方式说出自己的想法。不过，如果我们说的话听上去不够坚定，又会使自己的观点显得很弱，这可能又会让对方不愿意听我们的观点。这种坚定程度方面的平衡会受文化和性别因素的影响，也可以追溯到"赢者"文化——目标是证明我们找到了正确答案（而我们的同学没有）。总之，如果我们说话是为了促进思考，就需要鼓励别人给予我们反馈。因此，我们说话的方式也要让别人感到想要给予我们反馈。我们的目标是让自己的想法被听到、被理解、被严肃对待，那么我们在说话时就要保持谦卑，展现愿意接受一切新的观点、解读和看法的心态。

查阅清单：如何说

☐ 说话声音要足够大，让别人能够听到。
☐ 注意避免口齿不清和口音问题。
☐ 用恰当的语速和停顿让别人理解。
☐ 注意措辞，使用简短且清晰的语句，让别人易于理解。
☐ 提高听众的参与感。
☐ 在说话的坚定程度方面寻求平衡，鼓励别人给予反馈意见。

何时说

对于应该何时说话这个问题，本书很难给出指导意见，因为与其他工具相比，学生在说话上呈现出两个极端：有的学生说得太多，有的学生说得不够（或根本就不说）。正如一句谚语所说：人有两只耳朵一张嘴，用的时候也要按这个比例用。也就是说，我们听的要比说的多（且应是主动式倾听）。但如果我们听了很多却不说出来，那也是不行的。在恰当的时机说话是用好说话即思考和主动式倾听这两个工具的关键。这里我们会给出一些具体的说话即思考的时机。

1. 为鼓励说话而设计的活动

老师可能会精心设计一些活动来增强学生表达心声和当众说话的自信心。一个很常见的活动是提出一个问题，让学生们"配对和分享"——先和旁边的同学分享，之后两个人一组共同与整个班级分享。这是一个增强学生自信的传统策略：当旁边的人听过我们讲且反馈很好后，我们再与整个班级分享就会变得很容易。但老师也只能在自己的能力范围内做到最好，还是要靠学生自己接受这种方式并充分利用，在有这样的机会时表达出来。

2. 有了初期不成熟的想法

我们应该利用任何通过说话可以完善观点或想法的时机去表达。学生通常会认为只有在对自己的观点百分之百确信时才应该说话，这样才不会受到质疑和批评，使自己陷入自我辩护。实际上并非如此。说话即思考是促进思考的重要工具，而不是为了辩护。同学或老师对我们提出质疑和批评，也不是为了指出其中的瑕疵，而是为了让我们更好地理解话题，从而不断完善自己的观点或逻辑推理，最终成为更好的思考者。

3. 提问

在课上或讲座中，说话还可应用于提问。通常一个问题出现，是因为我们的大脑想到了什么（或几乎想到了什么），只是需要再来一些推力、解释或肯定来帮助我们的神经元建立起联系，从而促进思考。如果不提出问题、不说出自己的想法，我们就损失了一次机会。

> 提问的人清楚自己有哪些不足，还对哪些不了解。承认自己的无知是对自己最重要的认识。
>
> ——伊娃·布兰，2013

> **查阅清单：何时说**
>
> ☐ 参与课堂活动，建立说话的自信。
> ☐ 用说话来打磨和完善自己的想法，而不仅是表达成熟的想法。
> ☐ 提问表示你的大脑正在工作和思考。

在本章"学生说"中，巴斯大学（University of Bath）化学专业的学生苏鲁提·格纳恩蒂兰（Suruthi Gnanenthiran）分享了向别人提问的经历，总结了不应该害怕提问的原因。

学生说　没有任何一个问题是愚蠢的

苏鲁提·格纳恩蒂兰，巴斯大学化学专业学生

这是你第一次参加专题会，周围有一百多名陌生的同学，你想问老师一个问题——你会怎么做？在一群人面前举手提问让我觉得非常恐惧，通常我会选择沉默，等会后去问同学。会感到恐惧的最大原因是害怕自己的问题会很愚蠢，不想在别人面前"出丑"。我现在正在攻读研究生学位的最后一年，无时无刻不在提问——让我来告诉你为什么。

当着众人的面提问似乎是一件很可怕的事情，但如果有人告诉你"没有问题是愚蠢的，不问问题才是"，请相信他的话！我在大一的时候，通常是问同学或者是在上班时间私下问老师。如果你一开始很害怕提问，这当然也是一种有效的方式。不过还有很多的方法可以帮助你在大学中练习说话，从而建立自信。

我在上大学时，还担任了学术代表，主要工作就是要把同学的疑虑传达给系里的老师，这份工作给了我很大的帮助，帮我找到了说话的自信。我渐渐地习惯了在老师甚至观众面前讲话，并将此运用在了专题会上，因为我意识到老师其实是很想帮助我也很乐于提供帮助的。我记得自己曾在一堂课上问了一个有关某药物作用方式的问题，课后有几位同学对我表示感谢，因为他们也有同样的疑问，而老师给出的解释非常有用。后来这个问题还出现在了期末考试中，大家对我

> 更加感激了!
>
> 如果你有问题,那么可能其他的同学也有同样的疑问,只是不敢提出来。学习是你自己的事情,因此应该由你自己掌握。问出你想问的问题,做到问心无愧!这也是你的老师所期望的。

如何处理和应对反馈与批评

反馈指听众的反应,指出缺陷的反馈通常被称为"批评"。虽然有的人可以很好地接受别人的反馈和批评,但也有很多学生对此很苦恼。接受反馈和批评的能力很重要,有助于建立说话的自信。尽管如此,还是有人很难接受反馈与批评。下面将给大家一些指导和建议,希望能对你有所帮助。

区分"想法"与"自我"

很多人会把自己的想法与自我相混淆,将别人对自己观点或想法的批评意见视为对自己的批判,或对自己未来能否有更好的想法的质疑。实际上,我们应将自己的观点和想法与自我区分开,这样一来,就不会把别人的批判意见视为在针对我们个人,而是在针对我们的观点或想法,这有助于我们进一步改进和完善。

在说话之前,可以提醒自己:这是为了得到别人对我们想法的批评意见,这样做可以起到一些帮助。我们甚至可以告诉听众,从而实现对局面的掌控:"我想分享一些我的想法,也希望大家就如何进一步改进和完善提供意见、建议。"在这种情况下,听众就会按照我们指定的方式来回应了。

做好回应"人身攻击"的准备

诚然,在某些情况下,可能是在大学里,我们真的会遇到别人批评的不是我们的观点或想法,而是我们自身的情况。这是一种传统的辩论手法,叫作"人身攻击",也就是"攻击对方"。我在中学时就遇到过一次。当时我的历史老师问了一个问题,我举手回答了问题,之后他说:"如果你这么想的话就太愚蠢了。"——一个13岁的小女孩被"攻击"了。我的回答——我的推理、想法和答案——是错的。他本可以说"我理解你为什么会这样想,也理解你背后的逻辑,但你的推理存在瑕疵,因为你没有考虑到……"但他没有这样说。后来的一整年，我再也没有在他的课上说过话，而且还影响了我上其他课。一部分原因是我害怕在同学面前被说愚蠢，还因为我害怕我是真的愚蠢。如果我是愚蠢的，那么我就没有权利表达自己的观点。虽然这种反应对于一个只有13岁的小女孩来说是完全可以理解的，但我们更应该站出来与对我们进行人身攻击的人对峙——"请解释一下为什么我的推理存在瑕疵。不要说我愚蠢。"幸运的是，在我的大学学习中，没有一个同学这样对待过其他人。

寻求心理安全感

能够意识到有哪些说话的机会并从中选择一个自己觉得能够得到有益反馈和批评意见的场合，这很重要，尤其当我们对自己要说的内容不是很确定时。虽然我们希望大学里所有的场合都是如此，但有些课堂、讲座或小组讨论与其他的场合相比更能给予我们帮助。这样的场合能够给我们心理安全感——这一概念是由哈佛大学的老师埃米·埃德蒙森（Amy Edmondson）提出的。当我们觉得自己不会因分享想法、寻求反馈、承认错误或弱点而受到嘲笑、拒绝、不尊重或惩罚时，我们就会感到一种心理上的安全。在这样的场合中，我们应充分利用机会练习说话。

查阅清单：应对反馈与批评

☐ 将自己的想法与自我区分开。
☐ 如果有人攻击你，要站出来维护自己，而不是批判自己的想法。
☐ 寻找让你有心理安全感的场合和机会，练习说话。

下面，请完成实操练习10.2，练习在有听众的情况下说话。

 **实操练习 10.2**　练习在有听众的情况下说话

在此练习中，你将练习如何就某一个话题发表观点。完成此练习需要别人的帮助，可以是你信任的朋友、同学，或你的家人，和他们说话你会感到很舒适。最好能面对面，但其他方式也是可以的。对方需要阅读任务1中的文章，并准备一些问题，你也可以提前给他们提供一些问题模板：你为什么这么认为？你是怎么知道的？这个建议会带来什么样的影响？为什么这个还没有做完？

任务 1：阅读老师所给的书目中的某篇文章。书目是老师筛选过的，因此是可靠、可信的来源。

任务 2：此任务需要至少 15 分钟的时间。让对方在你说话的时候问你问题，这样既可以练习思考，也可以练习回答。

先向对方简单地介绍一下这篇阅读材料的主要观点（请注意——这与 Chapter 8 中的"略读论证过程"有关），之后表达自己的观点，谈谈你是如何解读这篇材料的。

随着对话的进行，你们之间的一问一答可能会慢慢变成双方之间的讨论，因为他们也想表达自己的观点。这是非常棒的，因为这意味着你还能练习倾听和回应。不过，在此过程中要确保表达出自己的观点，即你要坚持说话。别忘了感谢对方付出的时间。

任务 3：做完上述任务后，思考一下，在本次互动中，你觉得哪里比较简单、哪里比较难？如果对方不是你信任的人，如果你是在课上或在报告厅里说话，那么会发生怎样的变化？你还会分享这么多吗？为什么会？为什么不会？你如何确保自己会分享观点？你也可以将此当作一次写作即反思的练习，就像 Chapter 7 中的练习那样（什么、会怎样、又会怎样），或是写一段话，用"我发现此练习……"以及"如果是在课堂讨论中，我会感到……"开头。

克服说话的障碍

为什么我们大多数人会觉得说话这么难？如果已经读过 Chapter 7 至 Chapter 9 的话，你可能会发现在运用写、读、听这几个工具时遇到的很多障碍都是重复的，比如时间不足或注意力不够集中。然而，说话方面的障碍不同。我们在说话方面遇到的挑战需要用不同的方式和资源去解决。缺乏自信心是其中一个重要的障碍，因此下面将先详细介绍如何建立自信，之后再探讨其他的障碍及克服的方法。

建立自信

说话方面最常见的一个障碍就是缺乏表达和分享自己观点或想法的自信心。在本书中探讨的所有工具中，说话即思考是唯一一个会收到即时评判的工具。当我们主动阅读、主动倾听、写作即思考，或思考时，没有人会当场评判我们自身或者我们对工具用得好不好。即使与别人分享自己写的东西，比如考试，我们也都是在事后获得评判——之后我们可以私下再去看反馈的意见或建议，可以选择不与别人分享。但在说话时，我们会立刻把自己暴露给对方，甚至可能暴露我们的无知、准备不足、误解、弱点等。面对这一切，没有自信心是不行的。那么如何才能建立自信呢？

1. 寻求帮助

应该让老师知道我们不说话是因为缺乏自信，也寻求他们的帮助和指导。老师的责任就是帮助我们更好地学习和提高我们的思考水平。如果我们只是因为缺乏自信而不想说话，他们是愿意帮助我们建立自信心的。虽然大学是一个独立学习的环境，但这并不意味着我们在单打独斗，我们可以寻求建议和帮助，甚至可以自己提出建议。例如，当有学生带着这个问题来找我时，我同意下一次上课时叫他回答问题，问题我会提前给他，这样他就有时间准备将要回答的内容，这可以帮他增强自信心。当然，最终还是要转变为实时说话，回答即时提出的问题。此外，我们的朋友和同学也能够提供帮助和支持。向他们诉说自己在自信心方面遇到的问题，可以得到他们的肯定，或者会发现他们也有同样的问题。

2. 从早开始，从小开始

在刚上大学时就开始练习说话会很有帮助——对于大学生来说，就是大一的前几周。这可能是我们最缺乏自信心的时刻，也是能够让我们渡过难关的"第一次"。越早说话，就能越早地适应说话，也就能够越早地意识到其实说话并不像我们想象的那么可怕。此外，可以从小处着手，比如先给别人反馈或在课上回答老师的问题。这样可以让我们建立自信心，之后在课堂讨论或辩论中做得更好。

3. 大方承认自己紧张

缺乏自信会让我们在说话时感到紧张，从而无法清晰地表达自己的想法。我们可以大方地承认自己没有表达清楚，这样也可以为自己争取一些机会。比如，我们可以说"抱歉，这不是我想说的——我发现确实很难解释。我的意思是……"这样可以让别人知道我们意识到自己确实没说清楚，能够给自己争取更多的时间。

4. 提醒自己注意目标是什么

提醒自己注意说话的目的非常有用。我们通常会认为只有在相信自己找到了"正确"答案时才能说话，得到别人的夸赞，说"错了"只会让自己羞愧和尴尬。但其实不论对错，只要开口，就是有助于我们思考的。通过改变自己的期望和立场，我们可以改变对"成功"的定义，从而建立自信。

5. 走出舒适区

如果能够勇敢地说出自己的观点，特别是在很紧张的情况下，那么我们就会为自己的能力感到惊讶。通常情况下，在尝试之前，我们是不知道自己会做出什么样的反应的。培养说话的能力非常重要，而大学是一个很好的练习环境。在课堂上，我曾经问过一位同学，问他是否愿意担任一个模拟董事会的主席，这也就意味着他要在整个班级面前发言，还要协调董事会的要求。他同意了，并且做得非常好。课后，他跟我说他差一点就拒绝了，因为在公开场合说话时他会感到很紧张。他还说，他知道自己看上去也一定很紧张，但还是接受了这项任务，并且对于最后的结果也感到难以置信。他说他未来将能够更加自信地表达自己。确实，我从没有看到他在做任务或发言时表现出紧张的情绪。那一刻表现出的勇气改变了他对待说话的态度，以及大学的经历。

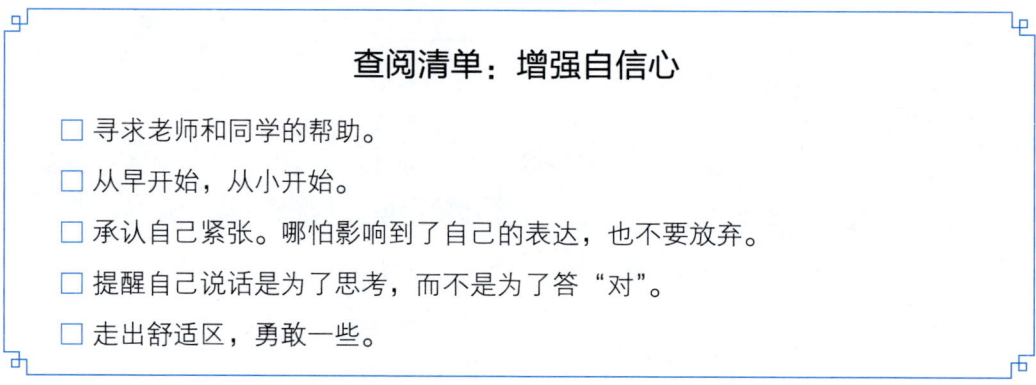

查阅清单：增强自信心

☐ 寻求老师和同学的帮助。
☐ 从早开始，从小开始。
☐ 承认自己紧张。哪怕影响到了自己的表达，也不要放弃。
☐ 提醒自己说话是为了思考，而不是为了答"对"。
☐ 走出舒适区，勇敢一些。

缓解焦虑

有的学生对于在公开场合说话会感到焦虑。在极端情况下，这会让学生选择逃避所有可能需要说话的场合。在一般情况下，这意味着学生会一直关注自己是否有可能被叫起来说话，因此就什么都听不到了。这是一个很严重的问题，不仅会让学生错失说话即思考这一工具，还可能严重影响其主动式倾听。

我曾经有一位学生有非常严重的社交恐惧症。除了鼓励他通过求助残障服务来解决需要发言的考试问题，我还让他和他的导师联系并说明情况，这样其他老师就不会突然让他发言了——相信这会让他能够更加安心地听课。虽然他可能无法通过说话来促进思考，但也保证了他不会连倾听都做不到。焦虑比缺乏自信更严重，老师会通过调整环境来帮助焦虑的学生。

查阅清单：解决焦虑问题

☐ 确保老师知道你的焦虑问题并能够因此调整期望值和环境。
☐ 需要时寻求残障服务的帮助。
☐ 如果无法说话，那么就把注意力放在其他工具上。

控制情绪

在有助于培养批判性思维的所有工具中，说话是最受情绪影响的，可能是害怕说话，也可能是其他情绪。如果我们不同意所说的内容，就会感到愤怒，这会驱使或阻碍我们做出口头回应。积极的情绪也会影响声音，尽管可能更多出现在非学术的情景中。比如，有人向我们求婚、孩子出生、心爱的人在受到惊吓后说没事等，在这些情况下我们会真的说不出话来。虽然有情绪并不是一件坏事，也会激发出一些重要且相关的想法或观点，但最好还是能控制一下自己的情绪，从而达到更加好的说话效果。特别是在讨论中，为了进行批判性思考，控制住自己的情绪非常重要，以便我们能够清楚地表达出自己的观点、想法及其逻辑推理，而不是为情绪所左右。如果发现自己受到了情绪的严重影响，可以试着深呼吸，慢一些、有节奏一些，以消除紧张感，赶走本能做出的情绪反应，想好该如何回应。

查阅清单：控制住情绪

☐ 意识到自己的情绪，但不要被情绪左右。
☐ 寻找情绪背后的观点、想法或逻辑推理。
☐ 在说话之前深呼吸，慢慢地释放情绪。

把握机会

说话即思考需要我们被给予说话的机会。几乎没有人可以夺走我们阅读、倾听或写作的机会。我们可以自主决定如何使用这些工具以及使用的程度。然而，我们说话的机会很容易受到别人的影响，比如别人有意或无意地做出一些行为，禁止我们说话。

在大学里，传统的授课方式通常不会给学生留说话的时机。即使是一些小组课程或由老师用幻灯片授课的迷你课程，也更像是专题会，重点用于技能的练习，学生的参与仅限于回答老师直接提出的问题，而不是讨论和辩论，因此学生无法实现说话即思考。不少小组讨论到最后更像是在完成一项任务，因此说话也变成了一项任务或"以做为重点的"活动，而不是以更加开放地讨论或思考为重点。

我们可以通过充分利用课堂、讲座和小组会议的各种机会来克服此障碍。不过，也可以主动做些什么。比如，自己组织一个小型讨论小组，课后到咖啡馆里讨论课上提出的观点，既可以练习说话即思考，也可以练习主动式倾听。邀请有不同观点的同学参加（即不要只邀请和自己有相似观点的朋友）非常重要，可以迫使我们表达并维护自己的观点，也能够对其他看待问题的角度有所了解。

我们还可能在说完之前被打断。如果有人一直打断，我们可以礼貌地向其解释，自己还没有说完，希望能有机会说完。如果发现自己打断了别人的思路，应停下来。有时我们确实很想打断别人来提供帮助，那么最好能够给其时间和空间。不同的人在说话上花的时间也不同，还会受到其他因素的影响，如语言能力、思考节奏、语速、自信心等。尊重对方的时间需求并以礼貌待之，我们也可以从倾听别人的观点中获益。比如，我曾经看到有一名中国学生正在组织语言来表达自己的观点，但逐渐变得有些慌乱，对自己做不到感到很气愤。这时另外一名学生想要打断她，但被第三名学生阻止了，这名学生对她的中国同学说："没事的，别着急。我们等你组织好语言。"之后，这名中国学生做了一个深呼吸，然后冷静地表达出了自己的想法。这让小组成员从这位学生的观点中获益，也增强了这名中国学生继续用英语说下去的自信心，这样她每次上课都会有更大的进步。

查阅清单：利用并创造说话的机会

- ☐ 充分利用课上或讲座中给予你的机会。
- ☐ 通过组织不同的学生组成讨论小组来创造机会。
- ☐ 如果你被打断了，可以礼貌地提出，以便说完自己的想法。

图 10.3 对如何克服说话的障碍进行了总结。

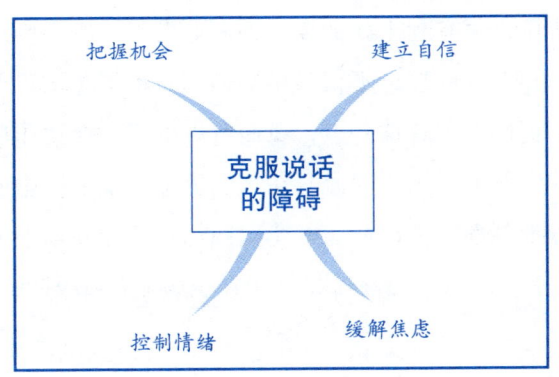

图 10.3 克服说话的障碍

说话与其他工具的结合

本章中，我们探讨了说与听之间固有的重要关联。这些工具之间的互动构成了讨论和辩论的基础，实现了双方在观点方面的交流，促进了思考。此外，如果没有旁人听的话，那么我们说话也没有什么意义了，即使有我们自己在倾听。

说话还可以带来其他重要的好处，不过与思考没有直接关系。通过说话，我们可以确保自己参与其中，并主动倾听。比如，在上课时，知道老师可能会问大家问题，举手回答提问会让我们的大脑一直处于主动式倾听的模式。没有比知道自己要准备公开回答问题更好的迫使自己提高注意力的方法了。

最后，我们也可以从写作中受益，尤其是写作即反思练习（Chapter 7 介绍过），可以加深我们的理解，知道自己为什么害怕说话或为什么会紧张。我们可以问自己，当我想要说话时发生了什么？这对于我们以及我们的大学学习和生活意味着什么？我们应该做什么？也就是说，我们可以利用写作这一工具更好地了解我们在说话时犹豫的原因，并努力克服之。

像专业人士一样说话

很少有工作不需要我们说话。此外，很多职业场合都需要我们深思熟虑后自信且有效地说出自己的观点，比如与同事说话、与老板说话、与项目团队的成员说话、与客户说话等。找工作时，我们也要在面试中说话。因此，本章中提出的建议和指导意见不仅对大学学习有用,也有利于我们今后的职业发展。本章所讨论的很多问题,尤其是与自信心和焦虑相关的问题,不仅学生会遇到,不同领域、不同背景、各年龄层的人都会遇到。为了更好地理解这一点,我们可以把研讨会比作单位中的会议,把小组讨论比作与同事或团队的讨论。因此,在大学里练习说话即思考,不仅有助于我们开展学术学习和培养批判性思维,还能够建立我们日后在职场中说话的自信。汇丰银行中国联络处主席李玉(Li Yu)分享了她对于在职场中有效说话的重要性的见解。

从业者说　一项有价值的专业技能

李玉,汇丰银行中国联络处主席

　　虽然现代技术越来越多地应用于职场,比如电子邮件、即时通信等,但说话仍然是有助于取得职场成功的一项关键技能。不论是一对一地与你的经理谈话、在团队会议上说话、与客户交流,还是在公开场合发言,具备良好的沟通联络、影响他人和参与讨论的能力,以及有效地确立和表达自己的观点与商业计划的能力至关重要。然而,说话是得到锻炼最少的技能,对于很多人来说仍然是一个很大的挑战,尤其是在公共场合发言。

　　我大部分的职业生涯都是在交易大厅度过的。在快节奏的金融业,书面和口头沟通都需要简短且直切重点。对问题的批判性思考以及与对方快速沟通解决问题都需要说话——书面沟通不够快。

　　随着我职业的发展,我逐渐从交易大厅转向客户与企业战略岗位,需要与客户交流,参与会议和小组讨论,因此说话不仅必需,而且至关重要。说话是与客户交流和向整个行业宣传的最直接、最有效的方式,让你得以介绍你正在推动的举措、能够带来的商业机遇,以及你代表的公司的情况。

　　说话将使你有机会展示自己的专业技能、公司的市场定位、产品主张和你或你的公司能够提供的解决方案。讲得越好,你就越有可能给你的公司带来更大的影响,你也就越有可能成功。口头表达能够让你的听众获得参与感,能够有效地传递你的观点和想法,这种传递效果单靠书面沟通或介绍是达不到的。因此,在当前这样一个竞争激烈、时间宝贵的商业环境中,有效的公共演讲能力是一项非常有价值的专业技能。

本章小结

- 说话能够让我们即时表达自己的观点。
- 说话即思考作为一种工具,可以帮我们打磨、完善观点和想法,获得别人的反馈与批评意见,增进小组感情,并为大学毕业后的生活做准备。
- 大学为我们练习说话提供了一个相对安全的环境,使我们在大学毕业后也能够自信地表达自己,比如在职场中。
- 说话时应将注意力放在促进思考上,而不是想着要美化自己的形象,同时用好自己所掌握的词汇,不要因担忧流利程度而受到阻碍。
- 说话时应确保音量足够、发音清晰、语速适中、措辞恰当、使听众有参与感,从而让观众听到并理解我们所讲的内容。
- 利用课上和讲座中的一切机会练习说话,同时也要努力为自己创造说话的机会。
- 将接受反馈和批评作为说话的主要目的之一。要区分自己的想法与自我,做好回应人身攻击的准备,寻找有心理安全感的环境。
- 探索克服障碍的方法,解决缺乏自信、感到焦虑、情绪影响、机会不足等问题。

延伸阅读

- 可以上网搜索与当众讲话、公开演讲等主题相关的 TED 演讲视频。

Chapter 11
思

课前思考

1. 你何时会专门、专注地思考?
2. 为什么思考在大学中非常重要?
3. 思考的方式有可能改变吗?

学习目标

阅读完本章,你应能做到以下几点:

○ 了解思考作为一种独立、专注的活动的重要性,及其在与其他工具的结合中起到的作用。
○ 探讨思维系统1与思维系统2。
○ 了解思维系统1与思维系统2之间的关系,以及它们如何相互影响。
○ 了解大学学习具有一些独有的特征,因此在大学培养思考能力很重要。
○ 知道能够迅速教会你如何思考的指导手册是不存在的,因为思考需要动力、信仰和练习。
○ 运用PURR法(准备、实施、记录、复盘)来对一场专注的思考活动设立一个有用的架构。
○ 了解专注思考的障碍,以及如何克服之。

学者说　寻找思考的时间与空间

在写作本书时，我会迫使自己去思考我一般会在哪里进行专注的思考（即纯粹的思考，没有用到其他任何工具）。也许你会认为应该是在书桌前，但其实与我实际的情况大相径庭。

我大部分的专注思考发生在四个地方：健身房、骑车去上班的路上、浴室、床上（入睡前）。为什么呢？经过认真的思考，我发现这纯粹是随机的，并不在计划之中，我只有在这些地方才能专注地思考，即使我的很大一部分工作就是思考。在这些时刻，我的思绪不会飘向别的地方或别的事情，我不需要回邮件、读文章、写材料、听录音或跟别人说话。

此外，我也可以放下手头的任务、担忧、顾虑或问题，（毫无预兆地）投入更深入的思考，思考出现在脑中的任何话题。想法在我的脑中一跃而出——可能之前就已经潜伏在那里，只是这时我才意识到。比如，用苹果来解释思维系统 1 和思维系统 2（后面会讲到）这种想法是我在快睡着的时候想到的。

如果专注思考占据了我大部分的工作时间，而我所有专注的思考却发生在工作时间之外，那么这就产生了两个问题：为什么我没有把工作时间专门用于思考呢？如果这样做的话，会发生什么？

初识思考

截至目前，本书的 Part 3 探讨了我们应如何通过阅读、倾听、写作和说话来培养和提高批判性思维。但我们是否应该且能否在没有其他工具的情况下进行纯粹的思考呢？想成为一名短跑运动员，我们可能要接受慢跑（锻炼体能）、负重（锻炼肌肉力量）等方面的训练，还需要接受教练的指导（学习策略和做好心理上的准备）。但除非我们的训练中也包括短跑，否则我们是不可能有很大进步的。

思考也是如此。回想一下批判性思维工具矩阵图，即图 11.1。要想成为批判型思考者，一定需要写作和说话（确立自己的观点）、阅读和倾听（了解别人的观点），在这个过程中我们还需要同步思考。但我们也需要专注的、不受任何干扰的思考，时间不需要太长——就像短跑运动员不需要整天都在训练短跑一样。

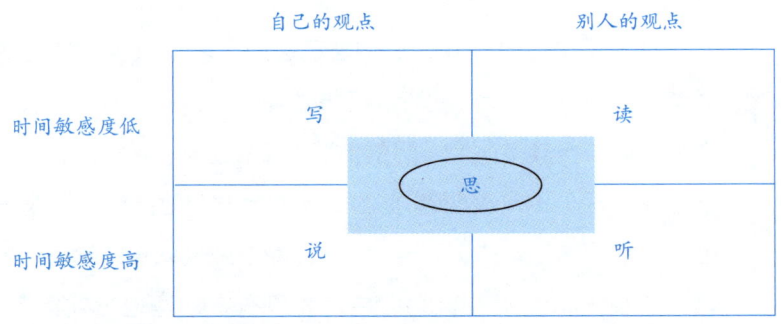

图 11.1　批判性思维工具矩阵图——思

把思考这项工具独立出来很重要。但由于现在快节奏的生活、大量的工作以及对大学生的高期望，专门花时间进行纯粹的思考似乎会让人感觉很荒唐、任性，而且做起来也很难——我们在思考的时候很难抑制住想要看书（"我就看看书里关于……是怎么写的"）、看手机（"我就用手机上网搜一下以便更好地了解……"）、看电脑（"让我再听一遍老师对于……是怎么说的"）、拿起笔（"我需要就……做一下笔记"）的冲动。专注的"思考"还可能变成白日做梦，因此会让人感觉好像是在浪费时间。然而，如果我们的目标是提高批判性思维能力，那么花些时间思考一下自己的思维过程是很重要的，即想一想自己是如何思考、何时思考的，以及思考的效果如何。这就是元认知。

伊娃·布兰从思考和认知深度的角度而非知识的角度强调了第一学期的学习对于本科生的重要性：

> 九月与五月之间的差距是巨大的。对于那些读完了阅读材料、按时上课并在课上发言的学生而言……他们在表达方面的进步是不可思议的。这样的进步还表现在认知深度方面，或甚至能够认识到应该以何种方式思考，而不只是说几个词……
>
> ——伊娃·布兰，2019

这段话表明：应该知道自己应该如何思考，即批判性思考的重要性。本章就是为了让大家更好地理解这一点，并给出一些指导意见。我们需要解决几个重要的问题：究竟什么是思考？尤其是什么是批判性思考？在此之前，请先完成下面的思考练习，感受一下"思考"这项活动。

> **思考练习　你发生了哪些变化**

任务 1：本书讲的内容都是关于批判性思维的。思考一下到目前为止你在本书中都读了哪些内容。特别是在思考过程方面，你还记得哪些内容？哪些内容你一下子就能够想起来？你还记得哪些概念、练习或语句？思考一下为什么会这样，你都发生了哪些变化？把这些问题自由写下来，或是用前面的三栏式方法，选出其中的三个并问问自己为什么。

任务 2：如果你是按顺序读的本书，那么这是最后一个思考任务。如果可以的话，建议你回过头去再读一下前面的思考练习，从 Chapter 1 的第一个思考练习开始。（在一开始我建议大家能买一个笔记本把自己的想法都记下来，或者也可以把你做的一张张笔记都留下来。）在读的时候，想一想思考的过程（以及回顾的过程）对你理解自己有什么样的作用，对你在本书中和大学中学到的新的思考方式又有什么样的作用。读完后，把你未来打算如何继续运用这样的思考方式写下来。

什么是思考

本书最重要的观点就蕴藏在此问题中。本书旨在帮助我们成为批判型思考者，书中解释了原因（Part 1）、目标（Part 2）以及一些工具（Part 3）。但究竟什么是思考？更重要的是，当我们说批判性思维的时候，我们究竟在指什么？

本书的 Chapter 2 对此进行了一定程度的探讨。在 Chapter 2 中，我们将批判性思维定义为一种认知过程，即对知识和论点背后的推理和论证进行主动且仔细的评判，并形成自己的知识和论点。我们也从如何看待知识的角度分析了批判型思考者所具备的特点，对认知的初级、中级、高级阶段进行了区分，分析了看待论点的不同方式，指出了追随者、怀疑者、理性怀疑者之间的区别，但对于实际的思考过程讲得比较简单，而这就是本章的重点。

不同的思维系统

设想一下我们现在感觉很饿。打开冰箱后看到了图 11.2 的样子。

图 11.2　苹果

我们"不用思考"就会拿起来吃。这里的"不用思考"加了引号，因为我们还是做了思考的，只是因为我们对于背景（冰箱）及其里面的物品（苹果）很熟悉，因此我们的大脑不需要做深入的思考。直觉会指引我们，可以立即满足我们的进食需求。

下面，再假设我们打开冰箱后看到的是图11.3的样子。

图 11.3　红毛丹

有的读者（特别是来自东南亚或去过东南亚的读者）可能会像看到苹果那样拿起来就吃。

但如果我们从来没有见过这个东西，我们就会犹豫不决，即会慢下来，在大脑中处理我们看到的信息：红色、带刺的球体。也许我们会把它拿起来，借助其他的感官来收集信息，比如闻一闻、摸一摸。闻起来没有什么怪味道——其实闻不出什么味道。带刺的部分很扎人，肯定不能咬。这时我们开始思考食物的分类，意识到有一类食物是需要剥皮才能吃的。也许这个也是这样？因此，我们剥开一部分红色的、带刺的皮，看到了里面白色的果肉。这时我们又会想：白色的果肉部分能生吃吗，就像苹果那样？还是应该煮一下呢，就像土豆那样？也许我们会舔一舔白色的果肉，发现它是甜的——更像是水果，而不是蔬菜。这整个思考过程最终让我们得出结论——它应该是可以直接吃的。

但假设我们没有在厨房，不是在冰箱里发现它的，而是在雨林里发现它长在树上，就像图11.4这样。

这时我们会想到什么？这能吃吗？或者更糟的是，这有毒吗？也许我们会犹豫是否要剥开它的皮，因为害怕碰到了里面的果肉会有危险。或者我们决定剥开看看，但肯定不会舔。

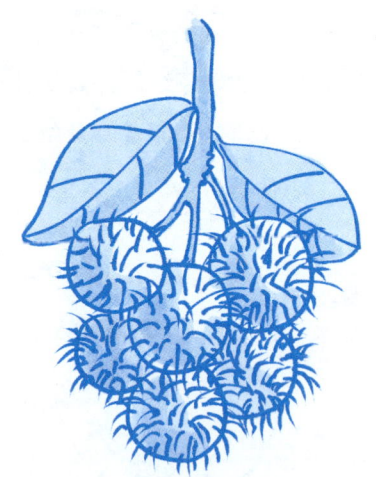

图 11.4　树上的红毛丹

当遇到不熟悉的事物时，我们的思考过程会被迫慢下来，我们会提出一些问题，做一些测试和实验（摸一摸、闻一闻），与已有的知识和类别做比较，找到支撑依据，确立论点与主张。

> 因为我在冰箱里发现了它[依据1]，它闻上去没有什么怪味道[依据2]，剥开皮后里面是白色的、甜的果肉[有证据支持的依据3]，因此[关联]它可以吃[主张]。

我们在看到苹果时，没有进行这一分析过程，但对于红毛丹（东南亚的一种美味水果），我们不得不这么做。诺贝尔奖获得者、心理学家丹尼尔·卡尼曼（Daniel Kahneman）曾写过《思考，快与慢》（*Thinking, Fast and Slow*，2011）一书，他将思维分为两个系统。思维系统1速度更快，能够自动运行，且更加依靠直觉与情感。思维系统2则速度更慢，是刻意而为之的，更具逻辑性。通过深入探讨两种思维系统的不同，可以了解思维系统2对于提高批判性思维的重要性。当然，思维系统1与批判性思维也有关系。下面，我们先来看看思维系统1。

1. 思维系统1

思维系统1是一个非常重要的思维系统，会影响我们很多的判断和决定，而且我们通常意识不到。它几乎不需要我们做什么，但也需要稍微控制一下。因此，通过思维系统1进行思考是一个比较容易且愉悦的过程，让我们感到安心和舒适。我们喜欢思维系统1，因为我们对它很熟悉，不需要质疑（甚至意识到）想法、决定、行动中是否存在偏见、错误、矛盾、不确定性或争议。

以苹果为例：我看到苹果，我吃了苹果。或者一个已被定罪的杀人犯：我看到一个已被定罪的杀人犯，我说他是坏人。我不需要考虑把苹果吃掉或说杀人犯是坏人是否会带来不好的后果或影响。

那么，如果这个苹果是工作一天的奖励呢？如果那个被定罪的杀人犯是一位老人，在自卫的时候杀死了一名盗贼呢？我们可能突然需要做更多的思考和分析才能得出结论。也就是说，我们需要思维系统2的参与。

让我们先思考一下思维系统1、思维系统2与批判性思维之间的关系。简单来说，思维系统1属于直觉性思考（非批判性的），思维系统2属于批判性思考。优秀的批判型思考者会有意运用较慢的思维系统2来完善和打磨思维系统1，从而进行批判性思考，甚至他们自己都没有意识到这一点。为了有更深入的理解，下面就思维系统2展开探讨。

2. 思维系统2

思维系统2是刻意而为之的，且更具逻辑性，是为了主动发现论点或证据，以及其中存在的矛盾和偏见，从而对结论、决定、设想或定义进行评判。

就上面的例子而言，思维系统 2 可能会对我们如何看待偷苹果这件事做出评判：什么是"所有权"？偷窃可能带来什么后果？也可能会问什么算谋杀？谋杀是否为社会所容？犯罪会带来什么后果？被定罪的人有什么样的背景？他杀人的动机是什么？也许我们得出的结论和前面是一样的，但思考的过程不同，后者是我们主动进行的、有逻辑的思考，而不是依靠直觉的思考。不过，运用思维系统 2 得出的结论通常与只用思维系统 1 是不一样的。

找出主导系统

总之，思维系统 1 速度更快，能够自动运行，且更加依靠直觉；而思维系统 2 则速度更慢，是刻意而为之的，更具逻辑性。鉴于此，那么是哪个系统主导着我们的生活呢？应该由哪个系统来主导呢？

这两个问题的答案是一样的，可能已经有人猜到了：思维系统 1 主导着且应该主导我们的生活。思维系统 1——快速的直觉性思考——控制着我们日常的生活、选择、行动和设想。这不仅是好事，也是必须的。思维系统 1 所依靠的直觉是经过世世代代的考验而积累下来的，让我们能够更好地应对危险、威胁或攻击，比如当有一辆车快要撞到我时，要往旁边跳！同时，也会让我们借鉴过去的成功经验（拇指法则）：如果在课前吃午饭，我的注意力将更加集中。如果没有思维系统 1，我们的生存就会受到威胁，还会出现认知过载的情况——有太多的东西需要思考。可以看出，思维系统 1 并不是一点批判性都没有。实际上，那些在教育和职场中有意识地通过思维系统 2 来培养批判性思维的人可能也会培养自己的思维系统 1——思维系统 1 也非常依赖于批判性思维，只是大部分情况下是无意识的。

思维系统 1 可以确保我们不会发生认知过载的情况。而思维系统 2 则会消耗我们的精神，原因有很多。首先，此类思考没有一个简单的终点或边界，也就是说会有无数的观点、话题、主题、证据为我们的思考提供支撑或将我们指向不同的方向。其次，思维系统 2 需要我们借鉴已有的基础知识或增加新的基础知识，还可能需要我们找出自己意识或潜意识中存在的偏见（杀人犯是坏人），将其与社会可接受的规范相比较（杀人是为了自卫），以及在必要时对这些规范提出质疑。这些都需要集中注意力，因此我们不可能对一天中遇到的所有状况都运用思维系统 2。那么，应该在什么时候运用思维系统 2 呢？

运用思维系统 2

思维系统 2 可以用于以下三个场景。

- 遇到突发或不熟悉的情况，思维系统 1 不起作用时。也就是说，为了回答思维系统 1 无法回答的问题，我们需要进行更加深入的思考和分析。"放在冰箱里的是什么？可以吃吗？"
- 思维系统 2 还起到了监督作用，对思维系统 1 产生的想法和回应内容进行监督，必要时会进行鼓励、修改或压制。虽然大多数情况下我们的生活由思维系统 1 主导，但思维系统 2 就像裁判，可以介入并对想法或行动进行修改，比如对自己的设想提出挑战或暴露自己的无知。这是思维系统 2 中一个非常重要的元素。"但等一下，难道所有的杀人犯都是坏人吗？"
- 思维系统 2 也可以在我们需要的时候主动发起。比如我们主动把自己置于一个不熟悉的场合，可以是物理上的不熟悉，也可以是情感或思想上的不熟悉——像是我们决定读大学来提高自己的思维水平。

因此，要想成为批判型思考者，我们不仅需要审视并在必要时改变自己的思维系统 1，使其更具批判性，还需要启动思维系统 2，提升思考能力。

思维系统 1 不会提出质疑，而思维系统 2 具备质疑的能力，也正是靠其质疑的能力来同时对不同的选项、现实情况或答案进行评判的。因此，思维系统 2 与批判性思维紧密相关，适合进行深入的分析和用于解决问题。

思维系统 1 存在失败的可能性，即得出错误的结论或做出坏的决定。这可能是因为思维系统 1 对处理的信息量有限制，可能是在与其他的情况或类别做对比时出了错，也可能是受到偏见的影响。而且如果没有充分的证据，思维系统 1 还有可能做出过于自信的结论（成为批判型思考者的一个关键点就是通过培训来避免这样的情况发生）。结合论点质量和证据力度的重要性，可以了解批判性思维是如何使思维系统 2 的过程更清晰的，以及它是如何改进并成为思维系统 1 的一部分的。

然而，思维系统 2 也存在失败的可能性，可能是因为我们缺乏对相关话题的基础知识、在逻辑推理上出了错，或证据不够有力。如果我们放弃或选择捷径，那么也有可能失败，因为消耗量过大或过程过难，即我们没有就所采纳的证据、运用的逻辑推理或得出的结论提出足够多的批判性问题。

在 Chapter 7 中，我们提出写作是最难运用的工具。然而，在没有捷径或干扰因素的情况下，当我们将其用到自己的能力极致时，思考才是最耗费精力的工具——说得更具体一些，思维系统 2 是最耗费精力的。实操练习 11.1 主要做的就是单纯思考的任务。完成此练习很重要，因为后面我们还会用到。

实操练习 11.1　单纯地思考

请认真阅读练习要求，之后合上书，把书放在一边。在做任务 1 时不要阅读、倾听、写作或说话，就单纯地思考问题。对于这个话题能思考多久就思考多久，一旦你走神后无法再集中注意力，那就结束这项思考练习。建议至少思考 5 分钟，但不要超过 10 分钟。这时再打开书，做任务 2 中的写作即反思练习。

任务 1：思考下面这个问题。

> 如果要求每位读完中学的学生都必须读大学，会产生什么样的影响？

现在合上书，花至少 5 分钟的时间思考。

任务 2：完成上面的思考练习之后，再做写作即反思练习（详见 Chapter 7 中"策划写作即反思练习"）。针对上面的任务，思考一下"什么""会怎样""又会怎样"这几个问题。请记住：重点不是内容，而是思考的过程。

大学期间为什么要思考

我们已经探讨了批判性思维的一般性概念（Chapter 2 和本章均有涉及），并详细介绍了思维系统 1 和思维系统 2 之间的区别。然而，我们为什么要在大学里做这样的思考呢？本书 Chapter 1 对此进行了解释，得出的结论是大学教育的目的就是让我们以更好的方式思考。下面将探讨一下为什么大学环境尤其适合培养这样的思维方式。

充分利用时间

与大学毕业后相比，我们在大学里有更多的时间可以用于思考，尽管可能感觉不到。由于有很多的材料要读，还有准备考试、加入学生社团和俱乐部、旅行、结识新朋友、进行社交和做运动，我们可能会觉得自己几乎没有时间思考。然而，如果毕业后做一份全职工作，工作会占据我们一天中从早上九点到下午五点的整段时间，甚至更长。如果我们住在大城市，通勤时间也会很长，可能需要早上七点前就出门，晚上八点之后才能到家（如果下班后还约了朋友则会更晚），那么哪里还有时间思考呢？如果还得照顾孩子，那就几乎没有思考的时间了。

成为独立的个体

大学，尤其是本科阶段，是我们向成人转变的时刻——脱离父母对我们的监护（控制），成为独立的个体，对自己负责。因此，大学非常适合对我们思维系统1中存在的设想、偏见、启示和基础知识进行重新评判，看看它们是否值得保留。

利用多样化的环境

大学环境比我们目前生活中遇到的其他环境都更加多样。在大学校园里，我们会遇到形色各异的人，他们有着不同的成长经历、不同的种族、不同的宗教信仰、不同的价值观、不同的看待性别的方式、不同的学习方法、不同的抱负和梦想等，不胜枚举。这是我们生命中非常丰富的一段经历，可以改变我们对人、宗教、种族或性别的看法。我们可以在大学里相对安全地探索自我和自己的身份，大学也为我们提供了讨论、辩论和质疑的平台，使我们能够将现有的观点和看法（思维系统1）通过审视固定下来（思维系统2）。

利用老师的支持

在大学里，有经验丰富的思考者帮助我们：我们不是在单打独斗！老师的职责就是帮助我们改变思维方式。很多老师在为学生提供帮助方面都接受过培训并有多年的经验。他们可以对我们的口头发言给出即时的反馈（"当你说女性更擅长于'看护'类职业时，你都做了哪些设想？"），或对我们的论文提出书面意见（"这段话没有给出一个可信的论点，无法解释冲突为什么会发生。因此……"）。在我们的生命中，几乎不会再有任何其他时候能够有这样的"思考教练"来帮助我们了。所以一定要充分利用好机会。

实现大学教育的目的

正如 Chapter 1 中所讲，大学教育的目的是让我们成为批判型思考者。实际上，很多课程都以此作为学习目标之一。因此，这也应是一项考察的标准。然而，情况并不总是这样。虽然很多考试都会考察批判性思维的各个要素，但有的学生可能会说机械式学习、简短的答案和出色的写作技能已经足够让自己"达标"了。那么，本书还有什么意义呢？

因为我们不应只满足于此。阅读本书的大学生不应仅仅止步于"达标"，而应将培养批判性思维当作自己的愿望和目标，纳入学习计划并贯彻落实。课程没有要求就不做，这是让人应该为此感到惭愧的想法。不过，这种想法也会让那些努力培养批判性思维并最终成为批判型思考者的人更加特殊。思考是每一个职业都必需的一项重要技能，因此在面试官眼里，那些具备批判性思维的人也会更具优势。此外，那些具备深入思考、批判性思考和有效思考的人也会在其整个职业生涯中得到重视。所以，不论批判性思维是否构成考试的核心内容，它都会占据我们大学毕业后职业生涯的核心。

图 11.5 对上述原因进行了总结。

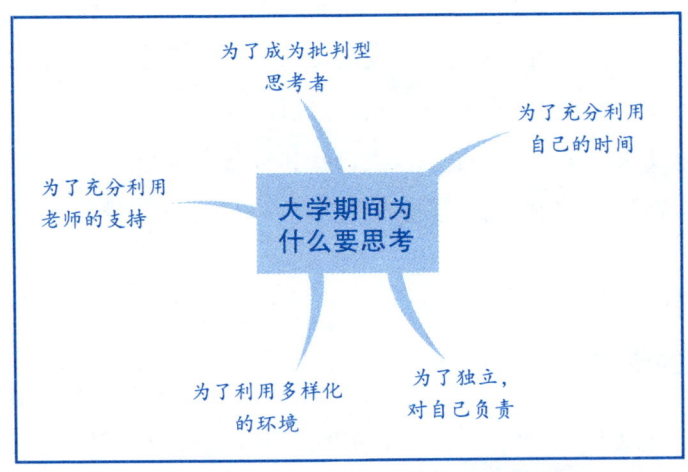

图 11.5　大学期间为什么要思考

如何思考

前文说了，从本质上来说，本书是有关批判性思维的操作指南，介绍了培养批判性思维的原因，批判型思考者的特点，优质的论点、有力的证据和清晰的表达这三大批判性思维目标，以及实现批判性思维所需的工具，尤其是写作即思考、主动式阅读、主动式倾听、说话即思考，即我们如何将思考与其他工具相结合。然而，还有一个领域没有涉及，那就是如何专注地思考。

回想一下实操练习 11.1，其中让我们单纯地思考了一段时间。再回想一下写作即反思的练习，你当时都有什么样的感受？很多人可能很难集中注意力，不知道该做什么，对于练习也没什么信心，甚至不知道该拿这种没有给实质性的参考"行动"或"答案"的练习怎么办。本节将解决这些问题，并介绍有效的思考活动架构。然而，本节也无法简单地给出流程，因为"如何思考"这个问题太复杂了，且每个人的情况都不同。

有效思考必需的三种思考观念

在开始有效思考之前，我们需要接受以下三种观念：设立动机、建立信任、承认练习的重要性。下面将逐一探讨。之后，会运用 PURR 法来介绍一个通用的思考活动架构。

1. 设立动机

思考缺乏明确的架构、活动或实质性输出。思考结束后，没有实质性的东西可以让我们指着说"看这里，我完成了一次有益的思考"。我们甚至可能不知道这是否算有益，需要等到以后用上的时候才能知道。当然，也没有人会检查我们是否完成了思考。所有这些都意味着我们需要有很强的动机来开展思考活动，并持续练习。动机可以是外在的（练习思考是为了取得更高的分数），但由于我们可能会对思考和分数之间的关系提出质疑，因此可能更需要内在的动机（练习思考是为了成为更好的思考者）。不想成为批判型思考者的人是不可能投入到思考活动中的，因为思考需要付出时间和集中注意力，且得到的结果相对比较抽象，特别是在短期来看。

2. 建立信任

我们的大脑不只会思考，还可以通过增加神经元之间的联系来提高思维水平。在某个点上，我们需要跳出大脑预设的愿望，也就是说，只要时间和空间足够，我们就可以相信大脑会接手并完成剩下的工作。这就像有一种自信心。然而，自信心通常是一种主动的、决定性的想法，与成功的证据有关。而信任则更依赖于直觉，与自己心中的信念有关，不需要任何证据。当被告知"不存在完美的操作指南"时，我们就会去寻求信念的力量，决定无论如何也得试试，哪怕会出错。

3. 承认练习的重要性

正如一句成语所说：独木不成林。只进行一次思考活动是不能成为思考者的。思考需要经常练习，可以就像本章建议的那样去组织开展思考活动，也可以进行突然发生的、非计划中的思考活动（回想一下本章开篇的"学者说"）。此外，我们在第一次练习思考的时候（就像在做实操练习 11.1 时）可能会感到很笨拙、无法集中注意力、效果不好。可以与瑜伽做一下类比。第一次尝试做瑜伽动作时，我们可能会感到很挫败、不舒服，一直在摇晃摆动，再看看老师做得那么镇定、舒服和有力，不免会觉得很沮丧：我们怎样才能达到那种状态呢？当然，答案是要投入进去，经常练习。

思考活动的架构

虽然思考没有实操指南，但下面这种架构可以提供一些帮助，尤其对于不知道该从哪里着手的读者而言。这里提出的架构借鉴了布莱恩·格里瑟姆（Bryan Greetham）《如何成为更聪明的人》(*Smart Thinking*，2016）一书中对思考更为详细的介绍。书中除了介绍批判性思维之外，还探讨了如何成为一个概念与创意思想家。想要了解更多细节的话，你会发现这本书非常有用。我们在搭建思考活动的架构时，可以运用 PURR 法：准备（prepare）、实施（undertake）、记录（record）、回顾（return）。如图 11.6 所示。

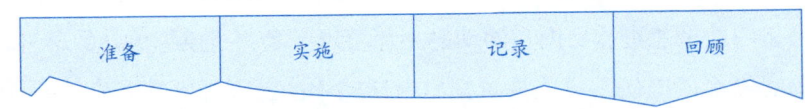

图 11.6　PURR 法

1. 准备

为了做好思考活动的准备，我们需要让自己的大脑进入一个合适的状态。该状态包括三个具体方面。

一是需要暂停自己的判断与自我意识，要承认不确定性的存在，答案没有"对或错"。为了做到这一点，我们需要先找出自己潜意识中对某个话题的判断，尤其是我们想要的答案，比如，能够证实我们立场、选择或生活习惯的逻辑推理，因为这些会让我们的大脑封闭起来，并形成逻辑推理去维护这种状态。

二是需要将显而易见的答案排除出去。想想对于这个问题，依靠直觉我们会怎么回答。把这个答案排除出去，因为这个答案可能来自思维系统1。不过这并不是说一直不要这个答案，而是一开始要先排除其干扰，让自己更加深入地思考，启动思维系统2。

三是清空我们的大脑。在当前这个时代，我们一直在不停地思考、处理和监测信息，因此需要清空大脑，营造一个安静的环境，为新想法腾出一些空间和时间。关闭手机或电脑，这也是本书一直建议的做法，可以让大脑停止对信息的监测。如果我们在之后有约或有别的安排，那么可以设一个闹钟（比如用已经进入飞行模式的手机来设置），这样就不会在思考的时候还一直担心时间。可以在开始思考之前做一段简短的正念或冥想练习，非常有助于我们清空大脑，提高注意力，并最终获得成功。

不能只在嘴上说"我要让大脑进入合适的状态"，而是要系统地、明确地对照一下清单里列出的各个步骤，就像急救人员在急救之前需要系统地清点医疗用品一样。

查阅清单：如何做准备

☐ 暂停自己的判断与自我意识。

☐ 排除显而易见的答案。

☐ 清空大脑。

---

2. 实施

我们的思考活动可能会针对一个具体的话题或问题，也可能就是一次非常抽象的思考活动，就像本章"从业者说"中描述的那种，目的只是找出抽象的想法。由于思考活动就是为了提高我们的思维能力，因此上述两种类型都是可以的，在不同的大学学习时期（以及毕业后）可能都有用。

有了具体的话题或抽象的想法之后，应记住四点。第一，先问一些简单的问题。当我想到一个可能的答案或观点时，先问问自己"为什么"，就像本书中做的那样。也可以问其他类似的问题："你为什么不……""如果我们能……""那样能行吗？"第二，避免常规的思考方式。要打开思路，接受不同的或非计划中的关联或联系。为了做到这一点，需要进行某种程度上的"神游"，打开新的思考领域。不过游荡得太远也不行，因为这样可能就会成为白日做梦，没有做任何认知上的努力。建议专注于此项思考活动，但不一定只考虑这一个话题。第三，要坚持不懈。应全心身投入到思考活动中，不要一直看时间。相信我们的大脑能够做到。一开始可以短一些（比如10分钟），之后可以延长时间。第四，要能够接受失败，保持积极乐观的态度。成功并不是指一开始就要答"对"，而是从一个想法引出另一个想法，再引出第三个想法——可能会推翻我们的第一个想法。要能够接受这一点。不要对关联或关系进行定义或评价，让它们自然出现即可。

然而，对于一些人来说，在单纯思考的同时集中注意力是非常困难的。我们不习惯"无所事事"，思考却会给人这样的感觉。虽然我们会慢慢习惯，但很多人还是觉得在思考的同时做点别的事情会更有用。我们可以将其称为"分散注意力活动"。虽然听上去很矛盾——因为在分散我们的注意力——却是非常有效的。在本章"从业者说"中，建筑师蒂姆·布莱克（Tim Black）在思考一些抽象的观点时会通过写写画画（有些是算数）来促进思考。在阅读这部分内容时，可以考虑一下蒂姆练习的目的：不是回答问题或解决问题，而是促进思考。因此，本书中描述的内容无法展示出思考的"结果"（即他的思考水平是否得到了提升）——因为这是在他脑中的，但可以通过他的思考让我们了解他经历的整个过程，以及他如何利用别的活动来集中注意力。

像蒂姆这种写写画画在有创意的人群中尤其常见。其他人可能会觉得编织、弹钢琴或做园艺更有用。爱动的人则可能会更多地选择体力方面的活动，比如慢跑，来分散注意力。卡尔·纽波特教授在他的《深度工作》一书中对此有类似的描述，他称其为"有效冥想"。这本书在 Chapter 3 中也有提及，后面还会详细探讨。

> 找一段自己从事体力活动而非脑力活动的时间——比如散步、慢跑、洗澡——在做这些活动的同时，将注意力放在某一个明确的专业问题上。
>
> ——卡尔·纽波特，2016，170

虽然纽波特的注意力在某一个具体的问题上，但他进行有效冥想并不是为了解决这个问题，而是为了"快速提高深度思考的能力"（2016，171）。书中对于如何进行有效冥想有更加详细的介绍，因此我强烈推荐此书。

还有一些重要的建议可以指导大家有效地分散注意力（或进行有效冥想）。此类活动不能成为主要的活动，而应退后作为背景，且某种程度上应是重复性的活动，这样我们就不用一直思考下一步应该做什么。这就是为什么往往我们熟悉的或"自然的"活动效果更好。此类活动还应是"自由的"，也就是说不应有具体的目标，比如跑出最好的成绩或练习一段难度很高的钢琴曲，而应作为背景中分散我们注意力的活动，以保证我们的注意力还是放在思考上的。

此类分散注意力的活动虽然并不是必需品，却可以帮助我们将注意力集中在那些比较简单的问题上，坚持下去，接受失败并保持积极乐观的态度，来实施思考活动。

查阅清单：实施思考活动

- 问一些简单的问题。
- 避免常规的思考方式。
- 坚持不懈。
- 接受失败并保持积极乐观的态度。
- 采取分散注意力的手段。

3. 记录

在思考活动结束后找一个合适的时间记录下当时的观点和想法非常重要。不是说一结束就要做记录。事实上，思考后有一段认知的休息时间可以让大脑在潜意识中继续处理想法。当我们决定记录时，不要局限于那些有用的想法，而应把所有的（或很多的）观点、方向和路径都记录下来。也没有固定的格式，找一种你觉得最好的方式记录就可以。不过，有两种有用的方法可供大家参考（尽管还有很多别的方法）。一种是意识流方法，也就是说想到什么就记（或录）什么，没有任何特定的结构要求。还有一点很重要，不要在思考的时候记录，而要等思考活动结束后，虽然如此，但也是可以从很大程度上反映出"当时的想法"的。第二种是分类法，也就是用我们思考时所想到的各种类型来记录，比如副标题。不论我们用哪种方法，最常见的就是把自己想到的记下来（思考结束后最终会演变成写作即思考练习），也可以用录音的方式说出自己的想法。

查阅清单：记录想法

- 思考结束后将想法记录下来，不要在思考时记录。
- 思考后留一些休息时间，之后再做记录。
- 可以使用意识流或分类记录法，也可以用自己的方法来记录。
- 通常是通过书写的方式来记录，但也可以使用录音。

4. 回顾

在后续还应对之前记录的想法进行回顾，有助于继续提升我们的思考能力。回顾可以在一天后、一周后或一学期结束后进行。可以是回顾笔记并重读一遍，也可以只是回想一下当时的想法来促进思考。因此，思考永无止境，永远都有提升的空间。在大学期间以及之后的工作中，我们不能停下思考的脚步，要持续提升自己的思考能力。

查阅清单：回顾想法

☐ 回顾之前的想法。
☐ 可以再读一遍（或再听一遍）之前记录的想法来进一步促进思考。
☐ 不要觉得思考已经结束了，或已经完成了思考能力的提升。

从业者说　无拘无束地探索不成熟的观点，边思考边写写画画
蒂姆·布莱克，澳大利亚 BKK 建筑公司首席建筑师

对于一名专业的创意工作者而言，写写画画是一件非常重要的沟通工具。不过，这里的写写画画并不只是结果，还是一个非常重要的过程，是一种思考方式。通过写写画画，我们可以探索一些不成熟的观点，产生新的想法，甚至在想法还不明朗的情况下就先落诸笔端。

对我自己来说，写写画画就像是一个简单的思考实验，或是对近期阅读材料的思考——通常是对问题、情况或关系的开放式思考，与具体的某个工作挑战可能没有什么关联。这种开放式的、基于探究的思考意味着最终得出的结果不会出错，我也就不会害怕失败，不会有压力，只是一步步地去思考，构建知识体系。

举例来说，我最近正在翻看一本旧的化学课本，因为有一位老师把元素周期表挂在了学校走廊的墙上，我 9 岁的女儿对其产生了兴趣。我和女儿连续几个晚上都在一起研究元素周期表，讨论里面的元素、性质、排序等。有一次，我们谈到了一种还未被发现的、存在于理论中的化学元素 Ubn，其原子序数为 120。

那天晚上等女儿睡着后，我看着电子亚壳层和轨道，开始边思考边写写画画，想象着 Ubn 元素的电子是如何排列的。根据课本里的亚壳层表格，我画了很多的三角形，希望能够通过写写画画来找到一些规律和线索（见图 11.7）。我并没有期望自己会对化学领域做出什么贡献，只希望我的一点点新想法能够诞生新的观点。

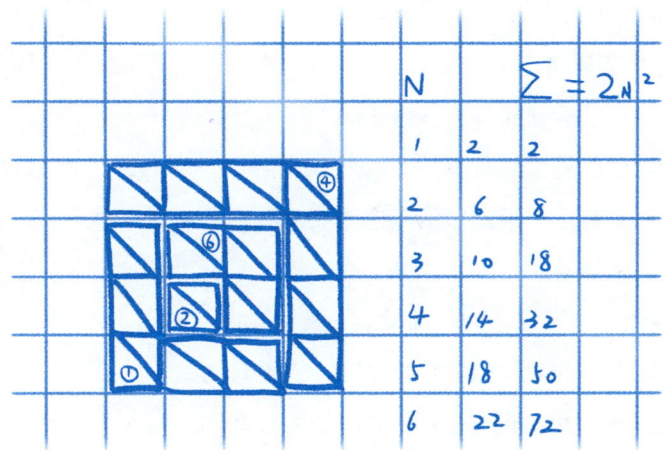

图 11.7　蒂姆·布莱克的写写画画

有时，我的写写画画基于一套非常简单的规则：一对基础形状可能代表某种关系或结构。这套规则是成体系的（存在于大脑中），并为下一系列的形状提供指导，形成更丰富的样式、语言或代码。这套规则通常不是静态的，一开始也无法被充分理解，会不断变化和演进，从而形成新的关系、形式或观点。

下面，我们将通过一个结构化的思考活动来练习如何专注地思考。实操练习 11.2 和实操练习 11.1 是一样的，但运用了 PURR 结构，鼓励开展分散注意力的活动来得到更好的思考结果。

　**实操练习 11.2**　结构化的思考活动

回想一下实操练习 11.1 中提出的问题。

> 如果要求每位读完中学的学生都必须读大学，会产生什么样的影响？

重读一遍你在写作即反思中写下的答案。请再做一遍此练习，但这次运用PURR结构，并结合"分散注意力"活动一起进行。你需要决定自己将做什么活动，并做好准备，这样就可以和练习一起开始了。比如，你如果想要慢跑，那么就需要准备好慢跑的装备。

任务1：准备。

做好进行思考活动的准备：

- 暂停自己的判断与自我意识。
- 排除显而易见的答案。
- 清空大脑。一段简短的正念或冥想练习将有助于达到好的效果。

任务2：实施。

开始做"分散注意力"活动。

通过以下方式思考至少10分钟（或更长）：

- 问一些简单的问题。（不过这是为什么呢？这是怎么做到的？不同的人会有怎么样的感受？我们能有哪些收获？会失去什么？）
- 避免常规的思考方式。让你的大脑自由地徜徉，打开新的可能性。
- 坚持，相信你的大脑能够发现新的观点，并全心投入。
- 接受失败并保持积极乐观的态度。（这样不可行是因为……还能怎么做呢？）

任务3：记录。

思考活动结束后，可以休息一会儿，一直专注地思考某一个话题非常耗费精力，即使只是很短的一段时间。休息一会儿后，要把你的想法记录下来，可以写下来，也可以通过录音录下来。请记住，这很重要。这不是为了记录答案，而是为了记录想法。

任务4：回顾。

请注意，任务5结束之后还会进行回顾，列在这里只是因为回顾也是PURR结构的一部分。

在笔记本上提醒自己一周后再回来看看这个问题。到时重读一遍（或重听一遍）你在任务3中记录下来的想法，再简单地思考一下，看看是否还存在什么问题或还可以补充什么内容。

任务5：反思。

完成任务3后，再做一下写作即反思练习。就本次思考活动提出"什么""会怎样""又会怎样"这几个问题。特别是考虑一下实操练习11.1与实操练习11.2的差异。

克服专注思考的障碍

时间与干扰

就像其他许多工具那样,对于专注思考而言最大的两个产生障碍的因素就是时间和干扰。其中一个原因是技术的发展让我们更容易接触到我们的社交和工作圈,比如只要我们想,就可以与想要联系的人联系上,不论是否认识。现在,很多人都将大量的时间花在社交平台上,当手机上跳出某一个平台的消息时,我们很容易受到干扰。

回想一下前面提到的伊娃·布兰。她是一位美国哲学教授,她对于大学教育的观点、讲座和著作给了我很大的启发,我很想与她取得联系。后来我在她大学的网站上找到了她的地址和办公电话,但没有电子邮箱。这让我很震惊——如果我没有电子邮箱的话会怎么办?是的,我会错过很多,我现在有很多工作是离不开电子邮箱的。可频繁查看电子邮箱确实会造成干扰。那么,如果有了时间且不受干扰,会怎样呢?我可以保证我会有更多、更深入的想法,因为我有了更多的思考时间,而且不会被打扰。后来我解决了这个问题,我给自己设置了专门的"写作与思考日",每天只查看一次电子邮箱。做到这一点确实很难,但一旦做到了,最后得到的结果会非常惊人。

卡尔·纽波特在其《深度工作》一书中,就在不受干扰的情况下专注做一件在认知方面难度较大的任务进行了探讨。他对"浅度工作"与"深度工作"进行了区分。

> 深度工作正变得越来越稀少,而几乎同时,其在社会经济中的价值却日益提升。因此,掌握此技能且能够将其内化为职业生涯之核心的人定会取得成功。
>
> ——卡尔·纽波特,2016,14

2019年,纽波特教授出版了《数字极简主义》(*Digital Minimalism*)一书。他在书中指出,技术从本质上来说没有好坏之分,但我们需要掌控如何使用技术为我们的目标和机制提供支持。他还指出,现在的研究表明,数字技术的干扰正在改变我们的大脑,可能会给我们的思考能力带来永久的影响。

因此,如果我们的目标是培养批判性思维,那么我们就需要想一想数字化生活所带来的干扰因素是如何阻碍(可能是永久的)我们实现这一目标的,以及如何培养自己深度思考的能力。纽波特的这两本书就此进行了详细的探讨。如果你觉得少看社交媒体是有用的,那么可以下载专门的应用程序,限制自己在社交媒体上花费的时间,关闭社交媒体通知。这也是莫尼德帕·塔拉夫达尔（Monideepa Tarafdar）教授在其《社交媒体：夺回控制权的六个方法》（*Social Media: Six Steps to Take Back Control*，2018）一文中所建议的方法之一。其他的方法包括：有选择性地回复、不要担心会错过消息、不要让其成为一种干扰、避免被愚弄、铭记现实。

对确定性的渴望

专注思考的另外一个障碍是社会更认可确定的事情和行动。做思考练习时，我们需要承认自己目前还给不出答案，可以明确承认，也可以委婉地承认。但社会并不喜欢这样。多年的教育告诉我们，"成功"就是指能够立刻给出问题的答案（而且是"正确"答案）。尤其是当我们在广播或电视中听专家采访时，我们会发现他们从来不会说"我不知道该怎么回答"（即使他们明显不知道答案，或是不愿意公开说明）。社会更认可确定的事情、自信心、答案，以及表达清晰的观点或判断。如果同一个人给出的答案中存在不确定性、争议性、矛盾性，有证据得出的结果存在有条件的解读或结果是基于某种设想的，那么就会让人感觉不那么舒服。如果我们的答案是"我不太确定，我想得没有那么深，还需要一些时间"，那么我们就不会得到肯定。犹豫不决或开放的态度会让人感觉较为弱势、信息不充分或道德上有问题。然而，这样的答案和态度恰恰是思维系统 2 所需要的，也是培养批判性思维所需要的。

认知偏见

认识偏见——不管是有意的还是无意的——也会给批判性思维带来障碍。本书中多次提到了偏见问题，这里会更加详细地进行探讨。我们有时能够意识到自己的偏见，有时会在意识不到的情况下受其影响而做出决定或行动。罗尔夫·多贝里《清醒思考的艺术》一书（Chapter 2 的延伸阅读材料）对多种不同的认知偏见进行了详细的阐述。偏见是思维捷径，可以为我们提供帮助，但同样可以将我们带偏。我们会存在锚定效应，也就是说我们判断的第一件事会影响我们对其他事件的判断，也会存在乐观偏见，高估好的结果发生的可能性。组内偏爱是一种非常常见的认知偏见，指我们会更加喜欢与我们相似的人，比如职场中的性别偏好就是一个常见的组内偏爱的例子。如果一位男性 CEO 说他更喜欢雇用男性员工而不是女性员工，那么这就是有意识的偏见。如果他自己并没有意识到这一点，但有证据表明他所雇用的男性员工能力明显不如女性员工，那么这就是无意识的偏见。

无意识的偏见最常影响我们思考的质量,因为我们很难发现这种偏见。它会使我们对某些人产生成见,影响我们对其信息的解读。思维系统 2 就是为了使我们发现和克服此类无意识的偏见,从而促进更加深入的思考,保持更加开放的态度。思考活动结构中的"准备"部分也是专门用于发现此类偏见的。

图 11.8 对专注思考的障碍进行了总结。

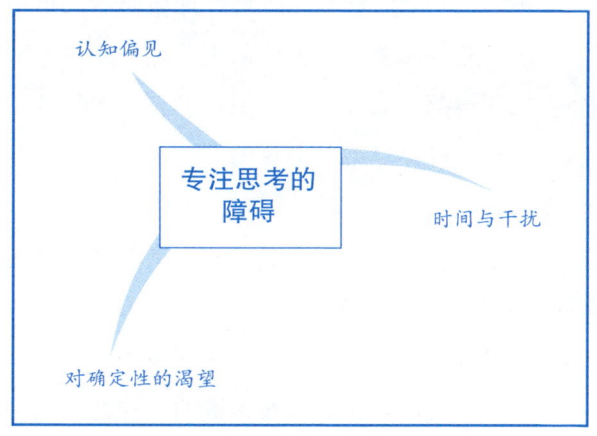

图 11.8　专注思考的障碍

查阅清单:克服专注思考的障碍

- □ 设置专门的"写作与思考日"——届时不要查看电子邮箱或社交媒体。
- □ 练习专注的思考,逐渐延长思考时间来训练自己的大脑。
- □ 借助应用程序来减少社交媒体的使用时间。
- □ 确定性并不是必要的,尤其是在大学里,这会限制你的思维,使你无法产生新的想法和可能性。
- □ 意识到认知偏见的存在,努力发现自己的无意识偏见。

思考于大学之外

职场中的思考

走入职场后,人们基本上不会有专门的时间用于思考,即使思考是其工作中非常重要的一部分，比如学者（详见本章"学者说"）。这也说明在大学中练习并掌握此项技能是多么重要，这样以后在职场中，我们就可以充分利用好挤出的一点思考时间。可以是在通勤的路上，也可以是专门留出的（或延长的）一点思考时间。我认识一位非常成功的首席执行官，他每天都有一个小时的时间，把门关起来，不接任何电话，就坐在办公室里思考现在企业所面临的一些重要问题。他认为这样做很重要，能够让自己有宏观思维，发现不同问题之间的联系，确保他所思考的事情都是有必要的。其他常见的方法还有在散步的时候思考一些重要的事情，也就是把散步作为分散注意力的活动。然而，很多职场环境都更加关注产出或行动，大多数的单位都是这样，而且很多单位都会鼓励通过召开"蜂巢思维"会议的方式来激发想法和观点（尽管这算是集体思维，而不是本章中所说的个人思维）。

重要的是，要记住大学教育的目的是让我们成为批判型思考者，尤其是要接受思维系统2，并将更好的思维方式带入日常工作，改进思维系统1。此外，知道自己何时、何地、如何思考能够达到最好的效果会让整个过程变得更加容易。比如将练习固定为日常的一项任务、在通勤路上关闭手机，或在关键的工作时刻出去散散步，这些都可以激发出具有变革性的想法和观点，使我们成为成熟的、具有批判性的有效思考者，让我们脱颖而出。

生活中的思考

除了有助于我们的职业发展，思考也可以影响和改变我们的个人生活。实际上，职场和生活之间的界限并不是很清晰。作为人类，我们大多数人都在以某种方式寻找着我们的那条道路，探寻生命的意义或满足感。专注的思考练习不一定只针对学术、思想或职业问题，也可以探讨更加个人的、有关人类存在的问题。很多所谓的"励志书"就主要关注的这类话题。其中有一本书在生命的意义问题上给了我很多的指导，这本书叫作《我们》（We），是专门写给女性的，作者是吉利恩·安德森（Gillian Anderson）和珍妮弗·纳达尔（Jennifer Nadal）。书中一开始引用了诗人玛丽·奥利弗（Mary Oliver）非常有名的一句话：

> 告诉我，你打算做什么，用你狂野而宝贵的一生？

专注的思考可以成为而且几乎肯定会成为每一个人生命之路的一部分，陪伴我们走过成功与失败，帮助我们在生命中的重要节点做决定。在本书的最后一个"学生说"中，卡伦·史密斯与我们分享了思考对于其个人成长之路的重要性。

学生说　让批判性思维变得更容易

卡伦·史密斯，利物浦大学创业与创新管理专业学生

在读本科时，我还没有批判性思考的能力——我获得的所有信息都是正确的——就这样。这种思考方法会让人感觉很舒服，因为我们生活在一个确定的世界中。然而，在大学的最后一年，我了解到了"问题化质疑"这一概念。问题化质疑指对一切都会提出质疑，没有答案应被视为理所当然。对于我来说，这标志着我批判性思考的开始。

自此之后，直到我读研究生，我都在学习批判性思维的概念。批判性思维更像是一种思考方法和过程，也就是说，任何一个问题都存在很多可能的答案，我必须运用批判性思维来评判不同的答案以及各答案与问题之间的联系。我清晰地记得刚开始转变思维方式时有多么不适应：从一个确定的世界进入一个充满了不确定性的世界。一开始确实不容易，但随着不断地练习，我渐渐熟悉了这种新的思考方式，也得出了更多更有趣的结论。

这里给大家分享一些我觉得不错的小贴士，让运用批判性思维变得更容易。首先，开启你的触觉体验，拿出一支笔和一张纸，开始头脑风暴。我经常坐在咖啡馆里，桌上铺满了纸，在那里写我的论文。虽然看上去很狼狈，但确实很有用。其次，改变你的环境。我一天可以换好几个工作场所。最后，有意地进行思考练习。一位教授曾建议我一定要坚守学习时间。我知道大家都想拖延，都不想坐在那里听那些学术术语。不过，有意练习思考的次数越多，你就会觉得越来越容易。

思考与其他工具的结合

思考无处不在。在大学学习中，无论何时写作、阅读、倾听或说话，我们都会进行思考。实际上，思考大多数时候是与其他工具结合起来使用的，这也就是为什么这些工具被称为写作即思考、主动式阅读、主动式倾听、说话即思考。然而，本章还鼓励进行专注的思考，在这个过程中，只进行思考这一项活动，不需要写、读、听或说。

有一种方法可以将专注思考融入我们日常的大学生活中，那就是在使用其他工具之前、之中或之后进行短暂的思考。比如，在主动阅读之前，可以先就将要阅读的话题思考 10 分钟，甚至 5 分钟。读完之后还可以再思考，之后还可以进行写作即思考练习。同样，在课前先思考 10 分钟，有助于我们集中注意力和加强对话题的了解，从而提升说话即思考和主动倾听的效果。

因此，要想达到最佳的思考效果，需要同时掌握这五种工具，并在这五种工具之间寻求互动与平衡。

本章小结

- 思维系统 1（快速思维）能够自动运行，更加依靠直觉，而思维系统 2（慢速思维）则是刻意而为之的，更具逻辑性。
- 思维系统 1 主导（且应该主导）我们的日常生活，与生存的本能和过去的成功经验（拇指法则）有关联。如果不是这样的话，就会出现认知过载的情况。
- 当遇到突发或不熟悉的情况时，思维系统 1 不起作用，这时会由思维系统 2 进行回应。思维系统 2 还会对思维系统 1 产生的想法和回应内容进行监督，必要时会介入并进行修改。当我们主动把自己置于一个不熟悉的场合，比如攻读大学学位时，思维系统 2 就会启动。
- 大学是提升思维能力的一个重要机会，因为在大学里我们有可支配的时间，通常是第一次独立生活，面对的是多样的环境和人，有老师为我们提供支持和帮助。
- 思考需要有合适的动机、信任和持续的练习。
- PURR 法为我们进行结构化的思考活动提供了指导。即准备、实施、记录、回顾。在思考活动中做一些分散注意力的活动很有帮助。
- 时间和干扰是给专注思考制造障碍的两个最常见的因素。
- 不要过度追求确定性，因为它会限制你的思维，使你无法产生新的想法。
- 认知偏见，尤其是无意识的偏见，会影响我们的思考和理解，因此发现无意识的偏见对于了解其影响至关重要。

延伸阅读

- 丹尼尔·卡尼曼的《思考，快与慢》深入探讨了一些非常复杂的问题。卡尼曼运用了大量可信的证据来确立自己的理论、主张，并从不同的角度对人类思考的不同方式进行了探究。
- 卡尔·纽波特的《深度工作》和《数字极简主义》这两本书在本章中均有提及，两者均有助于更好地了解并理解我们是如何关注、培养和发展自己的认知能力的。
- 布莱恩·格里瑟姆的《如何成为更聪明的人》一书的副标题为"创造力，让大脑不走寻常路"。除了批判性思维之外，作者还介绍了概念思考和创新思考，用于创造新的观点和想法。

词汇表

学术期刊文章（academic journal articles）
在学术期刊上发表的文章（或论文），介绍研究项目成果或学科理论，在录用和发表之前通常会进行审查。

学术教材（academic textbooks）
由学者撰写，以教育为目的，是对某学科或话题的简明总结。

主动式倾听（active listening）
旨在找出不同话题和观点之间的联系，并理解其复杂性。

主动式阅读（active reading）
非线性、杂乱式阅读方法，通过阅读对话题进行批判性思考。

有导向性的新闻媒体（agenda-driven news media）
推送"新闻"的社交媒体、大众新闻媒体、受政府控制的官方媒体，以及新创立的新闻媒体等。

选择性支撑依据（alternative supporting premises）
两个（或多个）不同的依据，用于支撑直接依据。

逸事（anecdote）
作为证据的举例类型，与个人自身的经历有关。

论证导图（argument maps）
利用方块和箭头来表示不同的组成要素，对论点进行可视化描述。

经过审计的公司报告（audited company reports）
机构发布的财报和其他报告，由第三方独立审核。该第三方通常是审计公司，具有核实报告信息准确性的法律义务。

绝对的依据（categorical premises）
陈述极端的依据。

选择性支撑依据链（chained alternative supporting premises）
两个（或多个）不同的依据及由其他依据构成的各自的推理线。

支撑依据链（chained supporting premises）
由多个依据共同构成的一条逻辑线。

主张（claim）
对某个论点的立场或态度，也叫作"结论"或"看法"。

333

主张指示词（claim indicator）
引出主张或结论的词语。

认知偏见（cognitive biases）
思考的捷径，用于做出本能的判断和决定。可以是有意识的，也可以是无意识的，多来自成见。

认知过程（cognitive processes）
大脑的学习过程。

口语化的语言（colloquial language）
用于休闲对话的非正式或习以为常的词和短语，或是俗语。

有意识的偏见（conscious bias）
已知的、被承认的、有意的偏好。

咨询报告（consultant reports）
咨询公司撰写的报告，在订立商业合同的基础上由第三方对具体的话题做研究。

反证（counter arguments）
不支持主张的论点或依据。

批判性思维（critical thinking）
对知识和论点背后的推理和论证进行主动且仔细的评判，并形成自己的知识和论点的认知过程。

经审核的网上视频（curated online videos）
由第三方机构挑选、推广和提供的演讲视频，有明确的目标（比如教育）。

怀疑者（cynics）
认为每一个论点都有瑕疵且所有证据都有错的人。

数据准确性（data accuracy）
数据在解决问题方面的合理程度。

演绎法（deductive approach）
从论点或理论着手，再寻找证据去支撑或验证的方法。

情商（emotional intelligence）
感知、理解、管理自己和周围人情绪及感觉的能力。

人品诉求（ethos）
来源的可靠性或可信度。

发掘式写作（exploratory writing）
也叫作"写作即思考（writing-to-think）"，即用写作来激发疑问，促进想法或论点形成。

外在动力（external motivation）
也叫作"外部动机"，是通过做任务来赢得奖励或避免惩罚的驱动力。

定义类事实（facts by definition）
由人类决定或定义的事实。

发现类事实（facts by discovery）
人类发现的而非创造的事实。

前馈（feed forward）
利用对一项任务的反馈或评价来改进未来的任务或评价。

僵化型思维（fixed mindset）
个人的潜力天生存在一定的上限，因此成功只是其原有潜力的发挥，超过这个固有的限制则必然失败。

词汇表

追随者（followers）
盲目、不假思索地认为所有的论点都对、所有呈现在他们面前的证据都可靠的人。

基础知识（foundational knowledge）
对别人在某领域或话题方面所提出的知识的现有储备。

世界公民（global citizen）
个人在一生中所承担的不同角色，特别是在全球化的世界环境中，包括选民、家长、模范、社群领袖等角色。

成长型思维（growth mindset）
个人的潜力不存在已设定好的上限，因此成功是努力、失败、坚持和改进的结果。

理性怀疑者（healthy sceptics）
认真查看支撑论点的原因和证据，并就其可信度做出主动评判的人。

历史类事实（historical facts）
发现类事实的子集，包括与历史上某个事件有关的日期、地点、人物或行为。

隐含依据（implicit premise）
依据与主张之间或两个依据之间未被说明或言明的、隐含的依据。

归纳法（inductive approach）
从证据或观察着手，再形成论点或理论去解释的方法。

信息（information）
代表现有或过去事件的结构化的、有组织的和处理过的数据。

内在动力（internal motivation）
也叫作"内部动机"，是为了任务本身和个人成就而做任务的内在驱动力。

知识（knowledge）
信息、经验、直觉或见解，可将其结合起来用于不同的场合、学习信息以外的内容、预测未来，或其他情景。

关联（link）
用于描述主张与依据之间联系的词或短语。

逻辑瑕疵（logical fallacies）
某个依据（或多个依据）与主张之间的关系存在矛盾或缺陷。

逻辑推理（logical reasoning）
论证中某个依据（或多个依据）与主张之间的关系。

理性诉求（logos）
依靠有逻辑且合理的论点和证据来说服他人。

陈述（narrative）
整个文档或演讲中清晰表达出来的同一个主题、话题或故事线。

非政府组织报告（NGO reports）
非政府组织撰写的报告。非政府组织通常是针对某一社会或环境问题的非营利机构。

被动式倾听（passive listening）
只理解了字面上的意思和最容易理解的意思，不做深入思考。

情感诉求（pathos）
与受众之间创造一种情感/心理联结或吸引力。

个人特质（personal characteristics）
属于内在特点，不一定能学到，但可以发展和培养，包括同理心、领导力、文化理解力和自信心。

剽窃（plagiarism）
在不承认别人的情况下把别人的想法或工作说成是自己的。

依据（premise）
支撑主张、答案或结论的理由。

依据指示词（premise indicator）
引出依据或理由的词语。

会刺激情绪的依据（premises appealing to emotion）
不关注于逻辑推理的依据，而是会刺激情绪。

一手证据（primary evidence）
自己发现或调查研究出来的证据。

有效努力（productive struggle）
个人受到足够多（但不过分）挑战的状态，需要努力练习才能成功。有两大参数：兴趣与难度水平。

心理安全感（psychological safety）
不会因分享自己的想法、寻求反馈或承认自己的错误或弱点而受到嘲笑、拒绝、不尊重或惩罚时的一种感觉。

反驳（rebuttal）
对反证的回应，解释为什么反证不成立或不会削弱我们的原始论点。

参考文献列表（reference list）
所有引用来源的详细列表，便于读者查找。

文献引用（referencing）
认可别人研究成果或信息来源的过程。

呈现式写作（representational writing）
也叫作"思考即写作（thinking-to-write）"，通过写作来呈现自己已有的想法或论点。

声誉较好的机构报告（reputable organization reports）
政府、政府部门或政府间组织发布的报告，如联合国或世界银行的报告。

权威的/著名的新闻媒体（respected and established news media）
报纸、杂志、广播和网站，较为注重编辑的质量，报道方式较为客观。

修辞（rhetoric）
有说服力的语言或写作的艺术。

机械式倾听（rote listening）
为了记住别人所说的内容的倾听。

样本（sample）
从整体中选取的较小的群体，用于推断出整体的情况。

搜索引擎操纵效应（search engine manipulation effect）
根据展示的结果来影响搜索引擎用户的行为和偏好。

搜索引擎优化（search engine optimization）
网站用于确保其能够出现在搜索结果的前面而采取的策略。

二手证据（secondary evidence）
别人发现的证据。

选择性阅读（selective reading）
在了解完全部材料的基础上选出重点的文本进行深入阅读。

【语法错误】（【sic】）
作者通过这样的括号来表示原文中的词语、句子或段落可能看上去很奇怪或不正确。可能是拼写或语法错误，表示作者知道原文中错误的存在；也可能是原文使用的是表示"男性"的词，但现代用法中会使用性别中立或涵盖所有性别的词，如"男性/女性"或"人们"。

统计数据（statistics）
对数据的数学分析结果，旨在帮助别人理解或推断某个知识。

无意识的偏见（subconscious bias）
未知的、有意的、直觉的偏好，受社会刻板印象的影响。

支撑依据（supporting premises）
为了相信或接受直接依据而提出的依据。

思维系统1（System 1 thinking）
快速、自动化的思考方式，依靠直觉与情感，影响个人很多的判断和决定。

思维系统2（System 2 thinking）
慢速、刻意而为之的思考方式，在做出判断或决定之前主动发现论点和证据。

智库报告（think tank reports）
智库撰写的报告。智库是专门对某些问题，比如公共政策话题等开展研究的机构，有不同的资金来源和需要完成的目标。

主题句（topic sentence）
通常是每段话的第一句，指出这一段的大意，及其与整体陈述和周围段落之间的关系。

通用技能（universal skills）
也叫作"可迁移技能"，存在并适用于所有的学科，包括写作、分析、解决问题、展示介绍、团队协作、使用数字技术、社交联络、做决策等。

模棱两可的依据（vague premises）
意思不够清楚或缺乏细节的依据。

感叹语（verbal interjection）
没有任何语法价值、通常用在话语开头部分的词语，如"哦""啊""那么"。

维基百科（Wikipedia）
开放的在线百科全书，任何人都可以补充和更新信息。

写作即思考（writing-to-think）
促进思考的写作过程，而不是为了产出成果，如论文。

参考文献

Chapter 1

Hess, E. (2017). In the age of "AI", being smart will mean something completely different, *Harvard Business Review*, 19 June.

IASA (2016). Education Reconstruction for 1970–2000, International Institute for Applied Systems Analysis, Available at: https://iiasa.ac.at/web/home/research/researchPrograms/WorldPopulation/Research/ForecastsProjections/DemographyGlobalHumanCapital/EducationReconstructionProjections/education_reconstruction_and_projections.html, Accessed 30 March 2020.

UNESCO (2020). Education: Literacy rate, Available at: http://data.uis.unesco.org/index.aspx?queryid=166&lang=en, Accessed 30 March 2020.

WEF (2018). The future of jobs report, World Economic Forum, Available at: https://www.weforum.org/reports/the-future-of-jobs-report-2018, Accessed 30 March 2020.

World Bank (2020). EdStats All Indicator Query, Available at: https://data.worldbank.org/data-catalog/ed-stats, Accessed 30 March 2020.

Chapter 2

Anderson, L.W. and Krathwohl, D.R. (2001). *A Taxonomy for Teaching, Learning, and Assessing: A revision of Bloom's taxonomy of educational objectives*, New York: Longman.

Aristotle (360 BCE). *The Rhetoric*, Book I.

Bloom, B.S. (1956). *Taxonomy of Educational Objectives: The classification of educational goals*, New York: Longmans, Green.

Bok, D. (2006). *Our Underachieving Colleges: A candid look at how much students learn and why they should be learning more*, Princeton, NJ: Princeton University Press.

Fisher, A. (2019). What critical thinking is. In J.A. Blair (ed.), *Studies in Critical Thinking*, Windsor Studies in Argumentation Vol. 8. Available at: https://windsor.scholarsportal.info/omp/index.

php/wsia/catalog/view/106/106/763-1.

Gladwell, M. (2006). *Blink: The power of thinking without thinking*, Harmondsworth: Penguin.

Obama, M. (2013). *Remarks by the First Lady at Savoy Elementary School Visit*, Available at: https://obamawhitehouse.archives.gov/thepress-office/2013/05/24/remarks-first-lady-savoyelementary-school-visit, Accessed 30 March 2020.

Chapter 3

Bennett, J. (2017). On Campus, failure is on the syllabus, *New York Times*, 24 June, Accessed 3 February 2020.

Duckworth, A. (2017). *Grit: Why passion and resilience are the secrets to success*, London: Vermilion.

Dweck, C. (2006). *Mindset: The new psychology of success*, New York: Random House.

Dweck, C. (2012). *Mindset: How you can fulfill your potential*, Constable & Robinson Limited.

Kendi, I. (2018). *Address to Graduating Students: How to be the smartest person in the room.* Available at: https://www.youtube.com/watch?v=IPzE9BsiDWU.

Newport, C. (2016). *Deep Work*, London: Piatkus.

Syed, M. (2010). *Bounce: The myth of talent and the power of practice*, London: Fourth Estate.

Uncapher, M. and Wagner, A. (2018). Minds and brains of media multitaskers: Current findings and future directions, *Proceedings of the National Academy of Sciences*, October, 115(4), 9889–9896, DOI: 10.1073/pnas.1611612115. Available at: https://www.pnas.org/content/pnas/early/2018/09/26/1611612115.full.pdf.

Wagner, A. (2018). A decade of data reveals that heavy multitaskers have reduced memory, Stanford psychologist says. *Stanford News*, 25 October, Available at: https://news.stanford.edu/2018/10/25/decade-data-reveals-heavymultitaskers-reduced-memory-psychologist-says/.

Chapter 4

Dwyer, C.P., Hogan, M.J., and Stewart, I. (2012). An evaluation of argument mapping as a method of enhancing critical thinking performance in e-learning environments, *Metacognition and Learning*, 7(3), 219–244.

van Gelder, T. (2013). Argument mapping. In H. Pashler (ed.), *Encyclopedia of the Mind*. Thousand Oaks, CA: Sage.

van Gelder, T.J. (2015). Using argument mapping to improve critical thinking skills. In M. Davies and R. Barnett (eds.), *The Palgrave Handbook of Critical Thinking in Higher Education* (pp. 183–192). Basingstoke: Palgrave Macmillan.

Morrow, D. and Weston, A. (2019). *A Workbook for Arguments: A complete course in critical thinking*, (3rd edn), Indianapolis, IN: Hackett Publishing Company.

Sinnott-Armsttong, W. (2018). *Think Again: How to reason and argue*, Oxford: Oxford University Press/Penguin Books.

Weston, A. (2018). *A Rulebook for Arguments* (5th edn), Indianapolis, IN: Hackett Publishing Company.

Chapter 5

Friedlander, L.J., Reid, G.J., Shupak, N., and Cribbie, R. (2007). Social support, self-esteem, and stress as predictors of adjustment to university among first-year undergraduates, *Journal of College Student Development*, 48(3).

Goldacre, B. (2009). *Bad Science*, London: Fourth Estate.

The Higher Education Academy (2014). Independent Learning. Available at: https://www.heacademy.ac.uk/sites/default/files/resources/independent_learning.pdf, Accessed 12 March 2020.

Hyytinen, H., Nissinen, K., Ursin, J., Toom, A., and Lindblom-Ylanne, S. (2015). Problematising the equivalence of the test results of performancebased critical thinking tests for undergraduate students, *Studies in Educational Evaluation*, 44, 1–8.

Jiang, X., Gossack-Keenan, K., and Pell, M.D. (2020). To believe or not to believe? How voice and accent information in speech alter listener impressions of trust, *Quarterly Journal of Experimental Psychology*, 73(1), 53–79.

Lev-Ari, S. and Keysar, B. (2010). Why don't we believe non-native speakers? The influence of accent on credibility, *Journal of Experimental Social Psychology*, 46(6), 1093–1096.

Morrow, D. and Weston, A. (2019). *A Workbook for Arguments: A complete course in critical thinking* (3rd edn), Indianapolis, IN: Hackett Publishing Company.

Planck, M. (1936). *The Philosophy of Physics*, Montreal: Minkowski Institute Press.

Pulford, B.D., Colman, A.M., Buabang, E.K. et al., (2018). The persuasive power of knowledge: Testing the confidence heuristic, *Journal of Experimental Psychology—General*, 147(10), 1431–1434.

Rosling, H. (2018). *Factfulness*, London: Sceptre.

Weston, A. (2018). *A Rulebook for Arguments* (5th edn), Indianapolis, IN: Hackett Publishing Company.

Chapter 6

Kraushaar, J.M. and Novak, D.C. (2010). Examining the affects of student multitasking with laptops during the lecture, *Journal of Information Systems Education*, 21(2), 241–251.

Morrow, D. and Weston, A. (2019). *A Workbook for Arguments: A complete course in critical thinking* (3rd edn), Indianapolis, IN: Hackett Publishing Company.

Raskind, M. (1993). Assistive technology and adults with learning disabilities: A blueprint for exploration and advancement, *Learning Disability Quarterly*, 16, 185–196.

Rath, K.A. and Royer, J.M. (2002). The nature and effectiveness of learning disability services for college, *Educational Psychology Review*, 14(4), 353–381.

Vahedi, Z., Zannella, L. and Want, S.C. (2019). Students' use of information and communication technologies in the classroom: Uses, restriction, and integration. *Active Learning in Higher Education, July*. https://doi.org/10.1177/1469787419861926.

Warner, J. (2019). *The Writer's Practice: Building confidence in your non-fiction writing*, Harmondsworth: Penguin.

Warner, J. (2020). *Why They Can't Write: Killing the five-paragraph essay and other necessities*, Baltimore, MD: Johns Hopkins University Press.

Weston, A. (2018). *A Rulebook for Arguments* (5th edn), Indianapolis, IN: Hackett Publishing Company.

Chapter 7

Cayley, R. (2014). Writing as Thinking, Blog, 24 April, 2:03pm, Available at: https://explorationsofstyle.com/2014/04/23/writing-as-thinking/.

Haave, N. (2015). Developing students' thinking by writing, *Tomorrow's Professor Postings*, Stanford University, Available at: https://tomprof.stanford.edu/posting/1472.

Mueller, P.A. and Oppenheimer, D.M. (2014). The pen is mightier than the keyboard: Advantages of longhand over laptop note taking. *Psychological Science*, 25(6), 1159–1168. https://doi.org/10.1177/0956797614524581.

Neill, C. (2017). How to improve your clarity of thought ("writing is thinking"), 17 March available at: https://www.youtube.com/watch?v=tOD1sRAj8wE.

Schmandt-Besserat, D. (1996). *How Writing Came About*, Austin, TX: University of Texas Press.

Senge, P., Smyth, B., Kruschwitz,N., Laur, J., and Schley, S. (2010). *The Necessary Revolution: How individuals and organisations are working together to create a sustainable world*, Boston, MA: Nicholas Brealey Publishing.

Chapter 8

Boddington, P. and Clanchy, J. (1999). *Reading for Study and Research*, Australia: Addison Wesley Longman.

Brick, J., Wilson, N., Wong, D., and Herke, M. (2019). *Academic Success: A student's guide to studying at university*, Basingstoke: Macmillan.

Helland, J. (1990–1991). Aztec imagery in Frida Kahlo's paintings: Indigenity and political commitment, *Woman's Art Journal*, 11(2), 8–13.

Latimer, J. (2009). Unsettling bodies: Frida Kahlo's portraits and in/dividuality, *The Sociological Review*, 56(s2), 46–62.

Zetterman, E. (2006). Frida Kahlo's abortions: With reflections from a gender perspective on sexual education in Mexico, *Konsthistorisktidskrift/Journal of Art History*, 75(4), 230–243, DOI:10.1080/00233600601130137.

Chapter 9

Cain, S. (2013). *Quiet: The power of introverts in a world that can't stop talking*. Harmondsworth: Penguin.

Isaacs, W. (1999). *Dialogue and the Art of Thinking Together*, New York: Doubleday.

Mercadal-Sabbagh, T. and Purdy, M. (n.d.). *Listening: The "lost" communication skill*, Available for download from: https://www.academia.edu/5612011/Listening_The_lost_communication_skill

Purdy, M. and Borisoff, D. (1997). *Listening in Everyday Life: A personal and professional approach*, Lanham, MD: University Press of America.

Treasure, J. (2011). 5 ways to listen better. TED Talk. Available at: https://www.ted.com/talks/julian_treasure_5_ways_to_listen_better.

Uncapher, M. and Wagner, A. (2018). Minds and brains of media multitaskers: Current findings and future directions, *Proceedings of the National Academy of Sciences*, October, 115(4), 9889–9896, DOI: 10.1073/pnas.1611612115. Available at: https://www.pnas.org/content/pnas/early/2018/09/26/1611612115.full.pdf.

Chapter 10

Brann, E. (2013). *Talking, Reading, Writing, Listening*. 15 August, Available at: https://theimaginativeconservative.org/2013/08/talking-reading-writing-listening.html.

Chapter 11

Anderson, G. and Nadel, J. (2017). *We: A manifesto for women everywhere*, London: Thorsons.

Brann, E. (2019). *Tutor Eva Brann (H89) on the Enduring Power of St. John's College*, 21 January, Available at: http://www.sjc.edu/news/tutor-eva-brann-h89-enduring-power-st-johns-college.

Dobelli, R. (2014). *The Art of Thinking Clearly*, London: Sceptre.

Greetham, B. (2016). *Smart Thinking: How to think conceptually, design solutions and make decisions*, London: Palgrave.

Newport, C. (2016). *Deep Work*, London: Piatkus.

Newport, C. (2019). *Digtial Minimalism*, London: Portfolio (Penguin Random House).

Oliver, M. (1992). *New and Selected Poems* (volume one). Boston, MA: Beacon Press.

Tarafdar, M. (2018). Social media: Six steps to take back control, *The Conversation*, Available at: https://theconversation.com/social-media-six-steps-to-take-back-control-95814, Accessed 14 May 2020.